普通高等教育"十三五"规划教材

钢结构设计原理

李楠　王来　主编

GANGJIEGOU
SHEJI YUANLI

化学工业出版社

·北京·

本书依据《钢结构设计标准》（GB 50017—2017）等规范编写。主要内容包括：钢结构的材料及连接、受弯构件、轴心受力构件、拉弯与压弯构件、节点设计、钢-混凝土组合结构、钢结构防护。为了帮助读者更好地理解，本书设计了线上练习、视频、思维导图，读者可以扫描二维码获取。

本书适用于高等学校土建类专业师生教学使用，还可以作为广大建筑工程技术人员和工程管理人员的自学参考书。

图书在版编目（CIP）数据

钢结构设计原理/李楠，王来主编. —北京：化学工业出版社，2019.8

普通高等教育"十三五"规划教材

ISBN 978-7-122-34643-8

Ⅰ. ①钢⋯　Ⅱ. ①李⋯②王⋯　Ⅲ. ①钢结构-结构设计-高等学校-教材　Ⅳ. ①TU391.04

中国版本图书馆 CIP 数据核字（2019）第 107431 号

责任编辑：刘丽菲　　　　　　　　　　　　　装帧设计：史利平
责任校对：宋　玮

出版发行：化学工业出版社（北京市东城区青年湖南街 13 号　邮政编码 100011）
印　　装：三河市延风印装有限公司
787mm×1092mm　1/16　印张 17¼　字数 420 千字　2019 年 10 月北京第 1 版第 1 次印刷

购书咨询：010-64518888　　　　　　售后服务：010-64518899
网　　址：http://www.cip.com.cn
凡购买本书，如有缺损质量问题，本社销售中心负责调换。

定　　价：49.80 元

前 言

本教材根据国家现行的《钢结构设计标准》（GB 50017—2017）编写而成。

钢结构是土木工程专业一门重要的专业课程，技术应用前景广泛，教材的编写紧跟现行标准和钢结构技术的发展。新版的《钢结构设计标准》修订的内容主要是在2003版《钢结构设计规范》的基础上，增加了最新的材料、组合结构的设计、钢结构防护、节点的设计方法以及抗震性能化设计等新的内容。

本教材据此进行了合理的编排和适当的补充，其主要内容包括：绪论、钢结构材料、钢结构连接、轴心受力构件、受弯构件、压弯及拉弯构件、节点设计、组合构件以及钢结构的防护设计。本教材的编写目的是使学生通过阅读和学习能够尽快熟悉和掌握现行的、前沿的钢结构设计理论和方法。鉴于此，教材主要以基本概念和基本理论为编写的主线，强化学生对钢结构基本原理知识的掌握，并通过大量的例题介绍相关设计公式的应用。

本书具有以下特点：紧紧围绕现行的《钢结构设计标准》编写，注重实效性并考虑知识的延展；重点阐述基本概念和原理，并匹配相应的例题，做到理论与实践结合；注重学习方式的多样性，通过扫描教材中的二维码获取思维导图、相关知识点的线上练习、实验视频等资料。

本书由李楠、王来主编。战玉宝、石朝霞、关彤、闫海鹏等参加了本书部分章节内容及习题的编写工作。

本教材可作为土木工程本科学生基础课程的教材，也可作为从事钢结构设计、制作和施工等技术人员的参考资料。

在编写过程中借鉴和参考了有关资料，在此对提供文献资料的作者表示衷心的感谢。

由于作者理论水平有限，书中难免有不足之处，敬请读者批评指正。

编者
二〇一九年六月

目录

第六章　拉弯与压弯构件　　161

附　录 225

参考文献 263

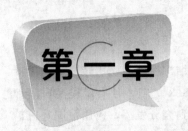

第一章

绪 论

码 1.1
思维导图 ▶▶

第一节　钢结构的特点及应用

一、钢结构的特点

与其他材料的结构相比，钢结构具有如下特点。

（1）钢材强度高，结构重量轻。钢与混凝土、木材相比，虽然密度较大，但强度更高，故其密度与强度的比值较小，承受同样荷载时，钢结构所需构件截面要小，因而比其他结构轻。以一般钢筋混凝土框架-筒体结构与相同条件下采用钢结构的高层建筑相比，自重比值约为 2:1，使地基和基础的造价大幅降低。与混凝土构件相比，由于钢构件截面较小，因此失稳破坏是其主要破坏形式。

（2）材质均匀，且塑性韧性好。与砖石和混凝土材料相比，钢材属单一材料，由于生产过程质量控制严格，因此材质比较均匀，且接近各向同性，钢材的弹性模量很高，具有良好的延性，可简化为理想弹塑性体。钢材良好的塑性可保证结构在稳定状态下不会因超载而发生突然断裂，从而保证结构不至倒塌。

（3）良好的加工性能和焊接性能。钢材具有良好的冷热加工性能和焊接性能，构件按设计要求可在工厂轧制或焊接拼装，工业化程度高，然后运至现场，进行工地组装。施工周期短，施工过程湿作业少，符合我国建筑工业化政策的要求。

（4）密封性好。由于钢材具有较好的水密性和气密性，可用来制作管道、压力容器、气柜油罐等结构。

（5）钢结构具有灵活的适应性。钢结构厂房或公用建筑，便于拆迁重建或改建、扩建，也便于灾后修复与加固，拆除后可作为再生资源回收和重复利用。

（6）钢材耐热但不耐火。钢材长期经受热辐射时，性能变化不大，具有一定的耐热性能。随着温度升高至 200℃时，材质发生较大变化，强度逐渐降低，温度达到 600℃时，材料进入热塑性状态，继而丧失承载力。因此对钢结构的防护，考虑使用必要的耐火材料加以保护。

（7）钢结构耐腐蚀性差。钢材耐锈蚀的性能较差，因此必须对钢结构采取防护措施，导致它的维护费用较高。在没有侵蚀性介质的一般厂房中，钢构件经过彻底除锈并涂上合格的油漆后，锈蚀问题并不严重。对处于湿度大，有侵蚀性介质环境中的结构，可采用耐候钢或不锈钢提高其抗锈蚀性能。

（8）钢结构存在低温冷脆倾向。在寒冷环境下容易发生脆性断裂破坏，主要受材质缺陷和应力集中的影响较大，选材时应引起重视。

二、钢结构的应用

随着我国经济的快速发展和国家技术政策的调整，建筑钢结构由限制使用转变为积极推广应用，取得了令世人瞩目的成就，到 2017 年我国钢产量达 8.3 亿吨，且质量提高，品种增加，加之钢结构应用技术得到全面提升，使钢结构的优势得到充分发挥，应用范围日益扩大，呈现出前所未有的兴旺景象，但与发达国家建筑钢结构占钢产量近 10% 相比，我国钢用量尚不足 5%，还有较大的发展空间。根据近年来的应用经验，目前钢结构应用范围大致体现在以下几个方面。

（1）大跨度空间结构（图 1.1.1） 结构跨度越大，自重在荷载中所占的比例就越大，减轻结构的自重会带来明显的经济效益。钢材强度高结构重量轻的优势正好适合于大跨结构，因此钢结构在大跨空间结构和大跨桥梁结构中得到了广泛的应用。所采用的结构形式有空间桁架、网架、网壳、悬索（包括斜拉体系）、张弦梁、实腹或格构式拱架和框架等。

图 1.1.1　某机场候机厅　　　　　　　　图 1.1.2　某工业厂房

（2）工业厂房（图 1.1.2） 吊车起重量较大或者其工作较繁重的车间的主要承重骨架多采用钢结构。结构形式多为由钢屋架和阶形柱组成的门式刚架或排架，也有采用网架做屋盖的结构形式。近年来，随着压型钢板等轻型屋面材料的采用，轻钢结构工业厂房得到了迅速的发展。其结构形式主要为实腹式变截面门式刚架。

（3）受动力荷载影响的结构 由于钢材具有良好的韧性，设有较大锻锤或产生动力作用的其他设备的厂房，即使屋架跨度不大，也往往采用钢结构。对于抗震能力要求高的结构，采用钢结构也是比较适宜的。

（4）多层和高层建筑（图 1.1.3） 由于钢结构的综合效益指标优良，近年来在多、高层建筑中也得到了广泛的应用。其结构形式主要有多层框架、框架-支撑结构、框筒、悬挂、巨型框架等。

（5）高耸结构（图 1.1.4） 高耸结构包括塔架和桅杆结构，如高压输电线路的塔架、广播、通信和电视发射用的塔架和桅杆、火箭（卫星）发射塔架等。

图 1.1.3　某高层钢结构　　　　　　　图 1.1.4　某电视塔

（6）可拆卸的结构　钢结构不仅重量轻，而且连接方便，因此非常适用于需要搬迁的结构，如建筑工地搭建的临时设施、需野外作业的生产和生活用房的骨架等。钢筋混凝土结构施工用的模板支架以及建筑施工用的脚手架等也大量采用钢材制作。

（7）容器和其他构筑物（图 1.1.5）　冶金、石油、化工企业中大量采用钢板做成的容器结构，包括油罐、煤气罐、高炉、热风炉等。此外，经常使用的通廊栈桥、管道支架、锅炉支架等其他钢构筑物，海上采油平台也大都采用钢结构。

图 1.1.5　某工厂储油罐　　　　　　　图 1.1.6　某轻型钢结构

（8）轻型钢结构（图 1.1.6）　钢结构重量轻不仅对大跨结构有利，对屋面活荷载特别轻的小跨结构也有优越性。轻钢结构是由冷弯薄壁型钢、热轧轻型钢（工字钢、槽钢、H型钢、L型钢、T型钢等）、焊接和高频焊接 H 型钢、薄壁圆管、薄壁矩形管、薄板焊接变截面梁和柱等构成承重结构；由彩色压型钢板或夹芯板与各种连接件、零配件和密封材料组成轻质围护结构。轻型钢结构的适用范围主要包括工业与民用建筑屋盖、仓库或公共设施、12 层及 12 层以下的居住建筑、不超过两层的别墅式住宅、活动板房等。轻钢结构的结构形式有门式刚架、冷弯薄壁型钢结构以及钢管结构等。

（9）钢-混凝土组合结构（图 1.1.7、图 1.1.8）　钢-混凝土组合结构是近年来发展迅速的一种结构体系，如钢与混凝土组合梁、钢管混凝土结构等。这种结构体系利用了钢和混凝土两种材料的优点，钢材的抗拉性能优良，而混凝土则最宜于受压，使两种材料都充分发挥它们的长处。这种结构体系广泛应用于高层建筑、大跨桥梁、工业厂房和地铁站台柱等。

图 1.1.7 赛格广场

图 1.1.8 广州塔

第二节 钢结构的发展

众所周知，我国近 20 年建筑钢结构飞速发展，所取得的成就举世瞩目。一批代表当今世界水平的钢结构建筑相继建成并投入使用。这些成果的取得，得益于经济的高速增长和城镇化建设步伐的加快，也与国家政策的倡导和支持是分不开的。目前，钢结构材料可回收再利用、钢结构抗震性能优势以及钢结构在节能减排方面的优势已经得到政府部门和社会各界的认同和重视。中国不仅是钢铁生产大国，也是钢结构用量的大国。

我国钢材的产量稳定居世界第一，其应用也逐年增长，钢结构领域也取得了不少新的进展。主要体现在以下几个方面。

① 钢结构工程应用广泛，钢结构制造业已成为规模产业。至今，80% 以上新建的高层建筑、会议中心、体育场馆、航站楼和大型枢纽车站等，均采用了钢结构。据不完全统计，2015 年我国建筑钢结构工程用钢量已超过 4000 万吨，建筑钢结构制造业已形成规模产业，钢结构制造特级与一级企业已达百余家。

② 建筑钢结构工程设计与施工应用技术水平全面提升，达到国际先进水平。基本上掌握了各类超高层钢结构、大跨度空间钢结构、预应力钢结构、新型工业厂房钢结构和组合结构的设计、施工建造、监理与检测的配套技术。先后编制了钢结构专业有关的设计、施工方面国家与行业标准、规范、工法近百项，总体水平达到国际先进水平。

③ 新材料、新结构、新工艺得到普遍应用。在新材料与高效型材方面有高性能钢材、高层建筑用（GJ）钢板、厚度方向钢板、低屈服强度钢板、热轧 H 型钢、冷弯型材、大截面钢管、优质铸钢件、彩涂钢板、钢索与钢拉杆以及高强度螺栓与栓钉紧固件等可供选用。

在各类结构体系方面，近年来在全国各地修建了大量的大跨空间结构，网架和网壳结构形式已在全国普及，在大跨空间结构中采用了新型组合结构体系及柔性张拉结构体系，如张弦梁及预应力弦支撑穿顶等得到普遍应用；直接焊接钢管结构、门式刚架、金属拱形波纹屋盖等轻钢结构也已遍地开花；钢结构的高层建筑也在不少城市拔地而起；高层钢结构应用了框架支撑（中心、偏心及屈曲约束支撑）、框架延性墙板、框剪及巨型框架等体系；适合我国国情的钢-混凝土组合结构和混合结构也有了广泛应用。

在施工工艺方面，创新技术体现在复杂厚壁箱形柱、大型异形扭曲构件及高精度复杂铸钢件的加工工艺，复杂空间结构的安装工法，虚拟空间结构预拼装及多种复条件下的焊接工艺等。

码 1.2
典型标志
性钢结构
工程

④ 建成了一大批有国际影响的标志性钢结构工程。到 2019 年中，已建成的标志性钢结构工程见表 1.2.1。

表 1.2.1　我国典型标志性钢结构工程

序号	工程名称	工程概况
1	国家体育场——鸟巢	国家体育场——鸟巢，为 2008 年奥运会主会场，东西跨度 296m，高度 67m；南北跨度 332m，高度 41m，建筑总面积 25.8 万平方米，场内席位 9.1 万个。结构为 24 根巨形扭曲杆件格构柱组成的环形空间框架结构，并形成鸟巢造型。其中柱顶构件采用了 Q460Z35 钢，钢板厚度达 110mm
2	国家游泳中心——水立方	国家游泳中心——水立方，为 2008 年奥运会游泳馆，是目前世界上体量最大的全充气膜覆盖围护的钢结构建筑。结构体系为水泡状网格钢管杆件组成的空间框架结构，平面尺寸 170m×170m，屋顶标高 30.6m，杆件节点采用球节点
3	央视新台址主楼	建筑高度 234m，地上最高 52 层，地下 3 层，总建筑面积 49.6 万平方米，其造型为 2 座整体向内双向倾斜的塔楼通过底部裙楼和顶部 L 形悬臂连接而形成的折角门式建筑，塔楼、裙楼结构由外框筒、内框筒与核心筒组成，前者由双向倾斜 6°的巨柱、边梁和支撑形成以碟形节点为主的三角形网格结构；后二者为钢框架结构
4	广州新电视塔	塔身高 454m，塔杆高度 146m，总高 610m，488m 处设有世界最高的观景摄影平台、塔身采用旋转双曲钢管网格结构并呈细腰造型，故有"小蛮腰高塔"之称
5	首都国际机场 T3 航站楼	建筑平面长度 2900m，宽度 790m，建筑高度 45m，建筑面积约 100 万平方米，结构采用锥形钢管柱与大跨度钢网架
6	深圳京基 100 大厦	楼高 442m，共计 100 层，结构为巨柱-支撑-核心筒体系
7	上海环球金融中心	地上 101 层，地下 3 层，建筑高度 492m，结构体系为巨柱支撑框架外筒-核心内筒，在 90 层设置了风阻尼器，重要节点采用铸钢节点
8	北京中国尊	总高度 536m，地上 108 层，地下 7 层，结构为巨柱支撑外框筒＋内核心筒体系
9	深圳平安金融中心	结构主体高 588m，连塔总高 660m，地上 118 层，地下 5 层，结构为巨柱-支撑-核心筒体系
10	国家体育馆	国家体育馆南北长 144m，东西宽 114m，总建筑面积约 10 万平方米，屋盖结构采用铸钢节点的双向预应力钢管桁架
11	北京大兴机场航站楼	世界上最大的单体航站楼工程，主体为现浇钢筋混凝土框架结构，局部为型钢混凝土结构，屋面及其支撑为钢结构，钢结构总重量约 13 万吨。核心区 18 万平方米屋面仅用 8 根 C 型格构柱作为主要支撑构件，形成了独特的采光屋面和大跨度的结构空间。屋盖钢结构为双曲面造型，超大平面复杂空间曲面钢网格结构屋盖施工技术达到国际领先水平

第三节　钢结构的设计方法

一、结构的功能要求

建筑结构要解决的基本问题是，力求以较为经济的手段，使所要建造的结构具有足够的可靠度，以满足各种预定功能的要求。结构在规定的设计使用年限内应满足的功能有：

① 能承受在施工和使用期间可能出现的各种作用；

② 保持良好的使用性能；

③ 具有足够的耐久性能；

④ 当发生火灾时，在规定的时间内可保持足够的承载力；

⑤ 当发生爆炸、撞击、人为错误等偶然事件时，结构能保持必需的整体稳固性，不出现与起因不相称的破坏后果，防止出现结构的连续倒塌。

上述"各种作用"是指凡使结构产生内力或变形的各种原因，如施加在结构上的集中荷载或分布荷载，以及引起结构外加变形或约束变形的原因，例如地震、地基沉降、温度变化等。

二、结构的可靠度和设计使用年限

结构在规定的时间内，在规定的条件下，完成预定功能的能力，称为结构的可靠性。结构可靠度是对结构可靠性的定量描述，即结构在规定的时间内，在规定的条件下，完成预定功能的概率。

设计使用年限是按所设计结构使用性质的不同而规定的一个时期，在此时期内，结构或结构构件只需进行正常的维护而不需进行大修即可按预定目的使用并完成预定的功能，即结构在正常设计、正常施工、正常使用与维护条件下，满足其他用功能所应达到的使用年限。不同结构的设计使用年限见表 1.3.1。一般建筑物的设计使用年限为 50 年。

表 1.3.1　建筑结构的设计使用年限

类　别	设计使用年限/年	示　例
1	5	临时性建筑结构
2	25	易于替换的结构构件
3	50	普通房屋和构筑物
4	100	标志性建筑和特别重要的建筑结构

三、结构的极限状态

整个结构或结构的一部分超过某一特定状态就不能满足设计规定的某一功能要求，称此特定状态为该功能的极限状态。极限状态实质上是结构可靠与不可靠的界限，故也可称为"界限状态"。对于结构的各种极限状态，均应规定明确的标志或限值。

承重结构应按下列两类极限状态进行设计。

（1）承载能力极限状态　主要包括：构件和连接的强度破坏、疲劳破坏和因过度变形而不适于继续承载，结构和构件丧失稳定，结构转变为机动体系和结构倾覆。

（2）正常使用极限状态 主要包括：影响结构、构件和非结构构件正常使用或耐久性能的局部损坏（包括组合结构中混凝土裂缝）。

承载能力极限状态与正常使用极限状态相比较，前者可能导致人身伤亡和大量财产损失，故其出现的概率应当很低，而后者对生命的危害较小，故允许出现的概率可高些，但仍应给予足够的重视。

四、设计表达式

工程结构设计时，应考虑持久状况、短暂状况、偶然状况与地震状况等不同的设计状况。应针对不同的状况，合理地采用相应的结构体系、可靠度水平和作用组合等设计技术条件，并按表 1.3.2 的分类分别进行相应的极限状态设计。

表 1.3.2　结构设计状况与相应极限状态设计分类

结构设计状况	进行承载力极限状态设计	进行正常使用极限状态设计
①持久设计状况,适用于结构使用时的正常情况	考虑	考虑
②短暂设计状况,适用于结构出现的临时情况,包括结构施工和维修时的情况等	考虑	必要时考虑
③偶然设计状况,适用于结构出现的异常情况,包括结构遭受火灾、爆炸、撞击时的情况等	考虑	—
④地震设计状况,适用于结构遭受地震时的情况	考虑	必要时考虑

进行极限状态设计时，应按表 1.3.3 的规定对不同的设计状况采用相应的荷载作用组合。

表 1.3.3　极限状态设计的相应作用组合

极限状态类别	选用作用组合
承载能力极限状态设计	(1)基本组合,用于持久设计状况或短暂设计状况 (2)偶然组合,用于偶然设计状况 (3)地震组合,用于地震设计状况
正常使用极限状态设计	(1)标准组合,宜用于不可逆的正常使用极限状态设计 (2)频遇组合,宜用于可逆的正常使用极限状态设计 (3)准永久组合,宜用于长期效应为决定性因素的正常使用极限状态设计

《建筑结构可靠性设计统一标准》（GB 50068）规定结构构件的极限状态设计表达式，应根据各种极限状态的设计要求，采用有关的荷载代表值、材料性能标准值、几何参数标准值以及各种分项系数等表达。

1. 承载能力极限状态表达式

（1）对持久设计状况和短暂设计状况，应采用作用的基本组合，其效应设计值可按下式确定

$$S_d = S\left(\sum_{i \geqslant 1} \gamma_{G_i} G_{ik} + \gamma_P P + \gamma_{Q_1} \gamma_{L1} Q_{1k} + \sum_{j>1} \gamma_{Q_j} \psi_{cj} \gamma_{L_j} Q_{jk}\right) \tag{1.3.1}$$

式中　$S(\cdot)$——作用组合的效应函数；

G_{ik}——第 i 个永久作用的标准值；

P——预应力作用的有关代表值；

Q_{1k}——第1个可变作用（主导可变作用）的标准值；

Q_{jk}——第 j 个可变作用的标准值；

γ_{G_i}——第 i 个永久作用的分项系数；

γ_P——预应力作用的分项系数；

γ_{Q1}——第1个可变作用（主导可变作用）的分项系数；

γ_{Qj}——第 j 个可变作用的分项系数；

γ_{L1}、γ_{Lj}——第1个和第 j 个考虑结构使用年限的荷载调整系数，应按有关规定采用，对设计使用年限与设计基准期相同的结构，应取 $\gamma_L = 1.0$；

ψ_{cj}——第 j 个可变作用的组合值系数，应按有关规范的规定采用。

注：在作用组合的效应函数 $S(\cdot)$ 中，符号"$\sum$"和"$+$"均表示组合，即同时考虑所有作用对结构的共同影响，而不代表代数相加。

（2）对偶然设计状况，应采用作用的偶然组合，其效应设计值可按下式确定

$$S_d = S\left[\sum_{i \geqslant 1} G_{ik} + P + A_d + (\psi_{f1} \text{ 或 } \psi_{q1})Q_{1k} + \sum_{j>1} \psi_{qj}Q_{jk}\right] \quad (1.3.2)$$

式中 A_d——偶然作用的设计值；

ψ_{f1}——第1个可变作用的频遇值系数；

ψ_{q1}、ψ_{qj}——第1个和第 j 个可变作用的准永久值系数。

（3）对地震设计状况，应采用作用的地震组合。地震组合的效应设计值，宜根据重现期为475年的地震作用（基本烈度）确定，并按下式计算

$$S_d = S\left(\sum_{i \geqslant 1} G_{ik} + P + \gamma_1 A_{Ek} + \sum_{j \geqslant 1} \psi_{qj}Q_{jk}\right) \quad (1.3.3)$$

式中 γ_1——地震作用重要性系数；

A_{Ek}——根据重现期为475年的地震作用（基本烈度）确定的地震作用标准值。

结构重要性系数 γ_0，不应小于表1.3.4的规定。

表1.3.4 结构重要性系数 γ_0

结构重要性系数	对持久设计状况和短暂设计状况			对偶然设计状况和地震设计状况
	安全等级			
	一级	二级	三级	
γ_0	1.1	1.0	0.9	1.0

建筑结构的作用分项系数，按表1.3.5的规定。

表1.3.5 建筑结构的作用分项系数

作用分项系数	适用情况	当作用效应对承载力不利时	当作用效应对承载力有利时
γ_G		1.3	$\leqslant 1.0$
γ_P		1.3	$\leqslant 1.0$
γ_Q		1.5	0

建筑结构考虑结构设计使用年限的荷载调整系数，按表1.3.6的规定。

表 1.3.6 建筑结构考虑结构设计使用年限的荷载调整系数

结构的设计使用年限/年	γ_L
5	0.9
50	1.0
100	1.1

2. 正常使用极限状态表达式

（1）结构或结构构件按正常使用极限状态设计时，应符合下式要求

$$S_d \leqslant C \tag{1.3.4}$$

式中　S_d——作用组合的效应（如变形、裂缝等）设计值；

　　　　C——设计对变形、裂缝等规定的相应限值，应按相关结构设计规范的规定采用。

（2）按正常使用极限状态设计时，可根据不同情况采用作用的标准组合、频遇组合或准永久组合。标准组合宜用于不可逆正常使用极限状态；频遇组合宜用于可逆正常使用极限状态；准永久组合宜用于当长期效应是决定性因素时的正常使用极限状态。设计计算时，对正常使用极限状态的材料性能的分项系数，除各结构设计规范有专门规定外，应取为 1.0。

（3）各组合的效应设计值可分别按以下各式确定

标准组合　　　$$S_d = S\left(\sum_{i \geqslant 1} G_{ik} + P + Q_{1k} + \sum_{j>1} \psi_{cj} Q_{jk}\right) \tag{1.3.5}$$

频遇组合　　　$$S_d = S\left(\sum_{i \geqslant 1} G_{ik} + P + \psi_{f1} Q_{1k} + \sum_{j>1} \psi_{qj} Q_{jk}\right) \tag{1.3.6}$$

准永久组合　　$$S_d = S\left(\sum_{i \geqslant 1} S_{ik} + P + \sum_{j \geqslant 1} \psi_{qj} Q_{jk}\right) \tag{1.3.7}$$

 习题

1. 钢结构的特点是什么？
2. 钢结构主要的应用领域有哪些？
3. 我国钢结构设计的基本方法是什么？
4. 钢结构的发展趋势是什么？

第二章

钢结构的材料

码 2.1
思维导图

第一节 概 述

钢是以铁和碳为主要成分的合金，其中铁是最基本的元素，碳和其他元素所占比例甚少，但却左右着钢材的物理和化学性能。钢材的种类繁多，性能差别很大，适用于钢结构的钢材只是其中的一小部分。

为了确保钢结构建造的质量和安全，所用钢材应具有下列性能。

（1）较高的强度。即较高的抗拉强度 f_u 和屈服点 f_y。屈服点高可以减小截面，从而减轻自重，节约钢材，降低造价。抗拉强度高，可以增加结构的安全保障。

（2）足够的变形能力。即塑性和韧性性能好。塑性好可以保证结构破坏前变形比较明显从而避免突然破坏的危险，并且塑性变形还能调整局部高峰应力，使之趋于平缓。韧性好表示在动荷载作用下破坏时要吸收比较多的能量。对采用塑性设计的结构和地震区的结构而言，钢材变形能力的大小具有特别重要的意义。

（3）良好的加工性能。即方便冷、热加工，同时具有良好的可焊性。

我国《钢结构设计标准》（GB 50017—2017，下简称《标准》）推荐碳素结构钢中的 Q235，低合金高强度结构钢 Q355、Q390、Q420、Q460，高性能建筑结构用钢 Q345GJ 等牌号的钢材作为承重钢结构用钢。

钢材的性能不仅与其化学成分、组织构造、冶炼和成型方法等因素有关，同时也受所承担荷载类型、连接构造形式、连接方法和环境等因素的影响。

第二节 钢材的冶炼和加工

一、钢材的冶炼

地球上的铁大量蕴藏于铁矿中。钢材的生产大致可分为炼铁、炼钢和浇注等主要工艺。

（一）炼铁

矿石中的铁是以氧化物的形态存在的，因此要从矿石中得到铁，就要使用一氧化碳与碳等还原剂，通过还原作用从矿石中除去氧，还原出铁。同时，为了使砂质和黏土质的杂质易于熔化为熔渣，常用石灰石作为熔剂。所有这些作用只有在足够的温度下才会发生，因此铁的冶炼都是在可以鼓入热风的高炉内进行。铁矿石、焦炭、石灰石和少量的锰矿石，在鼓入的热风中发生反应，在高温下成为熔融的生铁。常温下的生铁质坚而脆，但由于其熔化温度低，在熔融状态下具有足够的流动性，且价格低廉，广泛地应用于机械制造业的铸件生产中。

（二）炼钢

含碳量在2.06%以下的铁碳合金称为碳素钢。因此，当用生铁制钢时，必须通过氧化作用除去生铁中多余的碳和其他杂质，使它们转变为氧化物进入渣中，或成气体逸出。这一作用也要在高温下进行，称为炼钢。

（三）浇注

按钢液浇注时进行脱氧的方法和程度的不同，碳素结构钢可分为沸腾钢、半镇静钢、镇静钢和特殊镇静钢四类。沸腾钢采用脱氧能力较弱的锰作脱氧剂，脱氧不完全，浇注时会有气体逸出，出现钢液的沸腾现象。沸腾钢在铸模中冷却很快，钢液中的氧化铁和碳作用生成的一氧化碳气体不能全部逸出，凝固后在钢材中留有较多的氧化铁夹杂和气孔，钢的质量较差。镇静钢采用锰加硅作脱氧剂，脱氧较完全，硅在还原氧化铁的过程中还会产生热量，使钢液冷却缓慢，使气体充分逸出，浇注时不会出现沸腾现象。这种钢质量好，但成本高。半镇静钢的脱氧程度介于上述二者之间。特殊镇静钢是在锰硅脱氧后，再用铝补充脱氧，其脱氧程度高于镇静钢。低合金高强度结构钢一般都是镇静钢。

二、钢材的加工

钢材的加工分为热加工、冷加工和热处理三种。将钢坯加热至塑性状态，依靠外力改变其形状，生产出各种厚度的钢板和型钢，称为热加工。在常温下对钢材进行加工称为冷加工。通过加热、保温、冷却的操作方法，使钢的组织结构发生变化，以获得所需性能的加工工艺称为热处理。

（一）热加工

钢材的轧制或锻压等热加工，经常选择在加热至一定温度范围内进行。选择原则是开始热加工时的温度不得过高，以免钢材氧化严重，而终止热加工时的温度也不能过低，以免钢材塑性差，引发裂纹。一般轧制和锻压温度控制在1100℃。

钢材的轧制是通过一系列轧辊，使钢坯逐渐辊轧成所需厚度的钢板或型钢，如图2.2.1为宽翼缘H型钢轧制过程。

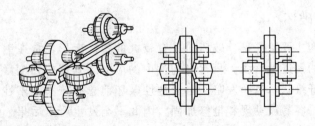

图2.2.1 宽翼缘H型钢轧制示意

热轧薄板和壁厚较薄的热轧型钢，因辊轧次数较多，轧制的压缩比大，钢材的性能改善明显，其强度、塑性、韧性和焊接性能均优于厚板和厚壁型钢。钢材的强度按板厚分组就是这个缘故。

（二）冷加工

在常温或低于再结晶温度的情况下，通过机械的力量，使钢材产生所需要的永久塑性变形，获得需要的薄板或型钢的工艺称为冷加工。冷加工包括冷轧、冷弯、冷拔等延伸性加工，也包括剪、冲、钻、刨等切削性加工。

冷加工提高了钢材的强度和硬度，但却降低了塑性和韧性，这种现象称为冷作硬化。冷拔高强度钢丝充分利用了冷作硬化现象，在悬索结构中有广泛的应用。冷弯薄壁型钢结构在强度验算时，可有条件地利用因冷弯效应而产生的强度提高现象。相反，钢材由于冷硬变脆，常成为钢结构脆性断裂的起因。因此，对于比较重要的结构，要尽量避免局部冷加工硬化的发生。

（三）热处理

钢材的热处理是将钢在固态范围内，施以加热、保温和冷却等不同措施，以改变其内部组织构造，达到改善钢材性能的一种加工工艺。钢材的普通热处理包括退火、正火、淬火和回火四种基本工艺。

① 退火。退火是应用非常广泛的热处理工艺，用其可以消除加工硬化、软化钢材、细化晶粒、改善组织以提高钢的机械性能；消除残余应力，以防钢材的变形和开裂。

② 正火。若保温后从炉中取出，在空气中冷却的工艺称为正火。正火的冷却速度比退火快，正火后的钢材组织比退火细，强度和硬度有所提高。

③ 淬火。淬火工艺是将钢件加热到 900℃ 以上，保温后快速在水中或油中冷却。

④ 回火。回火工艺是将淬火后的钢材加热到某一温度进行保温，而后在空气中冷却。其目的是消除残余应力，调整强度和硬度，减少脆性，增加塑性和韧性，形成较稳定的组织。将淬火后的钢材加热至 500℃ 左右，保温后在空气中冷却，称为高温回火。

通常称淬火加高温回火的工艺为调质处理。强度较高的钢材、用于制造高强度螺栓的钢材都要经过调质处理。

第三节　钢材的破坏形式

钢材通常有两种完全不同的破坏形式：塑性破坏和脆性破坏。钢结构所用的钢材在正常使用条件下，虽然有较高的塑性和韧性，但在某些条件下，仍然存在发生脆性破坏的可能性。

一、塑性破坏

码 2.2
塑性破坏
视频

塑性破坏的主要特征是，破坏前具有较大的塑性变形，常在钢材表面出现明显的相互垂直交错的锈迹剥落线。只有当构件中的应力达到抗拉强度后才会发生破坏，破坏后的断口呈纤维状，色泽发暗。由于塑性破坏前总有较大的塑性变形发生，且变形持续时间较长，容易被发现和抢修加固，因此不至发生严重后果。钢材塑性破坏前的较大塑性变形能力，可以实现构件和结构的内力重分布，钢结构的塑性设计就是建立在这种足够的塑性变形能力上。

二、脆性破坏

码 2.3
脆性破坏
视频

脆性破坏的主要特征是，破坏前塑性变形很小，或根本没有塑性变形而突然断裂。

破坏后的断口平直，呈有光泽的晶粒状或有人字纹。由于破坏前没有任何预兆，破坏速度又极快，无法察觉和补救，而且一旦发生常引发整个结构的破坏，后果非常严重，因此在钢结构的设计、施工和使用过程中，要特别注意防止这种破坏的发生。

第四节　钢材的主要性能

一、钢材单向拉伸工作性能

钢材的多项性能指标可通过单向拉伸试验获得。试验一般都是在标准条件下进行的，即：试件的尺寸符合国家标准，表面光滑，没有孔洞、刻槽等缺陷；荷载分级逐次增加，直到试件破坏；室温为 20℃ 左右。

图 2.4.1 给出了相应钢材的单调拉伸应力-应变曲线。由低碳钢和低合金钢的试验曲线看出，在比例极限 σ_p 以前钢材的工作是弹性的；比例极限以后，进入了弹塑性阶段；达到了屈服点 f_y 后，出现了一段纯塑性变形，也称为塑性平台；此后强度又有所提高，出现强化阶段，直至产生颈缩而破坏。调质处理的低合金钢没有明显的屈服点和塑性平台。这类钢的屈服点是以卸载后试件中残余应变为 0.2% 所对应的应力定义的，称为名义屈服点。

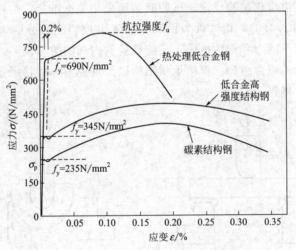

图 2.4.1　钢材的单调拉伸应力-应变曲线

钢材的单调拉伸应力-应变曲线提供了三个重要的力学性能指标：抗拉强度 f_u 和屈服点 f_y 和伸长率 δ。抗拉强度 f_u 是钢材一项重要的强度指标，它反映钢材受拉时所能承受的极限应力。伸长率 δ 是衡量钢材断裂前所具有的塑性变形能力的指标，以试件破坏后在标定长度内的残余应变表示。取圆试件直径的 5 倍或 10 倍为标定长度，其相应伸长率分别用 δ_5 或 δ_{10} 表示。屈服点 f_y 是钢结构设计中应力允许达到的最大限值，因为当构件中的应力达到屈服点时，结构会因过度的塑性变形而不适于继续承载。承重结构的钢材应满足相应国家标准对上述三项力学性能指标的要求。

断面收缩率 ψ 是试样拉断后，颈缩处横断面积的最大缩减量与原始横断面积的百分比，也是单调拉伸试验提供的一个塑性指标。ψ 越大，塑性越好。在国家标准《厚度方向性能钢板》（GB/T 5313）中，使用沿厚度方向的标准拉伸试件的断面收缩率 ψ 来定义钢的种类，如 Z15 表示 ψ 大于或等于 10％的钢。

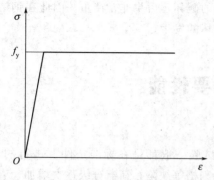

图 2.4.2　理想弹塑性体应力-应变曲线

韧性可以用材料破坏过程中单位体积吸收的总能量来衡量，包括弹性能和非弹性能两部分，其数值等于应力-应变曲线（图 2.4.1）下的总面积。

由图 2.4.1 可以看到，屈服点以前的应变很小，如把钢材的弹性工作阶段提高到屈服点，且不考虑自强阶段，则可把应力-应变曲线简化为图 2.4.2 所示的两条直线，称为理想弹塑性体的工作曲线。它表示钢材在屈服点以前应力与应变关系符合虎克定律，接近理想弹性体工作；屈服点以后塑性平台阶段又近似于理想的塑性体工作。这一简化，与实际误差不大，却大大方便了计算，成为钢结构弹性设计和塑性设计的理论基础。此类曲线常用于钢结构数值模拟的分析和计算中。

二、钢材的其他力学性能

（一）冷弯性能

钢材的冷弯性能由冷弯试验确定。试验时按国家相关标准规定的弯心直径，在试验机上把试件弯曲 180°（图 2.4.3），以试件表面和侧面不出现裂纹和分层为合格。冷弯试验不仅能检验材料的弯曲变形能力和塑性性能，还能检验其内部的冶金缺陷，因此是判断钢材塑性变形能力和冶金质量的综合指标。焊接承重结构以及重要的非焊接承重结构采用的钢材，均应具有冷弯试验的合格保证。

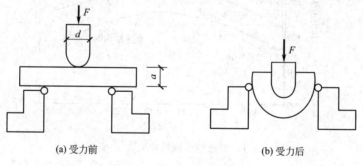

(a) 受力前　　　　　　　　　　　(b) 受力后

图 2.4.3　冷弯试验

（二）冲击韧性

冲击韧性也称缺口韧性，是评定带有缺口的钢材在冲击荷载作用下抵抗脆性破坏能力的指标，通常用带有 V 形缺口和 U 形缺口的标准试件做冲击试验，以击断试件所消耗的冲击功大小来衡量钢材抵抗脆性破坏的能力。冲击韧性也叫冲击功，用 A_{kv} 表示，单位为 J。

试验表明，钢材的冲击韧性值随温度的降低而降低，但不同牌号和质量等级钢材的降低规律又有很大的不同。因此，在寒冷地区承受动力作用的重要承重结构，应根据其工作温度和所用钢材牌号，对钢材提出相当温度下的冲击韧性指标的要求，以防脆性破坏发生。

第五节　钢材在复杂应力状态下的屈服条件

单调拉伸试验得到的屈服点是钢材在单向应力作用下的屈服条件，实际结构中，钢材常常受到平面或三向应力作用。根据形状改变比能理论，钢材在复杂应力状态由弹性过渡到塑性的条件，也称 Mises 屈服条件如下

$$\sigma_{zs}=\sqrt{\sigma_x^2+\sigma_y^2+\sigma_z^2-(\sigma_x\sigma_y+\sigma_y\sigma_z+\sigma_z\sigma_x)+3(\tau_{xy}^2+\tau_{yz}^2+\tau_{zx}^2)}=f_y \tag{2.5.1}$$

用主应力表示时，为

$$\sigma_{zs}=\sqrt{\frac{1}{2}\left[(\sigma_1-\sigma_2)^2+(\sigma_2-\sigma_3)^2+(\sigma_3-\sigma_1)^2\right]}=f_y \tag{2.5.2}$$

$\sigma_{zs}\geqslant f_y$ 时，为塑性状态；$\sigma_{zs}<f_y$ 时，为弹性状态。

式中　σ_{zs}——折算应力；

　　　f_y——单向应力作用下的屈服点。

其他应力见图 2.5.1。

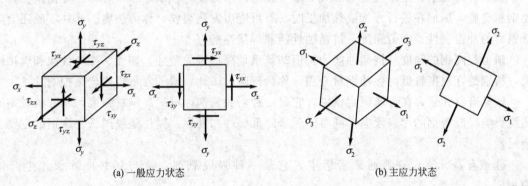

(a) 一般应力状态　　　　　　　　　　　　　　(b) 主应力状态

图 2.5.1　单元体复杂应力状态

由式(2.5.2) 可以看出，当 σ_1、σ_2、σ_3 为同号应力且数值接近时，即使它们各自都远大于 f_y，折算应力 σ_{zs} 仍小于 f_y，说明钢材很难进入塑性状态。当为三向拉应力作用时，甚至直到破坏也没有明显的塑性变形产生，破坏表现为脆性。这是因为钢材的塑性变形主要是铁素体沿剪切面滑动产生的，同号应力场剪应力很小，钢材转变为脆性。相反，在异号应力场下，切应变增大，钢材会较早地进入塑性状态，提高了钢材的塑性性能。

如三向应力中一向应力较小或为零时，则属于平面应力状态，式(2.5.1) 化为

$$\sigma_{zs}=\sqrt{\sigma_x^2+\sigma_y^2-\sigma_x\sigma_y+3\tau_{xy}^2}=f_y$$

在一般梁中，只存在正应力和剪应力，则

$$\sigma_{zs}=\sqrt{\sigma^2+3\tau^2}=f_y \tag{2.5.3}$$

当只存在剪应力时

$$\sigma_{zs}=\sqrt{3}f_{yv}=f_y$$

$$f_{yv}=\frac{1}{\sqrt{3}}f_y=0.58f_y$$

因此，《标准》规定：钢材抗剪强度设计值是抗拉强度设计值的 0.58 倍。

第六节　各种因素对钢材性能的影响

一、化学成分

钢是由多种化学成分组成的，化学成分及含量对钢材的性能产生重要的影响。铁是钢的基本元素，纯铁质软，在碳素结构钢中约占 99%。碳和其他元素约占 1%，但对钢材的力学性能却产生了决定性的影响，其他元素包括硅、锰、硫、磷、氧、氮等，低合金钢中还含少量的合金元素。

在碳素结构钢中，碳是铁以外的最主要元素，影响钢材的强度、塑性、韧性和可焊性，随着含碳量的提高，钢的强度逐渐增高，而塑性和韧性下降，冷弯性能、焊接性能和抗锈蚀性能等也变差。含碳量超过 0.3% 时，钢材的抗拉强度很高，但却没有明显的屈服点，且塑性很小。因此，《标准》推荐的钢材，含碳量均不超过 0.22%，对于焊接结构则严格控制在 0.2% 以内。

硫是有害元素，常以硫化铁形式夹杂于钢中。当温度达 800～1000℃ 时，硫化铁会熔化使钢材变脆，因而在进行焊接或热加工时，有可能引发热裂纹，称为热脆。此外，硫还会降低钢材的冲击韧性、疲劳强度、抗锈蚀性能和焊接性能等。

磷可提高钢的强度和抗锈蚀能力，但却严重地降低钢的塑性、韧性、冷弯性能和焊接性能，特别是在温度较低时促使钢材变脆，称为冷脆。因此，磷的含量也要严格控制。

锰是有益元素，在普通碳素钢中，它是一种弱脱氧剂，可提高钢材强度，消除硫对钢的热脆影响，改善钢的冷脆倾向，同时不显著降低塑性和韧性。锰还是我国低合金钢的主要合金元素。

硅是有益元素，在普通碳素钢中，它是一种强脱氧剂，常与锰共同除氧，生产镇静钢。

钒、铌、钛等元素在钢中形成微细碳化物，加入适量，能起细化晶粒和弥散强化作用，从而提高钢材的强度和韧性，又可保持良好的塑性。

铝是强脱氧剂，还能细化晶粒，可提高钢的强度和低温韧性，在要求低温冲击韧性合格保证的低合金钢中，其含量不小于 0.015%。

铬、镍是提高钢材强度的合金元素，用于 Q390 及以上牌号的钢材中，但其含量应受限制，以免影响钢材的其他性能。

铜和铬、镍、钼等其他合金元素，可在金属基体表面形成保护层，提高钢对大气的抗腐蚀能力，同时保持钢材具有良好的焊接性能。在我国的焊接结构用耐候钢中，铜的含量为 0.2%～0.4%。

镧、铈等稀土元素可提高钢的抗氧化性，并改善其他性能，在低合金钢中其含量按 0.02%～0.2% 控制。

氧和氮属于有害元素。氧与硫类似使钢热脆，氮的影响和磷类似，因此二者含量均应严格控制。

氢是有害元素，呈极不稳定的原子状态溶解在钢中，其溶解度随温度的降低而降低，常在结构疏松区域、孔洞、晶格错位和晶界处富集，生成氢分子，产生巨大的内压力，使钢材开裂，称为氢脆。

二、钢材的可焊性

钢材的焊接性能受含碳量和合金元素含量的影响。当含碳量在 $0.12\% \sim 0.2\%$ 范围内时，碳素钢的焊接性能最好；含碳量超过上述范围时，焊缝及热影响区容易变脆。一般 Q235A 的含碳量较高，且含碳量不作为交货条件，因此这一牌号通常不能用于焊接构件。而 Q235B、Q235C、Q235D 的含碳量控制在上述的适宜范围之内，是适合焊接使用的普通碳素钢牌号。在高强度低合金钢中，低合金元素大多对可焊性有不利影响，我国《钢结构焊接规范》（GB 50661）推荐使用碳当量来衡量低合金钢的可焊性，其计算公式如下

$$CEV = C + \frac{Mn}{6} + \frac{Cr + Mo + V}{5} + \frac{Ni + Cu}{15} \tag{2.6.1}$$

式中，分别使用碳、锰、铬、钼、钒、镍和铜等元素的百分含量。当 CEV 不超过 0.38% 时，钢材的可焊性很好，可以不用采取措施直接施焊。

钢材焊接性能的优劣除了与钢材的碳当量有直接关系之外，还与母材厚度、焊接方法、焊接工艺参数以及结构形式等条件有关。目前，国内外都采用可焊性试验的方法来检验钢材的焊接性能，从而制定出重要结构和构件的焊接制度和工艺。

三、应力集中

实际结构中不可避免地存在孔洞、槽口、截面突然改变以及钢材内部缺陷等，此时截面中的应力分布不再保持均匀，由于主应力线在绕过孔口等缺陷时发生弯转，不仅在孔口边缘处会产生沿力作用方向的应力高峰，而且会在孔口附近产生垂直于力的作用方向的横向应力，甚至会产生三向拉应力（如图 2.6.1 所示），而且厚度越厚的钢板，在其缺口中心部位的三向拉应力也越大，这是因为在轴向拉力作用下，缺口中心沿板厚方向的收缩变形受到较大的限制，形成所谓平面应变状态所致。应力集中的严重程度用应力集中系数衡量，缺口边缘沿受力方向的最大应力 σ_{max} 和按净截面的平均应力 $\sigma_0 = \frac{N}{A_n}$（A_n 为净截面面积）的比值称为应力集中系数。

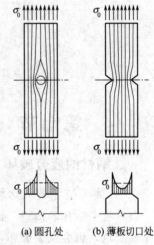

(a) 圆孔处   (b) 薄板切口处

图 2.6.1 板件应力集中

在进行钢结构设计时，应尽量使构件和连接节点的形状和构造合理，防止截面的突然改变。在进行钢结构的焊接构造设计和施工时，应尽量减少焊接残余应力。

四、温度的影响

钢材的性能受温度的影响十分明显，图 2.6.2 给出了低碳钢在不同温度下的单调拉伸试验结果。可以看出，在 150℃ 以内，钢材的强度、弹性模量和塑性均与常温相近，变化不大。但在 250℃ 左右，抗拉强度有局部性提高，伸长率和断面收缩率均降至最低，出现了蓝脆现象。在 300℃ 以后，强度和弹性模量均开始显著下降，塑性显著上升，达到 600℃ 时，塑性急剧上升，钢材处于热塑性状态。由上述可以看出，钢材具有一定的抗热性能，但不耐

火，一旦钢结构的温度达 600℃ 及以上时，会在瞬间因热塑而倒塌。因此受高温作用的钢结构，应根据不同情况采取防护措施：当结构可能受到炽热熔化金属的侵害时，应采用砖或耐热材料做成的隔热层加以保护；当结构表面长期受辐射热达 150℃ 以上或在短时间内可能受到火焰作用时，应采取有效的防护措施。防火是钢结构设计中应考虑的一个重要问题，通常按国家有关防火的规范或标准，根据建筑物的防火等级对不同构件所要求的耐火极限进行设计。

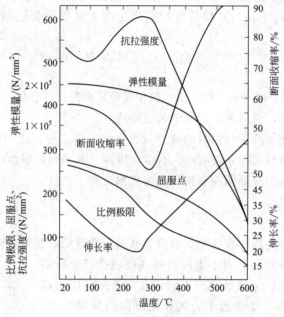

图 2.6.2 低碳钢在高温下的性能

第七节 钢材的疲劳破坏和防脆断设计

一、钢材的疲劳破坏

(一) 疲劳破坏的概念和分类

(1) 疲劳破坏的概念 钢材在连续反复荷载作用下，应力虽然还低于极限强度，甚至还低于屈服点，也会发生破坏，这种破坏称为疲劳破坏。

钢材在疲劳破坏之前，没有明显变形，是一种突然发生的断裂，断口平直。所以疲劳破坏属于反复荷载作用下的脆性破坏。钢材的疲劳破坏是经过长时间的发展过程才出现的，破坏过程可分为三个阶段：即裂纹的形成、裂纹缓慢扩展与最后迅速断裂而破坏。由于钢材总会有内在的微小缺陷，这些缺陷本身就起着裂纹作用，所以钢材的疲劳破坏只有后两个阶段。由此可见，钢材的疲劳破坏首先是由于钢材内部结构不均匀（微小缺陷）和应力分布不均所引起的。应力集中可以使个别晶粒很快出现塑性变形及硬化等，从而大大降低了钢材的疲劳强度。长期承受连续反复荷载的结构，设计时应考虑钢材的疲劳问题。钢材的疲劳强度与反复荷载引起的应力种类（拉应力、压应力、剪应力和复杂应力等）、应力循环形式、应力循环次数、应力集中程度和残余应力等有着直接关系。

（2）疲劳破坏的分类　引起疲劳破坏的交变荷载有两种类型：一种为常幅交变荷载，引起的应力称为常幅循环应力，简称循环应力；一种为变幅交变荷载，引起的应力称为变幅循环应力，简称变幅应力，如图 2.7.1 所示。由这两种荷载引起的疲劳分别称为常幅疲劳和变幅疲劳。本节主要讨论常幅疲劳。

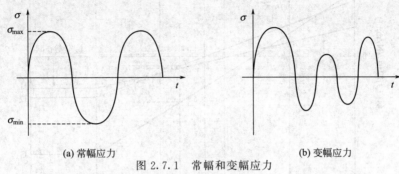

图 2.7.1　常幅和变幅应力

（二）疲劳计算的一般规定

通常钢结构的疲劳属高周低应变疲劳，即总应变幅小，破坏前荷载循环次数多。《标准》规定，循环次数 $n \geqslant 5 \times 10^4$ 时，应进行疲劳计算。

疲劳计算应采用容许应力幅法，应力应按弹性状态计算，容许应力幅应按构件和连接类别、应力循环次数以及计算部位的板件厚度确定。

多年来国内外大量的试验研究和理论分析证实：对于焊接钢结构疲劳强度起控制作用的是应力幅 $\Delta\sigma$。

钢结构的疲劳计算采用传统的基于名义应力幅的构造分类法。分类法的基本思路是，以名义应力幅作为衡量疲劳性能的指标，通过大量试验得到各种构件和连接构造的疲劳性能的统计数据，将疲劳性能相近的构件和连接构造归为一类，同一类构件和连接构造具有相同的 $S\text{-}N$ 曲线。设计时，根据构件和连接构造形式找到相应的类别，即可确定其疲劳强度。正应力幅及剪应力幅的疲劳强度 $S\text{-}N$ 曲线见图 2.7.2、图 2.7.3。

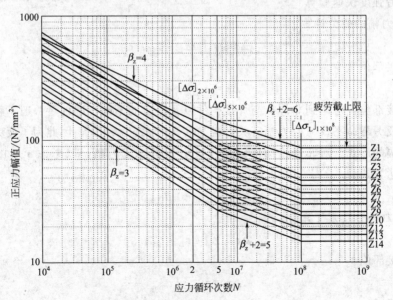

图 2.7.2　正应力幅的疲劳强度 $S\text{-}N$ 曲线

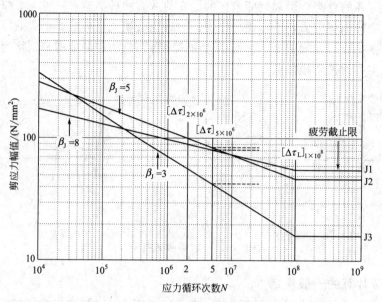

图 2.7.3　剪应力幅的疲劳强度 S-N 曲线

连接类别是影响疲劳强度的主要因素之一，主要是因为它将引起不同的应力集中（包括连接的外形变化和内在缺陷的影响）。设计中应注意尽可能不采用应力集中严重的连接构造。

对非焊接的构件和连接，其应力循环中不出现拉应力的部位可不计算疲劳强度。需计算疲劳构件所用钢材应具有冲击韧性的合格保证。

（三）常幅疲劳计算

常幅疲劳计算可先进行快速验算，国际上的试验研究表明，低于疲劳截止限（图 2.7.2 和图 2.7.3）的应力幅一般不会导致疲劳破坏；不满足快速验算公式时，再根据设计条件进行详细计算。

（1）疲劳强度快速验算

① 正应力幅的疲劳计算。

$$\Delta\sigma \leqslant \gamma_{t}[\Delta\sigma_{L}]_{1\times10^{8}} \qquad (2.7.1)$$

其中，对焊接部位

$$\Delta\sigma = \sigma_{max} - \sigma_{min} \qquad (2.7.2)$$

对非焊接部位：考虑到非焊接与焊接构件以及连接的不同，即前者一般不存在很高的残余应力，其疲劳寿命不仅与应力幅有关，也与名义最大应力有关，因此为了疲劳强度计算统一采用应力幅的形式，对非焊接构件以及连接引入折算应力幅，以考虑 σ_{max} 的影响。折算应力幅的表达方式为

$$\Delta\sigma = \sigma_{max} - 0.7\sigma_{min} \qquad (2.7.3)$$

② 剪应力幅的疲劳计算。

$$\Delta\tau \leqslant \gamma_{t}[\Delta\tau_{L}]_{1\times10^{8}} \qquad (2.7.4)$$

其中，对焊接部位

$$\Delta\tau = \tau_{max} - \tau_{min} \qquad (2.7.5)$$

对非焊接部位

$$\Delta\tau = \tau_{max} - 0.7\tau_{min} \tag{2.7.6}$$

③ 板厚（或直径）修正系数的取值。

a. 对于横向角焊缝连接和对接焊缝连接，当连接板厚 t（mm）超过 25mm 时，应按式（2.7.7）计算。对于无连接的母材、螺栓连接的母材、纵向传力焊接的母材及非传力焊缝连接，均不需考虑板厚度修正。

$$\gamma_t = \left(\frac{25}{t}\right)^{0.25} \tag{2.7.7}$$

b. 对于螺栓轴向受拉连接，当螺栓的公称直径 d（mm）大于 30mm 时，应按下式计算

$$\gamma_t = \left(\frac{30}{d}\right)^{0.25} \tag{2.7.8}$$

c. 其余情况取 $\gamma_t = 1.0$。

式中　$\Delta\sigma$——构件或连接计算部位的正应力幅；

σ_{max}——计算部位应力循环中的最大拉应力（取正值）；

σ_{min}——计算部位应力循环中的最小拉应力或压应力，拉应力取正值，压应力取负值；

$\Delta\tau$——构件或连接计算部位的剪应力幅；

τ_{max}——计算部位应力循环中的最大剪应力；

τ_{min}——计算部位应力循环中的最小剪应力；

$[\Delta\sigma_L]_{1\times10^8}$——正应力幅的疲劳截止限，N/mm^2，根据附录 10 规定的构件和连接类别按表 2.7.1 采用；

$[\Delta\tau_L]_{1\times10^8}$——剪应力幅的疲劳截止限，N/mm^2，根据附录 10 规定的构件和连接类别按表 2.7.2 采用。

表 2.7.1　正应力幅的疲劳计算参数

构件与连接类别	构件与连接相关系数		循环次数 n 为 2×10^6 次的容许正应力幅 $[\Delta\sigma]_{2\times10^6}$ /(N/mm^2)	循环次数 n 为 5×10^6 次的容许正应力幅 $[\Delta\sigma]_{5\times10^6}$ /(N/mm^2)	疲劳截止限 $[\Delta\sigma_L]_{1\times10^8}$ /(N/mm^2)
	C_z	β_z			
Z1	192×10^{12}	4	176	140	85
Z2	861×10^{12}	4	144	115	70
Z3	3.91×10^{12}	3	125	92	51
Z4	2.81×10^{12}	3	112	83	46
Z5	2.00×10^{12}	3	100	74	41
Z6	1.46×10^{12}	3	90	66	36
Z7	1.02×10^{12}	3	80	59	32
Z8	0.72×10^{12}	3	71	52	29
Z9	0.50×10^{12}	3	63	46	25
Z10	0.35×10^{12}	3	56	41	23
Z11	0.25×10^{12}	3	50	37	20
Z12	0.18×10^{12}	3	45	33	18
Z13	0.13×10^{12}	3	40	29	16
Z14	0.09×10^{12}	3	36	26	14

注：构件和连接的分类见附录 10。

表 2.7.2　剪应力幅的疲劳计算参数

构件与连接类别	构件与连接相关系数		循环次数 n 为 2×10^6 次的容许正应力幅 $[\Delta\tau]_{2\times10^6}$ /(N/mm²)	疲劳截止限 $[\Delta\tau_L]_{1\times10^8}$ /(N/mm²)
	C_J	β_J		
J1	4.10×10^{11}	3	59	16
J2	2.00×10^{16}	5	100	46
J3	8.61×10^{21}	8	90	55

注：构件和连接的分类见附录 10。

（2）常幅疲劳计算　当常幅疲劳不能满足式（2.7.1）和式（2.7.4）要求时，应按下列规定进行计算。

① 正应力幅的疲劳计算应符合下列规定

$$\Delta\sigma\leqslant\gamma_t[\Delta\sigma] \tag{2.7.9}$$

当 $n\leqslant5\times10^6$ 时

$$[\Delta\sigma]=\left(\frac{C_Z}{n}\right)^{1/\beta_Z} \tag{2.7.10}$$

当 $5\times10^6\leqslant n\leqslant1\times10^8$ 时

$$[\Delta\sigma]=\left[([\Delta\sigma]_{5\times10^6})\frac{C_Z}{n}\right]^{1/(\beta_Z+2)} \tag{2.7.11}$$

当 $n>1\times10^8$ 时

$$[\Delta\sigma]=[\Delta\sigma_L]_{1\times10^8} \tag{2.7.12}$$

② 剪应力幅的疲劳计算应符合下列规定

$$\Delta\tau\leqslant[\Delta\tau] \tag{2.7.13}$$

当 $n\leqslant1\times10^8$ 时

$$[\Delta\tau]=\left(\frac{C_J}{n}\right)^{1/\beta_J} \tag{2.7.14}$$

当 $n>1\times10^8$ 时

$$[\Delta\tau]=[\Delta\tau_L]_{1\times10^8} \tag{2.7.15}$$

式中　$[\Delta\sigma]$——常幅疲劳的容许正应力幅，N/mm²；

n——应力循环次数；

C_Z、β_Z——构件和连接的相关参数，应根据附录 10 规定的构件和连接类别，按表 2.7.1 采用；

$[\Delta\sigma]_{5\times10^6}$——循环次数 n 为 5×10^6 次的容许正应力幅，N/mm²，应根据附录 10 规定的构件和连接类别，按表 2.7.1 采用；

$[\Delta\tau]$——常幅疲劳的容许剪应力幅，N/mm²；

C_J、β_J——构件和连接的相关系数，应根据附录 10 规定的构件和连接类别，按表 2.7.2 采用。

二、防脆断设计

为防止钢结构出现脆性破坏，其连接构造和加工工艺的选择应减少结构的应力集中和焊接约束应力，焊接构件宜采用较薄的板件组成；应避免现场低温焊接；尽可能减少焊缝的数量和降低焊缝尺寸，同时避免焊缝过分集中或多条焊缝交汇。

钢结构的脆性破坏经常发生在气温较低的情况下，所以低温环境中，应符合下列规定。

（1）在工作温度等于或低于−30℃的地区，焊接构件宜采用实腹式构件，避免采用手工焊接的格构式构件。

（2）在工作温度等于或低于−20℃的地区，在桁架节点板上，腹杆与弦杆相邻焊缝焊趾间净距不宜小于 2.5，t 为节点板厚度；节点板与构件主材的焊接连接处（图 2.7.4）宜做成半径 r 不小于 60mm 的圆弧并予以打磨，使之平缓过渡；在构件拼接连接部位，应使拼接件自由段的长度不小于拼接件厚度（图 2.7.5）。

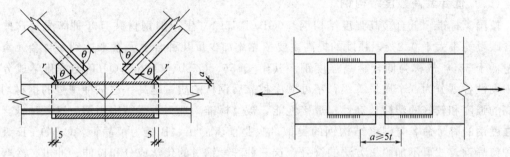

图 2.7.4　节点板与构件主材的焊接连接　　　　　图 2.7.5　拼接连接

（3）在工作温度等于或低于−20℃的地区，承重构件和节点的连接宜采用螺栓连接，施工临时安装连接应避免采用焊缝连接；受拉构件的钢材边缘宜为轧制边或自动气割边，对厚度大于 10m 的钢材采用手工气割或剪切边时，应沿全长刨边；板件制孔应采用钻成孔或先冲后扩钻孔；受拉构件或受弯构件的拉应力区不宜使用角焊缝；对接焊缝的质量等级不得低于二级。

除此之外，对于特别重要或特殊的结构构件和连接节点，可采用断裂力学和损伤力学的方法对其进行抗脆断验算。

第八节　建筑用钢的种类、规格和选用

一、钢号的表示方法

钢号的表示方法一般由代表屈服点的字母（Q）、屈服点数值（单位为 N/mm²）、质量等级符号、脱氧方法符号等四个部分组成。符号"F"代表沸腾钢，"b"代表半镇静钢，符号"Z"和"TZ"分别代表镇静钢和特种镇静钢。在具体标注时"Z"和"TZ"可以省略。例如 Q235B 代表屈服点为 235 N/mm² 的 B 级镇静钢。

二、建筑用钢的种类

我国的建筑用钢主要为碳素结构钢和低合金高强度结构钢两种，优质碳素结构钢在冷拔碳素钢丝和连接用紧固件中也有应用。另外，厚度方向性能钢板、焊接结构用耐候钢、铸钢等在某些情况下也有应用。

（一）碳素结构钢

按国家标准《碳素结构钢》（GB/T 700）生产的有 Q195、Q215、Q235 和 Q275 等四种钢号，板材厚度不大于 16mm 的相应牌号钢材的屈服点分别为 195 N/mm^2、215 N/mm^2、235 N/mm^2 和 275 N/mm^2，其中 Q235 含碳量在 0.22% 以下，属于低碳钢，钢材的强度适中，塑性、韧性均较好。该牌号钢材又根据化学成分和冲击韧性的不同划分为 A、B、C、D 共 4 个质量等级，按字母顺序由 A 到 D，表示质量等级由低到高。除 A 级外，其他三个级别的含碳量均在 0.2% 以下，焊接性能也很好。因此《标准》将 Q235 牌号的钢材选为承重结构用钢。钢的化学成分和脱氧方法、拉伸和冲击试验以及冷弯试验结果均应符合相关规定。

（二）低合金高强度结构钢

按国家标准《低合金高强度结构钢》（GB/T 1591）生产的钢材共有 8 种牌号，这些钢的含碳量均不大于 0.2%，强度的提高主要依靠添加少量几种合金元素来达到，合金元素的总量低于 5%，故称为低合金高强度钢。其中 Q355、Q390、Q420、Q460 均按化学成分和冲击韧性各划分为 5 个质量等级，字母顺序越靠后钢材的质量越高。这三种牌号的钢材均有较高的强度和较好的塑性、韧性、焊接性能，被《标准》选为承重结构用钢。这三种低合金高强度钢的牌号命名与碳素结构钢的类似，只是前者的 A、B 级为镇静钢，C、D、E 级为特种镇静钢，故可不加脱氧方法的符号。这三种牌号钢材的化学成分和拉伸、冲击、冷弯试验结果应符合相关规定。

（三）优质碳素结构钢

优质碳素结构钢是碳素钢经过热处理（如调质处理和正火处理）得到的优质钢。优质碳素结构钢与碳素结构钢的主要区别在于钢中含杂质元素较少，硫、磷含量都不大于 0.035%，并且严格限制其他缺陷，所以这种钢材具有较好的综合性能。按照国家标准《优质碳素结构钢技术条件》生产的钢材共有两大类，一类为普通含锰量的钢，另一类为较高含锰量的钢，两类的钢号均用两位数字表示，它表示钢中的平均含碳量的万分数，前者数字后不加 Mn，后者数字后加 Mn，如 45 号钢，表示平均含碳量为 0.45% 的优质碳素钢；45Mn 钢，则表示同样含碳量、但锰的含量也较高的优质碳素钢。

（四）高性能建筑建筑结构用钢

根据现行国家标准《建筑结构用钢板》（GB/T 19879—2015）的规定，高性能建筑结构用钢分为 Q235GJ、Q345GJ、Q390GJ、Q420GJ、Q460GJ 等五种，阿拉伯数字表示该钢种屈服强度的大小，单位为"N/mm^2"，汉语拼音首位字母"GJ"代表高性能建筑结构用钢。相比于同级别的低合金高强度结构钢，GJ 系列钢材中硫磷等有害元素含量得到限制，如含硫量不超 0.015%，微合金元素含量得到控制；屈服强度变化范围小，塑性性能较好，有冷加工成型要求（如方矩管）或抗震要求的构件宜优先采用。

Q235GJ、Q345GJ 的质量等级分为 B、C、D、E 四级，Q390、Q420GJ 和 Q460GJ 的质量等级分为 C、D、E 三级，由 B 到 E 表示质量由低到高。目前，Q345GJC、Q390GJC 等已成为超高层建筑中首选的钢材。

（五）其他建筑用钢

特殊情况下，要采用一些其他牌号的钢材时，如耐候钢、耐火钢和 Z 向钢板等，其材质应符合国家的相关标准。

为了提高钢材的耐腐蚀性能生产各种耐候钢。耐候钢比碳素结构钢具有较好的耐腐蚀性能。耐候钢是在钢中加入少量的合金元素，如铜（Cu）、铬（Cr）、镍（N）、钼（Mo）、铌（Nb）、钛（Ti）、锆（Zr）、钒（V）等，使其在金属基体表面上形成保护层，以提高钢材的耐候性能。耐候钢比碳素结构钢的力学性能高，冲击韧性、特别是低温冲击韧性较好。它还具有良好的冷成型性、热成型性和可焊性。

为了提高钢材耐高温性能和提高钢材高温下的强度，生产各种耐火钢。耐火钢的概念是20世纪80年代由日本提出，现在欧美、日本等发达国家相继开展了耐火钢的研究和生产，我国宝钢、武钢、马钢等也研究生产耐火钢。耐火钢是在钢中加入少量贵金属钼（Mo）、铬（Cr）和铌（Nb）等以提高它的耐热性。

当焊接承重结构为防止钢材的层状撕裂而采用 Z 向钢板时，应符合《厚度方向性能钢板》的规定。

三、钢材规格

钢结构所用钢材主要为热轧成型的钢板和型钢，以及冷加工成型的冷轧薄钢板和冷弯薄壁型钢等。为了减少制作工作量和降低造价，钢结构的设计和制作者应对钢材的规格有较全面的了解。

（一）钢板

钢板有厚钢板、薄钢板、扁钢之分。厚钢板常用做大型梁、柱等实腹式构件的翼缘和腹板以及节点板等；薄钢板主要用来制造冷弯薄壁型钢；扁钢可用做焊接组合梁、柱的翼缘板、各种连接板、加劲肋等。钢板的规格如下。

① 厚钢板：厚度 4.5～60mm，宽度 600～3000mm，长度 4～12m；
② 薄钢板：厚度 0.35～4mm，宽度 500～1500mm，长度 0.5～4m；
③ 扁钢：厚度 4～60mm，宽度 12～200mm，长度 3～9m。

钢板截面的表示方法采用"－宽度×厚度"，如 －400×20 等。

（二）热轧型钢

常用的热轧型钢截面有钢板角钢、工字钢、槽钢、T 型钢和钢管等，见图 2.8.1。

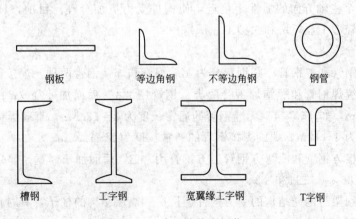

钢板　　等边角钢　　不等边角钢　　钢管

槽钢　　工字钢　　宽翼缘工字钢　　T字钢

图 2.8.1　常见热轧型钢截面

1. 角钢

角钢分为等边（也叫等肢）的和不等边（也叫不等肢）的两种，主要用来制作桁架等格构式结构的杆件和支撑等连接杆件。角钢型号的表示方法为在符号"L"后加"长边宽×短边宽×厚度"（对不等边角钢，如 L110×70×7），或加"边长×厚度"（对等边角钢，如L90×7）。

2. 工字钢

工字钢有普通工字钢和轻型工字钢。普通工字钢和轻型工字钢的两个主轴方向的惯性矩相差较大，不宜单独用作受压构件，而宜用作腹板平面内受弯的构件，或由工字钢和其他型钢组成的组合构件或格构式构件。宽翼缘型钢平面内外的回转半径较接近，可单独使用。

作受压构件。普通工字钢的型号用符号"工"后加截面高度的厘米数来表示，20 号以上的工字钢，又按腹板的厚度不同分为 a、b 或 c 等类别，例如工32a，表示高度为 32cm，腹板厚度为 a 类的工字钢。轻型工字钢的翼缘要比普通工字钢的翼缘宽而薄，回转半径较大。

3. 槽钢

槽钢有普通槽钢和轻型槽钢两种，可用于檩条等双向受弯的构件，也可用其组成组合或格构式构件。槽钢的型号与工字钢相似，例如[22a，指截面高度 22cm，腹板较薄的槽钢。

4. H 型钢和 T 型钢

H 型钢与普通工字钢相比，其翼缘板的内外表面平行，便于与其他构件连接。热轧 H 型钢分为宽翼缘 H 型钢（代号为 HW）、中翼缘 H 型钢（HM）、窄翼缘 H 型钢（HN）和薄壁 H 型钢（HT）等四类。H 型钢规格标记为高度（H）×宽度（B）×腹板厚度（t_1）×翼缘厚度（t_2），如 HM400×300×10×16，表示高度为 400mm，宽度为 300mm，腹板厚度为 10mm，翼缘厚度为 16mm，它是中翼缘 H 型钢。

T 型钢由 H 型钢剖分而成，可分为宽翼缘剖分 T 型钢（TW）、中翼缘剖分 T 型钢（TM）和窄翼缘剖分 T 型钢（TN）等三类。剖分 T 型钢规格标记采用高度（h）×宽度（B）×腹板厚度（t_1）×翼缘厚度（t_2）表示，如 TN300×200×11×17，表示高度为300mm，宽度为 200mm，腹板厚度为 11mm，翼缘厚度为 17mm，它为窄翼缘 T 型钢。

H 型钢的两个主轴方向的惯性矩接近，使构件受力更加合理。目前，H 型钢已广泛应用于高层建筑、轻型工业厂房和大型工业厂房。

5. 钢管

钢管分为圆钢管和方钢管。圆钢管分为无缝钢管和焊接钢管两种。焊接钢管由钢板卷焊而成，又分为直缝焊钢管和螺旋焊钢管两类。钢管用"ϕ"后面加外径（d）×壁厚（t）来表示，单位为 mm，如 ϕ60×4。无缝钢管的通常长度为 3～12.5m，直缝焊接钢管的长度根据外径不同通常为 4～12m，螺旋焊接钢管的通常长度为 8～12.5m。

方钢管有焊接方钢管和冷弯方钢管。方钢管用"口"后面加长×宽×厚来表示，单位为mm，如 □120×80×4、□120×3。

钢管常用于网架与网壳结构的受力构件、厂房和高层结构的柱子，有时在钢管内浇注混凝土而形成钢管混凝土结构。

（三）冷弯薄壁型钢

主要包括采用 1.5～6mm 厚的钢板经冷弯和辊压成型的型材和采用 0.4～1.6mm 的薄钢板经辊压成型的压型钢板，截面形式和尺寸均可按受力特点合理设计，能充分利用钢材的强度节约钢材，在轻钢结构中得到广泛应用。常用的冷弯薄壁型钢的形式见图 2.8.2。

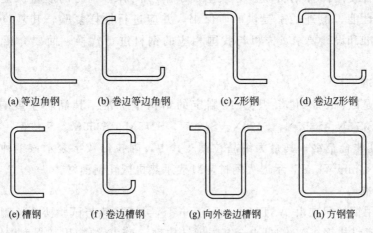

| (a) 等边角钢 | (b) 卷边等边角钢 | (c) Z形钢 | (d) 卷边Z形钢 |

| (e) 槽钢 | (f) 卷边槽钢 | (g) 向外卷边槽钢 | (h) 方钢管 |

图 2.8.2　冷弯薄壁型钢形式

冷弯薄壁型钢用于厂房的檩条、墙梁，也可用作承重柱和梁。用于承重结构时钢材采用 Q235 和 Q345，应保证其屈服强度、抗拉强度、伸长率、冷弯试验和硫、磷的含量合格；对于焊接结构应保证含碳量合格。

四、钢材的选择

（一）钢材选用原则和建议

钢材的选用既要确保结构的安全可靠，又要经济合理。为了保证承重结构的承载能力，应根据结构的重要性、荷载特征、连接方法、工作环境、应力状态和钢材厚度等因素综合考虑，选用合适牌号和质量等级的钢材。

码 2.4
钢材选用
总结

一般而言，对于直接承受动力荷载的构件和结构（如吊车梁、工作平台梁或直接承受车辆荷载的栈桥构件等）、重要的构件或结构（如桁架、屋面楼面大梁、框架横梁及其他受拉力较大的类似结构和构件等）、采用焊接连接的结构以及处于低温下工作的结构，应采用质量较高的钢材。

码 2.5
选型小
练习

对承受静力荷载的受拉及受弯的重要焊接构件和结构，宜选用较薄的型钢和板材构成；当选用的型材或板材的厚度较大时，宜采用质量较高的钢材，以防钢材中较大的残余拉应力和缺陷等与外力共同作用形成三向拉应力场，引起脆性破坏。

承重结构采用的钢材应具有抗拉强度、伸长率、屈服强度和硫、磷含量的合格保证，对焊接结构尚应具有含碳量的合格保证。焊接承重结构以及重要的非焊接承重结构采用的钢材，还应具有冷弯试验的合格保证。

为了简化订货，选择钢材时要尽量统一规格，减少钢材牌号和型材的种类，还要考虑市场的供应情况和制造厂工艺的可能性。对于某些拼接组合结构（如焊接组合梁、桁架等）可以选用两种不同牌号的钢材，受力大、由强度控制的部分（如组合梁的翼缘、桁架的弦杆等），用强度高的钢材；受力小、由稳定控制的部分（如组合梁的腹板、桁架的腹杆等），用强度低的钢材，可达到经济合理的目的。

（二）国内外钢材的互换问题

随着经济全球化时代的到来，不少国外钢材进入了中国的建筑领域。由于各国的钢材标准不同，在使用国外钢材时，必须全面了解不同牌号钢材的质量保证项目，包括化学成分和机械性能，检查厂家提供的质保书，并应进行抽样复验，其复验结果应符合现行国家产品标准和设计要求，方可与我国相应的钢材进行代换。简要介绍国外钢材的品种和牌号。

1. 欧洲标准

EN10025 是欧洲标准化组织 CEN 制定的结构钢标准。其品种主要有 S235、S275、S355、S450、S275N、S355N、S420N、S460N、S275M、S355M、S420M、S460M 等，前 4 种钢材为热轧非合金钢，其余为细晶粒钢。其中，阿拉伯数字表示该钢种屈服强度的大小，单位为"N/mm²"，S 表示退火钢材，M 表示热机械轧制钢材。

2. 美国标准

美国结构用钢材标准由 ASTM International（美国材料与试验协会）制定。其结构用钢有：A36 碳素结构钢；A242 低合金高强度结构钢；A529 结构用高强度碳锰钢；A572 结构用高强度低合金钢；A588 最小屈服点为 345MPa，厚度不超过 100mm 的高强度低合金结构钢；A606 具有改进抗大气腐蚀性能的热轧和冷轧高强度低合金钢、薄板和带钢；A709 桥梁用结构钢。

3. 日本标准

一般结构用轧制钢：SS400 等；焊接结构用轧制钢：SS400A、SS400B、SS400C、SM490A、SM490B、SM490C、SM490YA、SM490YB 等；焊接结构用热轧耐候钢：SMA400Aw、SMA400Ap、SMA490Aw、SMA490Ap 等；焊接结构用离心铸钢管：SCM490CF 等。

上述规格中阿拉伯数字表示该钢种抗拉强度最小值，单位为"N/mm²"。

各国钢材标准不同，表 2.8.1 是以屈服强度和抗拉强度为依据的各国钢材与我国钢材相应关系，可供参考。

表 2.8.1　各国钢材与我国钢材品种对应表

中国	美国	日本	欧洲	俄罗斯
Q235	A36, A53	SS400 SM400 SMA400 SN400	S235	C235
Q345	A572 A242 A588	SM490YA SM490YB SM520	S355	C345
Q390		SM570		C390
Q420	A709		S420	C440

习题

1. 《钢结构设计标准》中推荐的钢材有哪些?
2. 钢材有哪两种主要的破坏形式?
3. 试述钢材的主要力学性能指标。
4. 影响钢材性能的主要化学成分有哪些? 碳、硫、磷对钢材性能有何影响?
5. 何谓钢材的焊接性能?
6. 钢材在高温下的力学性能如何?
7. 引起钢材脆性破坏的主要因素有哪些? 应如何防止脆性破坏的发生?
8. 影响焊接结构疲劳强度的主要因素有哪些?
9. 如何选用钢材?

第三章

钢结构的连接

码 3.1
思维导图 ▶▶

第一节　钢结构的连接

钢结构的构件是由型钢、钢板等通过连接构成的，如梁、柱和桁架等。各构件再通过安装连接构成整个结构。因此，连接在钢结构中地位很重要。在进行连接的设计时，必须遵循安全可靠、传力明确、构造简单、制造方便和节约钢材的原则。

钢结构的连接方法可分为焊接连接、铆钉连接、螺栓连接，如图 3.1.1 所示。

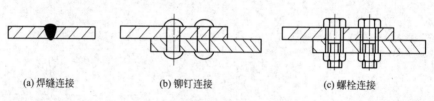

<table>
<tr><td>(a) 焊缝连接</td><td>(b) 铆钉连接</td><td>(c) 螺栓连接</td></tr>
</table>

图 3.1.1　钢结构的连接方法

码 3.2
连接实景

一、焊缝连接

（一）焊缝连接的特点

焊接连接是现代钢结构最主要的连接方法。其优点是：构造简单，任何形式的构件都可直接相连；用料经济，不削弱截面；制作加工方便，可实现自动化操作；连接的密闭性好，结构刚度大。其缺点是：在焊缝附近的热影响区内，钢材的金相组织发生改变，导致局部材质变脆；焊接残余应力和残余变形使受压构件承载力降低；焊接结构对裂纹很敏感，局部裂纹一旦发生，就容易扩展到整体，低温冷脆问题较为突出。

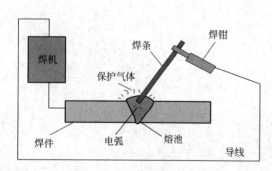

图 3.1.2　手工电弧焊示意

（二）钢结构常用的焊接方法

钢结构中常用的焊接方法主要包括：电弧焊、气体保护焊、电渣焊和电阻焊。

（1）电弧焊　手工电弧焊是最常用的一种焊接方法（图 3.1.2）。通电后，在涂有药皮的焊条和焊件间产生电弧。电弧提供热源，使焊条中的焊丝熔化，滴落在焊件上被电弧所吹成的小凹槽熔池中。由电焊条药皮形成的熔渣和气体覆盖着熔池，防止空气中的氧、氮等气体与熔化的液体金属接触，避免形成脆性易裂的化合物。焊缝金属冷却后把被连接件连成一体。

手工电弧焊设备简单，操作灵活方便，适于任意空间位置的焊接，特别适于焊接短焊缝。但生产效率低，劳动强度大。手工电弧焊所用焊条应与焊件钢材或主体金属相适应，例如，对 Q235 钢采用 43 型焊条；对 Q345 钢采用 50 型焊条；对 Q390 钢和 Q420 钢采用 55 型焊条。

焊条型号中字母 E 表示焊条，前两位数字为熔敷金属的最小抗拉强度（单位为 N/mm^2），第三、四位数字表示适用焊接位置、电流以及药皮类型等。不同钢种的钢材相焊接时，宜采用低组配方案，即宜采用与低强度钢相适应的焊条。

埋弧焊是电弧在焊剂层下燃烧的一种电弧焊方法。焊丝送进和焊接方向的移动有专门机构控制的称埋弧自动电弧焊（图 3.1.3）；焊丝送进有专门机构控制，而焊接方向的移动靠人工操作的称为埋弧半自动电弧焊。电弧焊的焊丝不涂药皮，但施焊端靠由焊剂漏头自动流下的颗粒状焊剂所覆盖，电弧完全被埋在焊剂之内，电弧热量集中，熔深大，适于厚板的焊接，具有很高的生产率。

（2）气体保护焊 气体保护焊是利用二氧化碳气体或其他惰性气体作为保护介质的一种电弧熔焊方法。它直接依

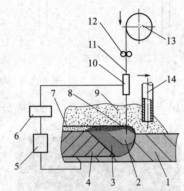

1—母材；2—电弧；3—金属熔池；4—焊缝金属；5—焊接电源；6—电控箱；7—凝固熔渣；8—熔融熔渣；9—焊剂；10—导电嘴；11—焊丝；12—焊丝送进轮；13—焊丝盘；14—焊剂输送管

图 3.1.3 埋弧自动电弧焊

靠保护气体在电弧周围形成局部的保护层，以防止有害气体的侵入并保证了焊接过程的稳定性。气体保护焊的焊缝熔化区没有熔渣，焊工能够清楚地看到焊缝成型的过程；气体保护焊形成的焊缝强度比手工电弧焊高，塑性和抗腐蚀性好，适用于全位置的焊接，但不适用于在风较大的地方施焊。

（3）电渣焊 电渣焊是通过液体熔渣所产生的电阻热进行焊接的方法，常用于高层建筑钢结构中箱形柱或构件的内部横隔板与柱的焊接。

电渣焊分为消耗熔嘴式电渣焊和非消耗熔嘴式电渣焊。消耗熔嘴式电渣焊以电流通过液态熔渣所产生的电阻热作为热源的熔化焊方法。焊接时在焊缝部位直接插入熔嘴，通过熔嘴直接连续送入焊丝，用电阻热将焊丝和熔嘴熔融。随着熔嘴和不断送入焊丝的熔化，使渣池逐步上升而形成焊缝。

（4）电阻焊 电阻焊是利用电流通过焊件接触点表面电阻所产生的热来熔化金属，再通过加压使其焊合。电阻焊只适用于板叠厚度不大于 12mm 的焊接。

（三）焊接连接形式及焊缝形式

（1）焊缝连接形式 焊缝连接形式按被连接钢材的相互位置可分为对接、搭接、T 形连接和角部连接四种（图 3.1.4）。这些连接所采用的焊缝主要有对接焊缝和角焊缝。

（2）焊缝形式 对接焊缝按所受力的方向分为正对接焊缝 [图 3.1.5(a)] 和斜对接焊

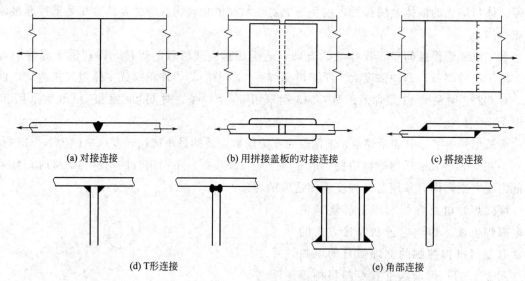

(a) 对接连接　　　　　　(b) 用拼接盖板的对接连接　　　　　(c) 搭接连接

(d) T形连接　　　　　　　　　　　　　(e) 角部连接

图 3.1.4　焊缝连接的形式

缝［图 3.1.5(b)］。角焊缝（图 3.1.6）可分为正面角焊缝、侧面角焊缝和斜焊缝。

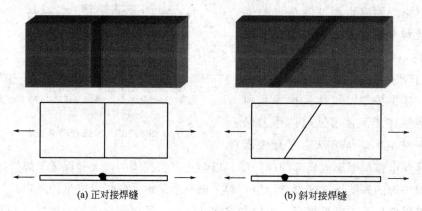

(a) 正对接焊缝　　　　　　　　　　　(b) 斜对接焊缝

图 3.1.5　对接焊缝形式

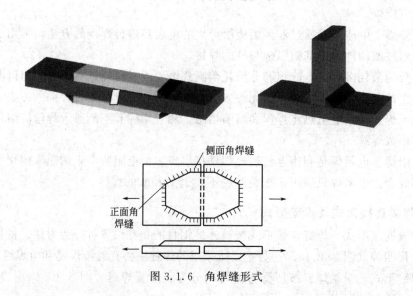

侧面角焊缝

正面角
焊缝

图 3.1.6　角焊缝形式

焊缝沿长度方向的布置分为连续角焊缝和间断角焊缝两种（图 3.1.7）。连续角焊缝的受力性能较好，为主要的角焊缝形式。间断角焊缝的起、灭弧处容易引起应力集中，重要结构应避免采用，只能用于一些次要构件的连接或受力很小的连接。

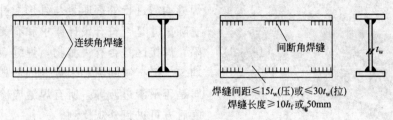

焊缝间距≤15t_w(压)或≤30t_w(拉)
焊缝长度≥10h_f或50mm

图 3.1.7　连续角焊缝和间断角焊缝

焊缝按施焊位置分为平焊、横焊、立焊及仰焊（图 3.1.8）。平焊（又称俯焊）施焊方便。立焊和横焊要求焊工的操作水平比较高。仰焊的操作条件最差，焊缝质量不易保证，因此应尽量避免采用仰焊。

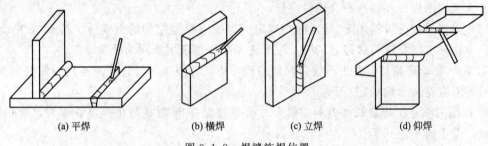

(a) 平焊　　　　　　(b) 横焊　　　　　(c) 立焊　　　　　(d) 仰焊

图 3.1.8　焊缝施焊位置

（四）焊缝缺陷及焊缝质量检验

（1）**焊缝缺陷**　焊缝缺陷指焊接过程中产生于焊缝金属或附近热影响区钢材表面或内部的缺陷。常见的缺陷有裂纹、焊瘤、烧穿、弧坑、气孔、夹渣、咬边、未熔合、未焊透（图 3.1.9）等，以及焊缝尺寸不符合要求、焊缝成形不良等。裂纹是焊缝连接中最危险的缺陷。产生裂纹的原因很多，如钢材的化学成分不当；焊接工艺条件（如电流、电压、焊速、施焊次序等）选择不合适；焊件表面油污未清除干净等。

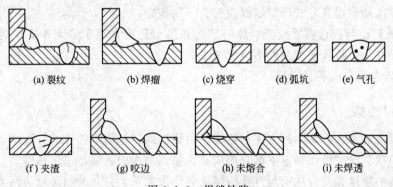

(a) 裂纹　　　(b) 焊瘤　　　(c) 烧穿　　　(d) 弧坑　　　(e) 气孔

(f) 夹渣　　　(g) 咬边　　　(h) 未熔合　　　(i) 未焊透

图 3.1.9　焊缝缺陷

（2）**焊缝质量检验**　焊缝缺陷的存在将削弱焊缝的受力面积，在缺陷处引起应力集中，故对连接的强度、冲击韧性及冷弯性能等均有不利影响。因此，焊缝质量检验极为重要。

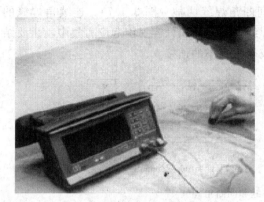

图 3.1.10 内部无损检验

焊缝质量检验一般可用外观检查及内部无损检验（图 3.1.10）。

① 外观质量与外形尺寸检查。一般结构焊缝均需进行外观质量与外形尺寸检查，检查实际尺寸是否符合设计要求和有无看得见的缺陷，焊接区是否有飞溅物，焊缝表面焊波是否均匀、无折皱间断和未焊满的凹槽，与基本金属是否平滑过渡等。所有焊缝应冷却到环境温度后方可进行外观检测。

② 内部无损检测。对重要结构或要求焊缝金属与母材等强的对接焊缝必须在外观检查的基础上进行无损检测，可使用超声波、X 射线等方法检查焊缝内部缺陷，或用磁粉探伤、着色检验等进行焊缝表面裂纹的检查。对重要部位如需检查焊缝的熔合情况等宜用 X 射线检验。无损检测应在外观检测合格后进行。

（3）焊缝质量等级的规定 《标准》规定，焊缝应根据结构的重要性、荷载特性、焊缝形式、工作环境以及应力状态等情况，按下述原则分别选用不同的质量等级。

① 在承受动荷载且需要进行疲劳验算的构件中，凡要求与母材等强连接的焊缝应焊透，其质量等级应符合下列规定：

a. 作用力垂直于焊缝长度方向的横向对接焊缝或 T 形对接与角接组合焊缝，受拉时应为一级，受压时不应低于二级；

b. 作用力平行于焊缝长度方向的纵向对接焊缝不应低于二级；

c. 重级工作制（A6～A8）和起重量 $Q \geqslant 50t$ 的中级工作制（A4、A5）吊车梁的腹板与上翼缘之间以及吊车桁架上弦杆与节点板之间的 T 形连接部位焊缝应焊透，焊缝形式宜为对接与角接的组合焊缝，其质量等级不应低于二级。

② 在工作温度等于或低于 −20℃ 的地区，构件对接焊缝的质量不得低于二级。

③ 不需要疲劳验算的构件中，凡要求与母材等强的对接焊缝宜焊透，其质量等级受拉时不应低于二级，受压时不宜低于二级。

④ 部分焊透的对接焊缝、采用角焊缝或部分焊透的对接与角接组合焊缝的 T 形连接部位，以及搭接连接角焊缝，其质量等级应符合下列规定：

a. 直接承受动荷载且需要疲劳验算的结构和吊车起重量等于或大于 50t 的中级工作制吊车梁以及梁柱、牛腿等重要节点不应低于二级；

b. 其他结构可为三级。

二、铆钉连接

铆钉连接有热铆和冷铆两种方法。热铆是由烧红的钉坯插入构件的钉孔中，用铆钉枪或压铆机铆合而成。冷铆是在常温下铆合而成。在建筑结构中一般都采用热铆。

铆钉连接的质量和受力性能与钉孔的制法有很大关系。钉孔的制法分为两类。一类孔是用钻模钻成，或先冲成较小的孔，装配时再扩钻而成，质量较好。二类孔是冲成或不用钻模钻成，虽然制法简单，但构件拼装时钉孔不易对齐，故质量较差。重要的结构应该采用一类孔。

铆钉连接由于构造复杂，费钢费工，现已很少采用。但是铆钉连接的塑性和韧性较好，传力可靠，质量易于检查，在一些重型和直接承受动力荷载的结构中，有时仍然采用。

三、螺栓连接

螺栓连接分普通螺栓连接和高强度螺栓连接两种。

（一）普通螺栓连接

普通螺栓分为 A、B、C 三级。A 级与 B 级为精制螺栓，C 级为粗制螺栓。A、B 级精制螺栓，性能等级为 5.6 级或 8.8 级；5 或 8 表示 $f_u \geqslant 500N/mm^2$ 或 $800N/mm^2$，0.6 或 0.8 表示 $f_y/f_u = 0.6$ 或 0.8；A、B 级精制螺栓是由毛坯在车床上经过切削加工精制而成。表面光滑，尺寸准确，螺杆直径与螺栓孔径相同，对成孔质量要求高。Ⅰ类孔，孔径（d_0）－栓杆直径（d）=0.3～0.5mm。由于有较高的精度，因而受剪性能好。但制作和安装复杂，价格较高。

C 级粗制螺栓，性能等级为 4.6 级或 4.8 级；4 表示 $f_u \geqslant 400N/mm^2$，0.6 或 0.8 表示 $f_y/f_u = 0.6$ 或 0.8；C 级螺栓由未经加工的圆钢压制而成。由于螺栓表面粗糙，一般采用在单个零件上一次冲成或不用钻模钻成的孔，Ⅱ类孔，孔径（d_0）－栓杆直径（d）=1.5～3mm。对于采用 C 级螺栓的连接，由于螺杆与栓孔之间有较大的间隙，受剪力作用时，将会产生较大的剪切滑移，连接的变形大。但安装方便，且能有效地传递拉力，故一般可用于沿螺栓杆轴受拉的连接中，以及次要结构的抗剪连接或安装时的临时固定。

（二）高强度螺栓连接

高强度螺栓一般采用 45 号钢等优质碳素钢加工制作，经热处理后，螺栓抗拉强度应不低于 $800N/mm^2$，且屈强比为 0.8，因此，其性能等级分为 8.8 级和 10.9 级。

高强度螺栓分大六角头型［图 3.1.11(a)］和扭剪型［图 3.1.11(b)］两种。安装时通过特别的扳手，以较大的扭矩上紧螺帽，使螺杆产生很大的预拉力。高强螺栓的预拉力把被连接的部件夹紧，使部件的接触面间产生很大的摩擦力，外力通过摩擦力来传递，这种连接称为高强度螺栓摩擦型连接。这种连接的优点是施工方便，对构件的削弱较小，可拆换，能承受动力荷载，耐疲劳，韧性和塑性好。高强度螺钉也可同普通螺栓一样，允许接触面滑移，依靠螺栓杆和螺栓孔之间的承压来传力。这种连接称为高强度螺栓承压型连接。

(a) 大六角头螺栓　　　　　　　　(b) 扭剪型螺栓

图 3.1.11 高强度螺栓

摩擦型连接的栓孔直径比螺杆的公称直径大 1.5～2.0mm；承压型连接的栓孔直径比螺

杆的公称直径大 1.0~1.5mm。摩擦型连接适用于承受动力荷载。承压型连接不得用于承受动力荷载的结构中。

第二节 对接焊缝的构造和计算

一、对接焊缝的构造

(1) 坡口构造 对接焊缝的焊件常需做成坡口，故又称作坡口焊缝，其坡口形式与焊件厚度有关。当焊件厚度很小（手工焊 $t \leqslant 6$mm，埋弧焊 $t \leqslant 10$mm）时，可设计为直边缝。对于一般焊件可采用斜坡口的单边 V 形或 X 形焊缝。斜坡口和根部间隙 C 共同组成一个焊条的施焊空间，焊缝易于焊透。对于较厚的焊件（$t \geqslant 16$mm），则采用 U 形、K 形和 X 形坡口（图 3.2.1）。对于 U 形缝和 V 形缝需对焊缝根部进行补焊。对接焊缝坡口形式的选用，应根据现行《钢结构焊接规范》的要求进行。

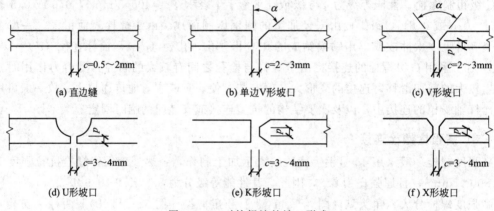

图 3.2.1 对接焊缝的坡口形式

(2) 坡度构造 在对接焊缝的拼接处，当焊件的宽度不同或厚度相差 4mm 以上时，应分别在宽度方向或厚度方向从一侧或两侧做成坡度不大于 1:2.5（静荷载）或 1:4（动荷载）的斜角（图 3.2.2），以使截面过渡缓和，减小应力集中。

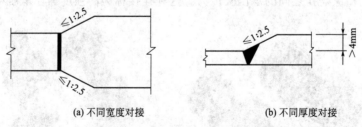

图 3.2.2 钢板拼接

(3) 引弧板构造 在焊缝的起灭弧处，常会出现弧坑等缺陷，这些缺陷对承载力影响极大，故焊接时一般应设置引弧板或引出板（图 3.2.3），焊后将它割除。对受静力荷载的结构设置引弧板有困难时，允许不设置引弧板，此时，可令焊缝计算长度等于实际长度减 $2t$（t 为较薄焊件厚度）。

二、对接焊缝的计算

对接焊缝的强度与所用钢材的牌号、焊条型号及焊缝质量的检验标准等因素有关。由于焊接技术问题，焊缝中可能有气孔、夹渣、咬边、未焊透等缺陷。实验证明，焊接缺陷对受压、受剪的对接焊缝影响不大，即受压、受剪时对接焊缝与母材强度相等，但受拉的对接焊缝对缺陷甚为敏感。当缺陷面积与焊件截面积之比超过 5％时，对接焊缝的抗拉强度将明显下降。由于三级检验的焊缝允许存在的缺陷较多，

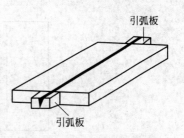

图 3.2.3 用引弧（引出）板焊接

故其抗拉强度为母材强度的 85％，而一、二级检验的焊缝的抗拉强度可认为与母材强度相等。由于对接焊缝是焊件截面的组成部分，焊缝中的应力分布情况基本上与焊件原来的情况相同，故计算方法与构件的强度计算一样。

（一）轴心受力的对接焊缝

对接焊缝轴心受力是指作用力通过焊件截面形心，且垂直焊缝长度方向（图 3.2.4），其强度应按下式计算

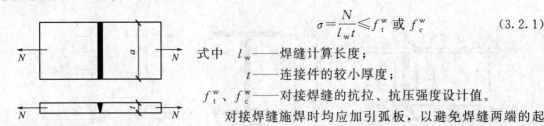

$$\sigma = \frac{N}{l_w t} \leqslant f_t^w \ \text{或} \ f_c^w \qquad (3.2.1)$$

式中 l_w——焊缝计算长度；

t——连接件的较小厚度；

f_t^w、f_c^w——对接焊缝的抗拉、抗压强度设计值。

图 3.2.4 轴心受力对接焊缝

对接焊缝施焊时均应加引弧板，以避免焊缝两端的起落弧缺陷，此时焊缝计算长度应取为实际长度。如未加引弧板，则计算每条焊缝长度时应减去 $2t$。

当直焊缝不能满足强度要求时，可采用斜对接焊缝。图 3.2.5 所示的轴心受拉斜焊缝，可按下列公式计算

$$\sigma = \frac{N\sin\theta}{l_w t} \leqslant f_t^w \qquad (3.2.2)$$

$$\tau = \frac{N\cos\theta}{l_w t} \leqslant f_v^w \qquad (3.2.3)$$

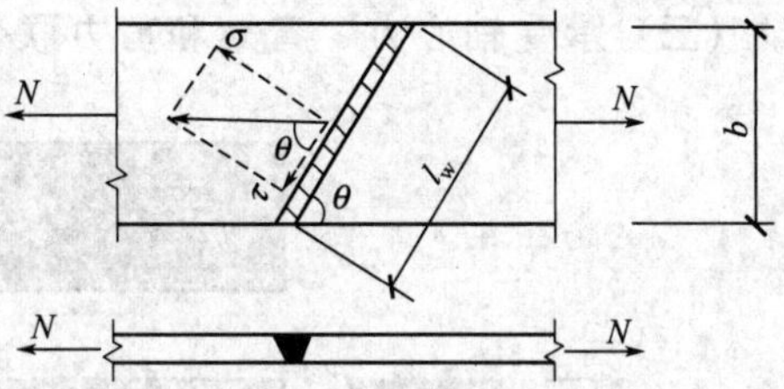

图 3.2.5 斜对接焊缝

采用斜缝后承载力可以提高，但材料较浪费。

《标准》规定，当斜缝和作用力之间的夹角 θ 符合 $\tan\theta \leqslant 1.5$ 时，可不计算焊缝强度。

（二）承受弯矩和剪力联合作用的对接焊缝

图 3.2.6 所示对接接头受弯矩和剪力的联合作用，由于焊缝截面是矩形，正应力与剪应力图形分别为三角形与抛物线形，其最大值应分别满足下列强度条件

$$\sigma_{max} = \frac{M}{W_w} = \frac{6M}{l_w^2 t} \leqslant f_t^w \qquad (3.2.4)$$

$$\tau_{max} = \frac{VS_w}{I_w t} = \frac{3}{2} \frac{V}{l_w t} \leqslant f_v^w \qquad (3.2.5)$$

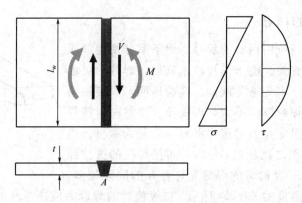

图 3.2.6　矩形截面对接焊缝

图 3.2.7 所示是工字形截面梁的接头，采用对接焊缝，除应分别验算最大正应力和剪应力外，对于同时受有较大正应力和较大剪应力处，例如腹板与翼缘的交接点处，还应按下式验算折算应力

$$\sqrt{\sigma_1^2 + 3\tau_1^2} \leqslant 1.1 f_t^w \tag{3.2.6}$$

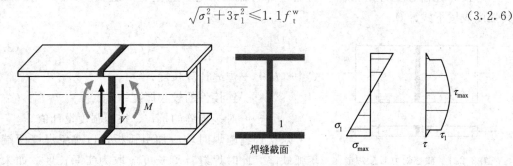

图 3.2.7　工字型梁对接焊缝

（三）承受轴心力、弯矩和剪力联合作用的对接焊缝（图 3.2.8）

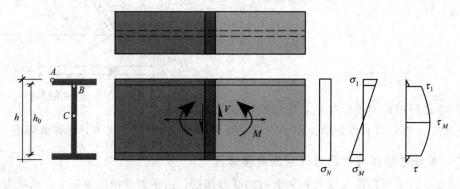

图 3.2.8　承受轴心力、弯矩和剪力联合作用的对接焊缝

当轴心力与弯矩、剪力联合作用时，轴心力和弯矩在焊缝中引起的正应力应进行叠加，剪应力仍按式（3.2.5）验算，折算应力按式（3.2.8）验算。

$$\sigma_{\max} = \sigma_N + \sigma_M = \frac{N}{A_w} + \frac{M}{W_w} \leqslant f_t^w \tag{3.2.7}$$

$$\tau_{max} = \frac{VS_w}{I_w t} \leqslant f_v^w$$

$$\sigma_f = \sqrt{(\sigma_N + \sigma_{M1})^2 + 3\tau_1^2} \leqslant f_t^w \tag{3.2.8}$$

【**例3-1**】 如图 3.2.9 所示两块钢板采用对接焊缝。已知钢板宽度为 600mm，板厚为 8mm，轴心拉力 $N = 1000$kN，钢材为 Q235，焊条用 E43 型，手工焊，不采用引弧板。问焊缝承受的最大应力是多少？

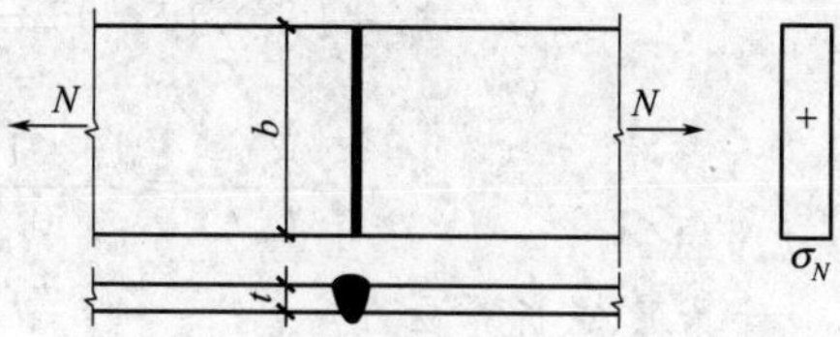

解 因轴力通过焊缝重心，不采用引弧板，则
$l_w = l - 2t = 600 - 2 \times 8 = 584$mm。

图 3.2.9 例 3-1 图

$$\sigma = \frac{N}{l_w t} = \frac{1000 \times 10^3}{584 \times 8} = 214\text{N/mm}^2$$

【**例3-2**】 一工字形梁，跨度 12m，在跨中作用集中力 $P = 20$kN。在离支座 4m 处有一拼接焊缝（采用对接焊缝），如图 3.2.10 所示。已知截面尺寸为：$b = 100$mm，$t_f = 10$mm，梁高 $h = 200$mm，腹板厚度 $t_w = 8$mm。钢材采用 Q345，焊条 E50 型，自动焊，施焊时采用引弧板，求拼接焊缝处受力。

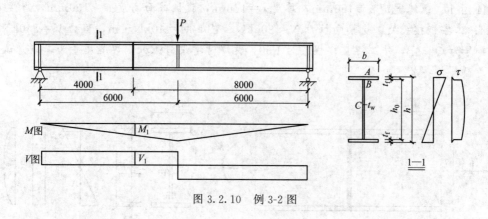

图 3.2.10 例 3-2 图

解 （1）首先求出焊缝处受力

$$M_1 = \frac{P}{2} \times a = \frac{20}{2} \times 4 = 40\text{kN} \cdot \text{m}$$

$$V_1 = \frac{P}{2} = \frac{20}{2} = 10\text{kN}$$

（2）计算焊缝截面特性

$$I_w = \frac{1}{12} \times [100 \times 200^3 - (100-8) \times (200 - 2 \times 10)^3] = 0.2196 \times 10^8 \text{mm}^4$$

$$W_w = \frac{I_w}{h/2} = \frac{0.2196 \times 10^8}{200/2} = 0.2196 \times 10^6 \text{mm}^3$$

（3）焊缝计算
计算 A 点正应力

$$\sigma_M = \frac{M_1}{W_w} = \frac{40 \times 10^6}{0.2098 \times 10^6} = 182.1 \text{N/mm}^2$$

计算 C 点剪应力

$$S = 100 \times 10 \times 95 + \frac{1}{8} \times 8 \times 180^2 = 0.1274 \times 10^6 \text{mm}^3$$

$$\tau = \frac{V_1 S}{I_w t_w} = \frac{10 \times 10^3 \times 0.1274 \times 10^6}{0.2196 \times 10^8 \times 8} = 7.3 \text{N/mm}^2$$

计算 B 点折算应力

$$\sigma_1 = \frac{M}{W_w} \frac{h_0}{h} = \frac{40 \times 10^6}{0.2196 \times 10^6} \times \frac{180}{200} = 163.9 \text{N/mm}^2$$

$$S_1 = 100 \times 10 \times 95 = 95000 \text{mm}^3$$

$$\tau_1 = \frac{V_1 S_1}{I_w t_w} = \frac{10 \times 10^3 \times 95000}{0.2196 \times 10^8 \times 8} = 5.4 \text{N/mm}^2$$

$$\sigma_f = \sqrt{\sigma_1^2 + 3\tau^2} = \sqrt{163.9^2 + 3 \times 5.4^2} = 164.2 \text{N/mm}^2$$

【例 3-3】 采用全焊透对接焊缝连接两根焊接工字钢。工字钢截面尺寸及受力情况如图 3.2.11 所示：翼缘宽度 $b=150 \text{mm}$，厚度 $t=12 \text{mm}$，腹板截面高度 $h=150 \text{mm}$，厚度 $t_w=10 \text{mm}$；工字钢接头处，受轴向拉力 $N=200 \text{kN}$，弯矩 $M=40 \text{kN} \cdot \text{m}$，剪力 $V=240 \text{kN}$；工字钢钢号为 Q235B，手工焊接，焊条为 E50，施焊时增设引弧板，焊缝质量为二级。试验算焊缝是否符合要求。

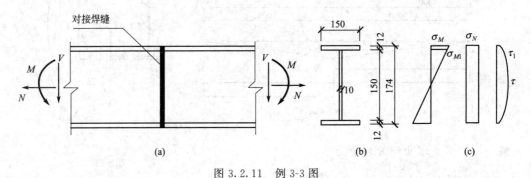

图 3.2.11 例 3-3 图

解 (1) 焊缝截面几何特性计算

$$A_w = 2 \times 150 \times 12 + 150 \times 10 = 5.1 \times 10^3 \text{mm}^2$$

$$I_w = \frac{150 \times 174^3}{12} - \frac{2 \times 70 \times 150^3}{12} = 2647 \times 10^4 \text{mm}^4$$

$$W_w = \frac{I_w}{y} = \frac{2647 \times 10^4}{87} = 304 \times 10^3 \text{mm}^3$$

$$S_1 = 150 \times 12 \times 81 = 145.8 \times 10^3 \text{mm}^3$$

(2) 翼缘焊缝应力验算

$$\sigma_N = \frac{N}{A_w} = \frac{200 \times 10^3}{5.1 \times 10^3} = 39.2 \text{N/mm}^2$$

$$\sigma_M = \frac{M}{W_w} = \frac{40 \times 10^6}{304 \times 10^3} = 131.6 \text{N/mm}^2$$

$$\sigma = \sigma_N + \sigma_M = 39.2 + 131.6 = 170.8 \text{N/mm}^2 < 215 \text{N/mm}^2$$

满足要求。

（3）腹板顶点1处焊接应力验算

$$\sigma_{N1} = \sigma_N = 39.2 \text{N/mm}^2$$

$$\sigma_{M1} = \frac{Mh_0}{W_w h} = \frac{40 \times 10^6 \times 150}{304 \times 10^3 \times 174} = 113.2 \text{N/mm}^2$$

$$\sigma_1 = \sigma_{N1} + \sigma_{M1} = 39.2 + 113.4 = 152.6 \text{N/mm}^2$$

$$\tau_1 = \frac{VS_1}{I_w t_w} = \frac{240 \times 10^3 \times 145.8 \times 10^3}{2643 \times 10^4 \times 10} = 132.2 \text{N/mm}^2$$

1点处折算应力为

$$\sigma = \sqrt{\sigma_1^2 + 3\tau_1^2} = \sqrt{152.6^2 + 3 \times 132.2^2} = 275.2 \text{N/mm}^2 > 1.1 \times 215 = 236.5 \text{N/mm}^2$$

不满足要求。

第三节 角焊缝的构造

一、角焊缝的形式和强度

角焊缝是最常用的焊缝。角焊缝按其与作用力的关系可分为：焊缝长度方向与作用力垂直的正面角焊缝；焊缝长度方向与作用力平行的侧面角焊缝以及斜焊缝。按其截面形式可分为直角角焊缝（图 3.3.1）和斜角角焊缝（图 3.3.2）。

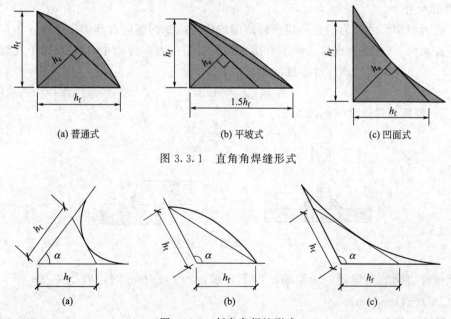

（a）普通式　　　　　　　（b）平坡式　　　　　　　（c）凹面式

图 3.3.1　直角角焊缝形式

（a）　　　　　　　（b）　　　　　　　（c）

图 3.3.2　斜角角焊缝形式

对于 $\alpha > 135°$ 或 $\alpha < 60°$ 斜角角焊缝，除钢管结构外，不宜用作受力焊缝。

大量试验结果表明，侧面角焊缝（图 3.3.3）主要承受剪应力。塑性较好，弹性模量低，强度也较低。传力线通过侧面角焊缝时产生弯折，应力沿焊缝长度方向的分布不均匀，呈两端大而中间小的状态。焊缝越长，应力分布越不均匀，但在进入塑性工作阶段时产生应力重分布，可使应力分布的不均匀现象渐趋缓和。

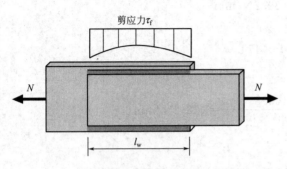

图 3.3.3　侧面角焊缝应力状态

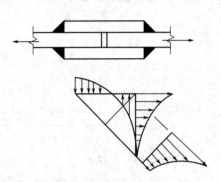

图 3.3.4　正面角焊缝应力状态

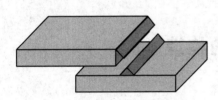

图 3.3.5　角焊缝的破坏位置

正面角焊缝（图 3.3.4）受力较复杂，截面的各面均存在正应力和剪应力，焊根处有很大的应力集中。这一方面由于力线的弯折，另一方面焊根处正好是两焊件接触间隙的端部，相当于裂缝的尖端。经试验，正面角焊缝的静力强度高于侧面角焊缝。

试验结果表明，角焊缝的破坏主要出现在喉部（图 3.3.5）。

二、角焊缝的构造要求

1. 焊脚尺寸

（1）最大焊脚尺寸　为了避免烧穿较薄的焊件，减少焊接应力和焊接变形，角焊缝的焊脚尺寸不宜太大。《标准》规定：除了直接焊接钢管结构的焊脚尺寸 h_f 不宜大于支管壁厚的 2 倍之外，h_f 不宜大于较薄焊件厚度的 1.2 倍。即

$$h_{f,max} \leqslant 1.2t \tag{3.3.1}$$

式中　t——较薄焊件厚度（图 3.3.6）。

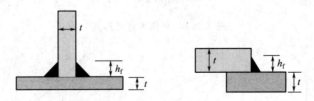

图 3.3.6　焊脚尺寸示意图

对于板件边缘的角焊缝，尚应满足以下要求：当 $t \leqslant 6mm$ 时，$h_{f,max} \leqslant t$；当 $t > 6mm$ 时，$h_{f,max} \leqslant t-(1\sim2)mm$。

（2）最小焊脚尺寸　焊脚尺寸不宜太小，为了保证焊缝的最小承载能力，避免在焊缝金

属中由于冷却速度快而产生裂纹，《标准》规定：角焊缝的焊脚尺寸不得小于 $1.5\sqrt{t}$，即

$$h_{\mathrm{f,min}} \geq 1.5\sqrt{t} \tag{3.3.2}$$

式中　t——较厚焊件厚度。

当焊件厚度等于或小于 4mm 时，则最小焊脚尺寸应与焊件厚度相同。

对于埋弧自动焊 $h_{\mathrm{f,min}}$ 可减去 1mm；对于 T 形连接单面角焊缝 $h_{\mathrm{f,min}}$ 应加上 1mm。

2. 角焊缝的长度

（1）侧面角焊缝的最大计算长度　侧面角焊缝的计算长度不宜大于 $60h_{\mathrm{f}}$，当大于上述数值时，其超过部分在计算中不予考虑。这是因为侧焊缝应力沿长度分布不均匀，两端较中间大，且焊缝越长差别越大。当焊缝太长时，虽然仍有因塑性变形产生的内力重分布，但两端应力可首先达到强度极限而破坏。若内力沿侧面角焊缝全长分布时，比如焊接梁翼缘板与腹板的连接焊缝，计算长度可不受上述限制。

（2）角焊缝的最小计算长度　角焊缝的焊脚尺寸大而长度较小时，焊件的局部加热严重，焊缝起灭弧所引起的缺陷相距太近以及焊缝中可能产生的其他缺陷，使焊缝不够可靠。对搭接连接的侧面角焊缝而言，如果焊缝长度过小，由于力线弯折大，也会造成严重应力集中。因此，为了使焊缝能够有一定的承载能力，根据使用经验，侧面角焊缝或正面角焊缝的计算长度均不得小于 40 和 $8h_{\mathrm{f}}$。

3. 搭接连接的构造要求

当板件端部仅有两条侧面角焊缝连接时（图 3.3.7），试验结果表明，连接的承载力与 b/l 有关。b 为两侧焊缝的距离，l_{w} 为侧焊缝长度。当 $b/l_{\mathrm{w}} > 1$ 时，连接的承载力随着 b/l_{w} 比值的增大而明显下降。这主要是因应力传递的过分弯折使构件中应力分布不均匀造成的。为使连接角焊缝的构造和计算强度不致过分降低，应使每条侧焊缝的长度不宜小于两侧面角焊缝之间的距离，即 $b/l_{\mathrm{w}} \leq 1$。两侧面角焊缝之间的距离 b 也不宜大于 $16t$（当 $t > 12$mm 时）或 190mm（当 $t \leq 12$mm 时），t 为较薄焊

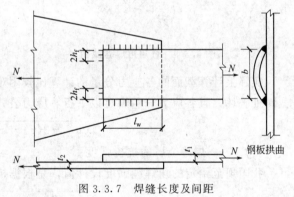

图 3.3.7　焊缝长度及间距

件的厚度，以免因焊缝横向收缩，引起板件发生较大拱曲。

在搭接连接中，当仅采用正面角焊缝时，其搭接长度不得小于焊件较小厚度的 5 倍，也不得小于 25mm，以免焊缝受偏心弯矩影响太大而破坏。

杆件端部搭接采用三面围焊时，围焊的转角处必须连续施焊。对于非围焊情况，当角焊缝的端部在构件转角处时，可连续地作长度为 $2h_{\mathrm{f}}$ 的绕角焊（图 3.3.7）。

杆件与节点板的连接焊缝宜采用两面侧焊，也可用三面围焊，对角钢杆件可采用 L 形围焊（图 3.3.8），所有围焊的转角处也必须连续施焊。

三、直角角焊缝的基本计算公式

当角焊缝的两焊脚边夹角为 90° 时，称为直角角焊缝。角焊缝的有效截面为焊缝有效厚度与计算长度的乘积，而有效厚度 h_{e} 相当于焊缝横截面的内接等腰三角形斜边的高

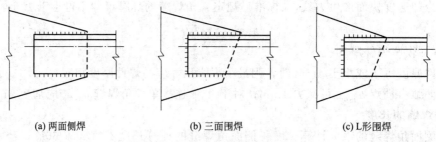

(a) 两面侧焊　　　　　　　(b) 三面围焊　　　　　　　(c) L形围焊

图 3.3.8　杆件与节点板的焊缝连接

（图 3.3.9）。大量试验表明，直角角焊缝的破坏常发生在喉部，故长期以来对角焊缝的研究均着重于这一部位。有效计算截面如图 3.3.10 所示。主要包括：垂直于焊缝有效截面的正应力，垂直于焊缝长度方向的剪应力以及沿焊缝长度方向的剪应力。

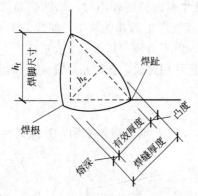

图 3.3.9　直角角焊缝截面

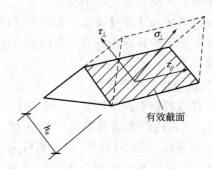

图 3.3.10　角焊缝应力分布

实际上计算截面的各应力分量的计算比较困难，为了简化计算，规范假定：焊缝在有效截面处破坏，且各应力分量满足以下折算应力公式

$$\sqrt{\sigma_\perp^2 + 3(\tau_\perp^2 + \tau_{//}^2)} = f_u^w \tag{3.3.3}$$

式中　f_u^w——焊缝金属的抗拉强度。

我国规范给定的角焊缝强度设计值，是根据抗剪条件确定的，故上式又可化简为

$$\sqrt{\sigma_\perp^2 + 3(\tau_\perp^2 + \tau_{//}^2)} \leqslant \sqrt{3} f_f^w \tag{3.3.4}$$

式中　$\sigma_\perp$——垂直于焊缝有效截面（$h_e l_w$）的正应力，N/mm²；

　　　$\tau_\perp$——有效截面上垂直焊缝长度方向的剪应力，N/mm²；

　　　$\tau_{//}$——有效截面上平行于焊缝长度方向的剪应力，N/mm²；

　　　f_f^w——角焊缝的强度设计值（即侧面焊缝的强度设计值），N/mm²。

采用公式(3.3.3)进行计算的结果与国外的试验和推荐的计算方法计算的结果是相符的。上式中有效截面上的应力分量计算较为繁琐。为便于计算，采用了下述方法进行简化。

以图 3.3.11 所示承受互相垂直的两个轴心力作用的直角角焊缝为例，说明角焊缝基本公式的推导。

令 σ_f 垂直于焊缝长度方向按焊缝有效截面面积计算的有效应力

$$\sigma_f = \frac{N_y}{h_e l_w} \tag{3.3.5}$$

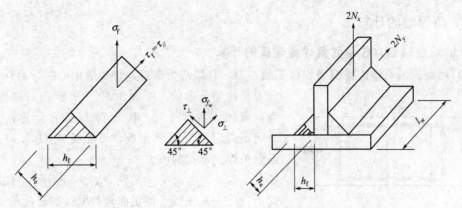

图 3.3.11　直角角焊缝的计算

该应力对有效截面既不是正应力，也不是剪应力，而是合应力。

$$\sigma_{\perp}=\frac{\sigma_f}{\sqrt{2}},\tau_{\perp}=\frac{\sigma_f}{\sqrt{2}} \tag{3.3.6}$$

令 τ_f 垂直于焊缝长度方向按焊缝有效截面面积计算的有效应力

显然

$$\tau_{//}=\tau_f=\frac{N_x}{h_e l_w} \tag{3.3.7}$$

将式(3.3.4)、式(3.3.5)，代入式(3.3.3) 得

$$\sqrt{\left(\frac{\sigma_f}{\sqrt{2}}\right)^2+3\left[\left(\frac{\sigma_f}{\sqrt{2}}\right)^2+\tau_f^2\right]}\leqslant\sqrt{3}f_f^w \tag{3.3.8}$$

或

$$\sqrt{4\left(\frac{\sigma_f}{\sqrt{2}}\right)^2+3\tau_f^2}\leqslant\sqrt{3}f_f^w \tag{3.3.9}$$

整理得，$\beta_f=\sqrt{3/2}=1.22$

$$\sqrt{\left(\frac{\sigma_f}{\beta_f}\right)^2+\tau_f^2}\leqslant f_f^w \tag{3.3.10}$$

式(3.3.10) 即为《标准》给定的角焊缝强度计算通用公式。β_f 为正面角焊缝强度增大系数；静载时取 1.22，动载时取 1.0。

对于正面角焊缝，$\tau_f=0$，由式(3.3.10) 得

$$\sigma_f=\frac{N}{\sum l_w h_e}\leqslant\beta_f f_f^w \tag{3.3.11}$$

对于侧面角焊缝，$\sigma_f=0$，由式(3.3.10) 得

$$\tau_f=\frac{N}{\sum l_w h_e}\leqslant f_f^w \tag{3.3.12}$$

式中　h_e——角焊缝的有效厚度，对直角角焊缝，取 $h_e=0.7h_f$；

　　　l_w——角焊缝计算长度，考虑起灭弧缺陷时，每条焊缝取其实际长度减去 $2h_f$。

式(3.3.10)、式(3.3.11)、式(3.3.12) 为直角角焊缝的基本计算公式。

对承受静力荷载和间接承受动力荷载的结构，$\beta_f=1.22$；但对直接承受动力荷载的结构，正面角焊缝强度虽高，但刚度较大，应力集中现象严重，又缺乏足够的试验依据，故规定取 $\beta_f=1.0$。

四、角焊缝的计算

(一) 承受轴心力作用时角焊缝连接的计算

(1) 用盖板的对接连接　当焊件受轴心力，且轴心力通过连接焊缝中心时，可认为焊缝应力是均匀分布的。图 3.3.12 用盖板的对接连接中，当只有侧面角焊缝时，按式（3.3.12）计算；当采用三面围焊时，对矩形盖板，可先按式（3.3.13）计算正面角焊缝承担的内力

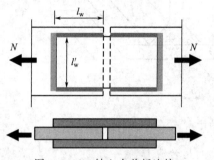

图 3.3.12　轴心力盖板连接

$$N' = \beta_f f_f^w \sum l'_w h_e \qquad (3.3.13)$$

式中　l_w——连接一侧正面角焊缝计算长度的总和。

再由力（$N-N'$）计算侧面角焊缝的强度

$$\tau_f = \frac{N-N'}{\sum l_w h_e} \leqslant f_f^w \qquad (3.3.14)$$

【例 3-4】　试设计用拼接盖板的对接连接（图 3.3.13）。已知钢板宽 $B=400$mm，厚 16mm，拼接盖板宽 $b=300$mm，厚度 $t=16$mm。该连接承受的静态轴心力 $N=1500$kN（设计值），采用两面侧缝，钢材为 Q235-B，手工焊，焊条为 E43 型。

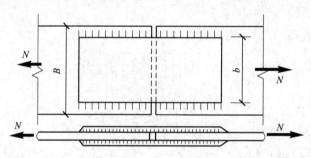

图 3.3.13　轴向力盖板连接

解　(1) 设 $h_f=10$mm，侧面角焊缝所需的长度为

$$\sum l_w = \frac{N}{h_e f_f^w} = \frac{1500 \times 10^3}{0.7 \times 10 \times 200} = 1071 \text{mm}$$

一条侧面角焊缝的长度为

$$l = \frac{1071}{4} + 10 = 278 \text{mm，取 } 300 \text{mm}$$

考虑板件端部仅用两条侧面焊缝连接，为避免传力过分不均匀，每条侧面角焊缝长度不宜小于两侧面角焊缝之间的距离（即 $l \geqslant 300$）。

(2) 拼接板总长度

$$L = 2l + 10 = 2 \times 300 + 10 = 610 \text{mm}$$

拼接板用两块 $12 \times 300 \times 610$ 的钢板。

因两侧面角焊缝之间的距离大于 $16t = 16 \times 12 = 192$mm，为防止焊缝横向收缩引起板件拱曲，构造上增加正面角焊缝或中间塞焊。

【例 3-5】　将例 3-4 中两侧缝更换为采用三面围焊角焊缝连接，试确定焊缝及拼接盖板尺寸。

解 （1）设 $h_f = 10\text{mm}$，侧面角焊缝所需的长度

正面角焊缝承担的拉力为

$$N_1 = 2 \times 0.7 \times 10 \times 300 \times 1.22 \times 200 = 1025\text{kN}$$

$$\sum l_w = \frac{N - N_1}{h_e f_f^w} = \frac{1500 \times 10^3 - 1025 \times 10^3}{0.7 \times 10 \times 200} = 340\text{mm}$$

一条侧面角焊缝的长度为

$$l = \frac{340}{4} + 10 = 95\text{mm}，取 100\text{mm}$$

（2）拼接板总长度

$$L = 2l + 10 = 2 \times 100 + 10 = 210\text{mm}$$

拼接板用两块 $12 \times 300 \times 210$ 的钢板。

（2）承受斜向轴心力的角焊缝连接（图 3.3.14） 可用分力法进行计算

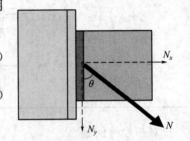

图 3.3.14 斜向轴心力

$$\sigma_f = \frac{N\sin\theta}{\sum l_w h_e} \tag{3.3.15}$$

$$\tau_f = \frac{N\cos\theta}{\sum l_w h_e} \tag{3.3.16}$$

代入式（3.3.10）验算焊缝强度，即

$$\sqrt{\left(\frac{N\sin\theta}{\beta_f \sum l_w h_e}\right)^2 + \left(\frac{N\cos\theta}{\sum l_w h_e}\right)^2} \leqslant f_f^w \tag{3.3.17}$$

（3）角钢角焊缝连接 在钢桁架中，角钢腹杆与节点板的连接焊缝一般采用两面侧焊，也可采用三面围焊，特殊情况也允许采用 L 形围焊。腹杆受轴心力作用，为了避免焊缝偏心受力，焊缝所传递的合力的作用线应与角钢杆件的轴线重合。

① 仅采用侧面角焊缝连接（图 3.3.15）。

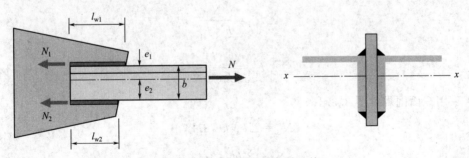

图 3.3.15 角钢端部两侧缝连接

由力及力矩平衡得

$$N = N_1 + N_2 \tag{3.3.18}$$

$$N_1 e_1 = N_2 e_2 \tag{3.3.19}$$

$$N_1 = N\frac{e_2}{e_1 + e_2} = K_1 N \tag{3.3.20}$$

$$N_2 = N\frac{e_1}{e_1 + e_2} = K_2 N \tag{3.3.21}$$

$$K_1 = \frac{e_2}{e_1 + e_2}$$

$$K_2 = \frac{e_1}{e_1 + e_2}$$

式中　K_1——肢背焊缝内力分配系数，见表 3.3.1；

　　　　K_2——肢尖焊缝内力分配系数，见表 3.3.1。

表 3.3.1　角钢缝内力分配系数 K

角钢类型	连接形式		肢背 K_1	肢尖 K_2
a　等肢角钢			0.7	0.3
b　不等肢角钢		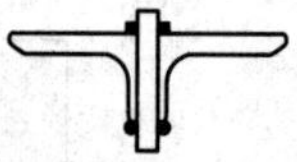 长肢水平	0.75	0.25
c　不等肢角钢		 长肢垂直	0.65	0.35

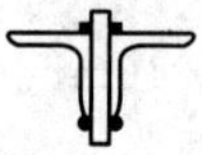

对于校核问题

$$\tau_{f1} = \frac{N_1}{\sum l_{w1} h_{e1}} \leqslant f_f^w \tag{3.3.22}$$

$$\tau_{f2} = \frac{N_2}{\sum l_{w2} h_{e2}} \leqslant f_f^w \tag{3.3.23}$$

对于设计问题

$$\sum l_{w1} = \frac{N_1}{h_{e1} f_f^w} \tag{3.3.24}$$

$$\sum l_{w2} = \frac{N_2}{h_{e2} f_f^w} \tag{3.3.25}$$

② 采用三面围焊（图 3.3.16）。

$$N_3 = \sum l_{w3} h_{e3} \beta_f f_f^w \tag{3.3.26}$$

$$N_3 = \sum b h_{e3} \beta_f f_f^w \tag{3.3.27}$$

由力及力矩平衡得

$$N_1 = K_1 N - \frac{N_3}{2} \tag{3.3.28}$$

$$N_2 = K_2 N - \frac{N_3}{2} \tag{3.3.29}$$

对于校核问题按式(3.3.22)和式(3.3.23)进行。

对于设计问题按式(3.3.24)和式(3.3.25)进行。

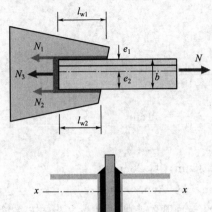

图 3.3.16 角钢端部三面围焊连接

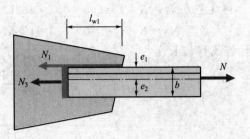

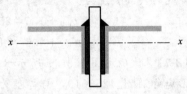

图 3.3.17 角钢端部 L 型围焊连接

③ 采用 L 形围焊（图 3.3.17）。

将 N_2 代入式（3.3.28）化简得

$$N_3 = 2K_2 N \tag{3.3.30}$$

$$N_1 = N - N_3 \tag{3.3.31}$$

对于设计问题

$$\sum l_{w1} = \frac{N_1}{h_{e1} f_f^w} \tag{3.3.32}$$

$$h_{f3} = \frac{N_3}{0.7 \beta_f f_f^w \sum l_{w3}} \tag{3.3.33}$$

【例 3-6】 如图 3.3.18 所示角钢和节点板采用两边侧焊缝的连接中，$N = 660\text{kN}$（静力荷载，设计值），角钢为 $2 \llcorner 110 \times 10$，节点板厚度 $t_1 = 12\text{mm}$，钢材为 Q235，焊条为 E43 系列，手工焊。试确定所需角焊缝的焊脚尺寸 h_f 和实际长度。

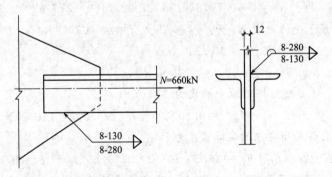

图 3.3.18 例 3-6 图

解 角焊缝的强度设计值 f_f^w 为 160N/mm^2

最小 h_f：$h_f \geqslant 1.5\sqrt{t} = 1.5\sqrt{12} = 5.2\text{mm}$

角钢肢尖处最大 h_f：$h_f \leqslant t - (1 \sim 2)\text{mm} = 10 - (1 \sim 2) = 9 \sim 8\text{mm}$

角钢肢背处最大 h_f：$h_f \leqslant 1.2t = 1.2 \times 10 = 12\text{mm}$

角钢肢尖和肢背都取 $h_f = 8\text{mm}$

焊缝受力 $N_1 = K_1 N = 660 \times 0.7 = 462 \text{kN}$

$$N_2 = K_2 N = 660 \times 0.3 = 198 \text{kN}$$

所需焊缝长度

$$l_{w1} = \frac{N_1}{2h_e f_f^w} = \frac{462 \times 10^3}{2 \times 0.7 \times 0.8 \times 160 \times 10^2} = 25.78 \text{cm}$$

$$l_{w2} = \frac{N_2}{2h_e f_f^w} = \frac{198 \times 10^3}{2 \times 0.7 \times 0.8 \times 160 \times 10^2} = 11 \text{cm}$$

侧焊缝的实际长度为

$$l_1 = l_{w1} + 1.6 = 25.78 + 1.6 = 27.38 \text{cm},\ 取 28 \text{cm}$$

$$l_2 = l_{w2} + 1.6 = 11 + 1.6 = 12.6 \text{cm},\ 取 13 \text{cm}$$

【例3-7】 试确定图3.3.19所示承受静态轴心力的三面围焊连接的承载力及肢尖焊缝的长度。已知角钢 $2\llcorner125 \times 10$，与厚度为8mm的节点板连接，其搭接长度为300mm，$h_f = 8\text{mm}$；钢材为Q235-B，手工焊，焊条为E43型。

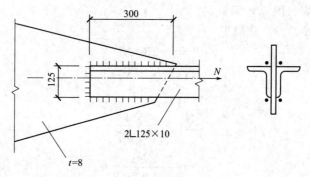

图3.3.19 例3-7图

解 角焊缝强度设计值 $f = 160 \text{N/mm}^2$。由表3.3.1知焊缝内力分配系数为0.7和0.3。

正面角焊缝的长度等于相连角钢肢的宽度，即 $l_3 = b = 125 \text{mm}$

则正面内力 N_3 为：$N_3 = 2 \times 0.7 \times 8 \times 125 \times 1.22 \times 160 = 273.3 \text{kN}$

肢背角焊缝所能承受的内力 N_1 为：$N_1 = 2h_e l_w f = 2 \times 0.7 \times 8 \times (300-8) \times 160 = 523.3 \text{kN}$

由式(3.3.28)知 $N_1 = K_1 N - N_3/2$

所以 $N = (523.3 + 136.6)/0.70 = 942.7 \text{kN}$

由式(3.3.29)计算肢尖焊缝承受的内力 N_2 为

$$N_2 = K_2 N - N_3/2 = 0.30 \times 942.7 - 273.3/2 = 146.2 \text{kN}$$

由此可算出肢尖焊缝所要求的实际长度为

$$l_{w2} = N_2/2h_e l_w f + h_f = 146.2 \times 10^3/2 \times 0.7 \times 8 \times 160 + 8 = 89.6 \text{mm}。$$

由计算知这种连接的承载力 $N = 943 \text{kN}$，肢尖焊缝的长度为90mm。

(二)复杂受力时角焊缝连接计算

1. N、M、V 共同作用时角焊缝计算

角焊缝在轴力、剪力和弯矩作用下的内力，根据焊缝所处位置和刚度等因素确定。角焊缝在各种外力作用下的内力计算原则如下。

(1)首先求单独外力作用下角焊缝的应力，并判断该应力对焊缝产生正面角焊缝受力还是侧面角焊缝受力。

（2）采用叠加原理，将各种外力作用下的焊缝应力进行叠加。叠加时注意应取焊缝截面上同一点的应力进行叠加，而不能用各种外力作用下产生的最大应力进行叠加。因此，应根据单独外力作用下产生应力分布情况判断最危险点进行计算。

如图 3.3.20(a) 所示的双面角焊缝连接承受偏心斜拉力 N 作用，计算时，可将作用力 N 分解为 N_x 和 N_y 两个分力。角焊缝同时承受轴心力 N_x、剪力 N_y 和弯矩 $M = N_x e$ 的共同作用，如图 3.3.20(b)。焊缝计算截面上的应力分布如图 3.3.20(c) 所示，连接中 A 点应力最大，为控制点。

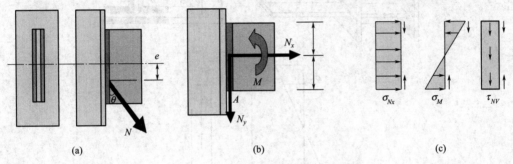

图 3.3.20　N、M、V 共同作用时角焊缝

A 点垂直于焊缝长度方向的应力由两部分组成

$$\sigma_{f,A} = \frac{N_x}{\sum l_w h_e} + \frac{6M}{\sum h_e l_w^2} \tag{3.3.34}$$

剪力 N_y 在 A 点产生平行于焊缝长度方向的应力为

$$\tau_{f,A} = \frac{N_y}{\sum l_w h_e} \tag{3.3.35}$$

焊缝 A 点处强度验算公式为

$$\sqrt{\left(\frac{\sigma_{f,A}}{\beta_f}\right)^2 + \tau_{f,A}^2} \leqslant f_f^w \tag{3.3.36}$$

2. V、M 共同作用下角焊缝强度计算（图 3.2.21）

对于 A 点

$$\sigma_{fA} = \frac{M}{I_w} \frac{h_1}{2} \leqslant \beta_f f_f^w \tag{3.3.37}$$

式中　I_w——全部焊缝有效截面对中和轴的惯性矩；

　　　h_1——两翼缘焊缝最外侧间的距离。

对于 B 点

$$\sigma_{fB} = \frac{M}{I_w} \frac{h_2}{2} \tag{3.3.38}$$

$$\tau_{fB} = \tau_f = \frac{V}{\sum h_{e2} l_{w2}} \tag{3.3.39}$$

强度验算公式

$$\sqrt{\left(\frac{\sigma_{fB}}{\beta_f}\right)^2 + \tau_{fB}^2} \leqslant f_f^w \tag{3.3.40}$$

式中 h_2、l_{w2}——腹板焊缝的计算长度；

h_{e2}——腹板焊缝截面有效高度。

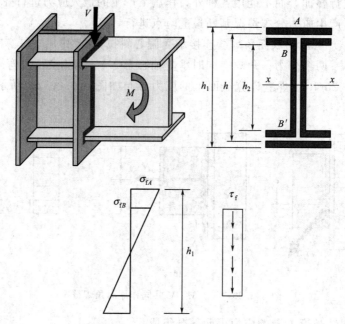

图 3.3.21 M、V 共同作用时角焊缝

【例 3-8】 如图 3.3.22 所示，H 型钢牛腿与钢柱焊接连接，所用钢材材质为 Q235-B，构件截面、连接尺寸如图所示，已知 $F=1200\text{kN}$，偏心距 $e=500\text{mm}$，连接采用 E43 系列型焊条，手工焊接角焊缝，施焊时转角处连续施焊，没有起弧落弧所引起的焊缝缺陷，试验算焊缝。

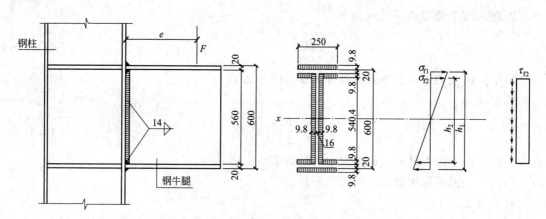

图 3.3.22 H 型钢牛腿与钢柱焊接连接

解 F 在焊缝形心处产生的剪力 $V=1200\text{kN}$，弯矩 $M=1200\times0.5=600\text{kN·m}$，假定剪力仅由牛腿腹板焊缝承担，弯矩由全部焊缝承担。角焊缝的有效面积如图 3.3.22 所示。

（1）焊缝的截面几何特性 牛腿腹板竖向焊缝的面积

$$A_w=2\times0.7\times14\times560=10976\text{mm}^2$$

全部焊缝对 x 轴的惯性矩

$$I_w = \frac{1}{12} \times [250 \times (619.6^3 - 600^3)] + \frac{1}{12} \times [234 \times (560^3 - 540.4^3)] + 2 \times \frac{1}{12} \times 9.8 \times 540.43^3$$

$$= 1.06 \times 10^9 \, \text{mm}^4$$

焊缝最外边缘的抵抗矩

$$W_{w1} = 1.06 \times 10^9 / 309.8 = 3.42 \times 10^6 \, \text{mm}^3$$

焊缝在翼缘和腹板连接处的抵抗矩

$$W_{w2} = 1.06 \times 10^9 / 280 = 3.79 \times 10^6 \, \text{mm}^3$$

（2）在弯矩作用下角焊缝最外边缘的应力

$$\sigma_{f1} = \frac{M}{W_{w1}} = \frac{600 \times 10^6}{3.42 \times 10^6} = 175.4 \, \text{N/mm}^3 = 175.4 \, \text{N} < 1.22 \times 200 = 244 \, \text{N/mm}^2$$

（3）在弯矩、剪力共同作用下牛腿翼缘与腹板交接处角焊缝的应力

$$\sigma_{f2} = \frac{M}{W_{w2}} = \frac{600 \times 10^6}{3.79 \times 10^6} = 158.3 \, \text{N/mm}^2$$

$$\tau_{f2} = \frac{V}{A_w} = \frac{1200 \times 10^6}{10976} = 109.3 \, \text{N/mm}^2$$

$$\sqrt{\left(\frac{\sigma_{f2}}{\beta_f}\right)^2 + \tau_{f2}^2} = \sqrt{\left(\frac{158.3}{1.22}\right)^2 + 109.3^2} = 169.7 \, \text{N/mm}^2 < 200 \, \text{N/mm}^2$$

焊缝满足强度要求。

3. T、V 共同作用下

如图 3.3.23，假定：①被连接件绝对刚性，焊缝为弹性，即 T 作用下被连接件有绕焊缝形心 O 旋转的趋势；②T 作用下焊缝群上任意点的应力方向垂直于该点与焊缝形心的连线，且大小与 r 成正比；③在 V 作用下，焊缝群上的应力均匀分布。

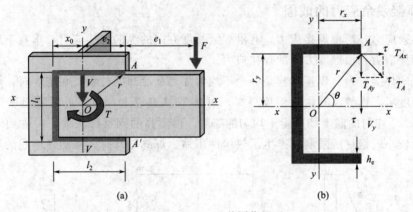

图 3.3.23　T、V 共同作用下

将 F 向焊缝群形心简化得

$$V = F$$

$$T = F(e_1 + e_2)$$

故该连接的设计控制点为 A 点和 A' 点。

T 作用下 A 点应力

$$\tau_{TA} = \frac{Tr}{I_P} = \frac{Tr}{I_x + I_y} \qquad (3.3.41)$$

将其沿 x 轴和 y 轴分解

$$\tau_{TAy} = \tau_T \cos\theta = \frac{Tr}{I_P} \frac{r_x}{r} \qquad (3.3.42)$$

$$\tau_{TAx} = \tau_T \sin\theta = \frac{Tr}{I_P} \frac{r_y}{r} \qquad (3.3.43)$$

剪力 V 作用下，A 点应力

$$\tau_{VAy} = \tau_V = \frac{V}{\sum h_e l_w} \qquad (3.3.44)$$

A 点垂直于焊缝长度方向的应力为

$$\sigma_f = \tau_{VAy} + \tau_{TAy} \qquad (3.3.45)$$

A 点平行于焊缝长度方向的应力为

$$\tau_f = \tau_{TAx} \qquad (3.3.46)$$

强度验算公式

$$\sqrt{\left(\frac{\sigma_f}{\beta_f}\right)^2 + \tau_f^2} \leqslant f_f^w$$

即

$$\sqrt{\left(\frac{\tau_{TAy} + \tau_{VAy}}{\beta_f}\right)^2 + \tau_{TAx}^2} \leqslant f_f^w \qquad (3.3.47)$$

第四节 焊接残余应力和焊接变形

一、焊接残余应力的成因

焊接残余应力，简称焊接应力，有沿焊缝长度方向的纵向焊接应力，垂直于焊缝长度方向的横向焊接应力和沿厚度方向的焊接应力。

（1）纵向焊接应力 焊接过程是一个不均匀加热和冷却的过程。在施焊时，焊件上产生不均匀的温度场，焊缝及其附近温度最高，可达 1600℃以上，而邻近区域温度则急剧下降（图 3.4.1）。不均匀的温度场产生不均匀的膨胀。温度高的钢材膨胀大，但受到两侧温度较低、膨胀量较小的钢材所限制，产生了热塑性压缩。焊缝冷却时，被塑性压缩的焊缝区趋向

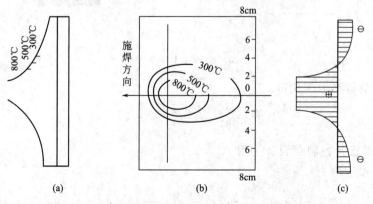

图 3.4.1 施焊时焊缝及附近的温度场和焊接残余应力

于缩短，但受到两侧钢材限制而产生纵向拉应力。在低碳钢和低合金钢中，这种拉应力经常达到钢材的屈服强度。焊接应力是一种无荷载作用下的内应力，因此会在焊件内部自相平衡，这就必然在距焊缝稍远区段内产生压应力。

（2）横向焊接应力　横向焊接应力产生的原因有二：一是由于焊缝纵向收缩，使两块钢板趋向于形成反方向的弯曲变形，但实际上焊缝将两块钢板连成整体，不能分开，于是两块板的中间产生横向拉应力，而两端则产生压应力［图 3.4.2(b)］；二是由于先焊的焊缝已经凝固，会阻止后焊焊缝在横向自由膨胀，使其发生横向塑性压缩变形。当焊缝冷却时，后焊焊缝的收缩受到已凝固的焊缝限制而产生横向拉应力，而先焊部分则产生横向压应力，在最后施焊的末端的焊缝中必然产生拉应力［图 3.4.2(c)］。焊缝的横向应力是上述两种应力合成的结果［图 3.4.2(d)］。

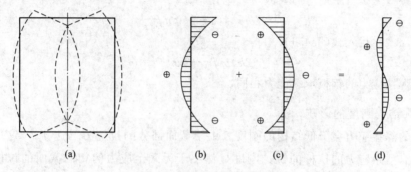

图 3.4.2　焊缝的横向焊接应力

（3）厚度方向的焊接应力　在厚钢板的焊接连接中，焊缝需要多层施焊。因此，除有纵向和横向焊接应力外，还存在着沿钢板厚度方向的焊接应力（图 3.4.3）。在最后冷却的焊缝中部，这三种应力形成同号三向拉应力，将大大降低连接的塑性。

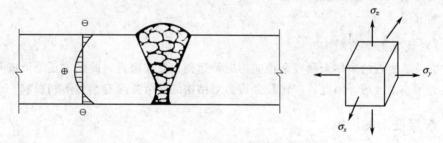

图 3.4.3　厚板中的焊接残余应力

二、焊接应力的影响

（一）对结构静力强度的影响

对在常温下工作并具有一定塑性的钢材，在静荷载作用下，焊接应力是不会影响结构强度的。

图 3.4.4 所示为具有焊接残余应力的轴心受拉杆受荷截面。

当构件无焊接应力时，由图 3.4.4(a) 可得其承载力值为

$$N = bt f_y \tag{3.4.1}$$

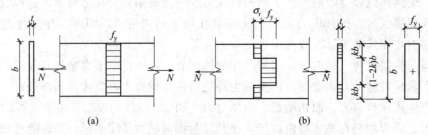

图 3.4.4　具有焊接残余应力的轴心受拉杆受荷截面

当构件有焊接应力时，由图 3.4.4（b）可得其承载力值为

$$N = 2kbt(\sigma + f_y) \tag{3.4.2}$$

由于焊接应力是自平衡应力，故

$$2kbt\sigma = (1 - 2k)btf_y \tag{3.4.3}$$

将式（3.4.3）代入式（3.4.1）中得

$$N = (1 - 2k)btf_y + 2kbtf_y = btf_y$$

这与无焊接应力的钢板承载能力相同。

（二）对结构刚度的影响

构件上的焊接应力会降低结构的刚度，由于截面部分的拉应力已达 f_y，这部分的刚度为零，则具有残余应力的拉杆的抗拉刚度显然小于无残余应力的相同截面的拉杆的抗拉刚度，即有焊接残余应力的杆件的抗拉刚度降低了，在外力作用下其变形将会较无残余应力的大，对结构工作不利。

（三）对低温冷脆的影响

焊接残余应力对低温冷脆的影响经常是决定性的，必须引起足够的重视。在厚板和具有严重缺陷的焊缝中，以及在交叉焊缝的情况下，产生了阻碍塑性变形的三轴拉应力，使裂纹容易发生和发展。

（四）对疲劳强度的影响

在焊缝及其附近的主体金属残余拉应力通常达到钢材屈服点，此部位正是形成和发展疲劳裂纹最为敏感的区域。因此，焊接残余应力对结构的疲劳强度有明显不利影响。

三、焊接变形的影响

焊接变形是焊接结构中经常出现的问题。焊接构件出现了变形，就需要花许多工时去矫正。比较复杂的变形，矫正的工作量可能比焊接的工作量还要大。有时变形太大，甚至无法矫正，变成废品。焊接变形不但影响结构的尺寸和外形美观，而且有可能降低结构的承载能力，引起事故。

四、减少焊接应力和变形的措施

可通过合理的焊缝设计和焊接工艺措施来控制焊接结构焊接应力和变形。

（一）合理的焊缝设计

（1）合理地选择焊缝的尺寸和形式，在保证结构的承载能力的条件下，设计时应该尽量采用较小的焊缝尺寸。

（2）尽可能减少不必要的焊缝。

（3）合理地安排焊缝的位置。安排焊缝时尽可能对称于截面中性轴，或者使焊缝接近中性轴。

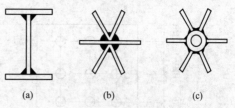

图 3.4.5　焊缝布置示意

（4）尽量避免焊缝的过分集中和交叉。如采用图 3.4.5(b) 的方式，避免采用图 3.4.5(c) 的方式。

（二）合理的工艺措施

（1）采用合理的焊接顺序和方向。例如钢板对接时，采用分段焊 ［图 3.4.6(a)］，厚度方向分层焊 ［图 3.4.6(b)］，钢板分块拼焊 ［图 3.4.6(c)］，工字形截面的 T 形连接采用对角跳焊 ［图 3.4.6(d)］。

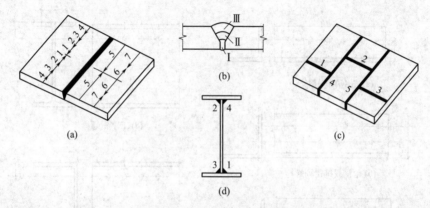

图 3.4.6　合理的施焊顺序

（2）采用反变形法减小焊接变形或焊接应力。事先估计好结构变形的大小和方向，然后在装配时给予一个相反方向的变形与焊接变形相抵消，使焊后的构件保持设计的要求。

（3）对于小尺寸焊件，焊前预热，或焊后回火加热至 600℃ 左右，然后缓慢冷却，可以消除焊接应力和焊接变形。也可采用刚性固定法将构件加以固定来限制焊接变形，但却增加了焊接残余应力。

第五节　普通螺栓的构造和计算

一、螺栓的排列和构造要求

螺栓在构件上排列应简单、统一、整齐而紧凑，通常分为并列和错列两种形式（图 3.5.1、图 3.5.2）。并列形式简单整齐，所用连接板尺寸小，但由于螺栓孔的存在，对构件截面削弱较大。错列形式可以减小螺栓孔对截面的削弱，但螺栓孔排列不如并列形式紧凑，连接板尺寸较大。

螺栓在构件上的排列应满足受力、构造和施工要求。

① 受力要求。在受力方向螺栓的端距过小时，钢材有剪断或撕裂的可能。各排螺栓距和线距太小时，构件有沿折线或直线破坏的可能。对受压构件，当沿作用方向螺栓距过大

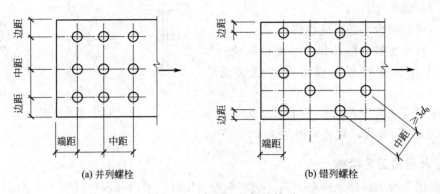

(a) 并列螺栓　　　　　　　　　(b) 错列螺栓

图 3.5.1　钢板上的螺栓排列

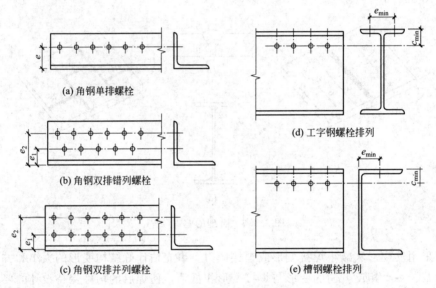

(a) 角钢单排螺栓

(b) 角钢双排错列螺栓

(c) 角钢双排并列螺栓

(d) 工字钢螺栓排列

(e) 槽钢螺栓排列

图 3.5.2　型钢上的螺栓排列

时，被连板间易发生鼓曲和张口现象。

② 构造要求。螺栓的中距及边距不宜过大，否则钢板间不能紧密贴合，潮气侵入缝隙易使钢材锈蚀。

③ 施工要求。要保证一定的空间，便于转动螺栓扳手拧紧螺帽。

根据上述要求，钢板规定了螺栓（或铆钉）的最大、最小容许距离，见表 3.5.1。

表 3.5.1　螺栓或铆钉的最大、最小容许距离

名称	位置和方向			最大容许距离 （取两者的较小值）	最小容许距离
中心间距	外排(垂直内力方向或顺内力方向)			$8d_0$ 或 $12t$	$3d_0$
	中间排	垂直内力方向		$16d_0$ 或 $24t$	
		顺内力方向	构件受压力	$12d_0$ 或 $18t$	
			构件受拉力	$16d_0$ 或 $24t$	
	沿对角线方向			—	

续表

名称	位置和方向			最大容许距离 （取两者的较小值）	最小容许距离
中心至构件 边缘距离	顺内力方向			4d_0 或 8t	2d_0
	垂直内力 方向	剪切边或手工气割边			1.5d_0
		轧制边、自动气 割或锯割边	高强度螺栓		
			其他螺栓或铆钉		1.2d_0

注：1. d_0 为螺栓或铆钉的孔径，t 为外层较薄板件的厚度。

2. 钢板边缘与刚性构件（如角钢、槽钢等）相连的螺栓或铆钉的最大间距，可按中间排的数值采用。

型钢上的螺栓排列规定见表 3.5.2～表 3.5.4。

表 3.5.2　角钢上螺栓容许最小间距

单行排列	角钢肢宽	40	45	50	56	63	70	75	80	90	100	110	125
	线距 e	25	25	30	30	35	40	40	45	50	55	60	70
	钉孔最大直径	11.5	13.5	13.5	15.5	17.5	20	22	22	24	24	26	26

双行错排	角钢肢宽	125	140	160	180	200	双行 并列	角钢肢宽	160	180	200
	e_1	55	60	70	70	80		e_1	60	70	80
	e_2	90	100	120	140	160		e_2	130	140	160
	钉孔最大直径	24	24	26	26	26		钉孔最大直径	24	24	26

表 3.5.3　工字钢和槽钢腹板上螺栓容许距离表　　　单位：mm

工字钢型号	12	14	16	18	20	22	25	28	32	36	40	45	50	56	63
线距 c_{min}	40	45	45	45	50	50	55	60	60	65	70	75	75	75	75
槽钢型号	12	14	16	18	20	22	25	28	32	36	40	—	—	—	—
线距 c_{min}	40	45	50	50	55	55	55	60	65	70	75	—	—	—	—

表 3.5.4　工字钢和槽钢翼缘上螺栓容许距离表　　　单位：mm

工字钢型号	12	14	16	18	20	22	25	28	32	36	40	45	50	56	63
线距 a_{min}	40	40	50	55	60	65	65	70	75	80	80	85	90	95	95
槽钢型号	12	14	16	18	20	22	25	28	32	36	40	—	—	—	—
线距 a_{min}	30	35	35	40	40	45	45	45	50	56	60	—	—	—	—

二、普通螺栓连接分类

普通螺栓连接按受力情况可分为三类：螺栓只承受剪力；螺栓只承受拉力；螺栓承受拉力和剪力的共同作用，如图 3.5.3 所示。

（一）普通螺栓的受剪连接

1. 受剪连接的工作性能

抗剪连接是最常见的螺栓连接。如果以图 3.5.4（a）所示的螺栓连接试件做抗剪试验，可得出试件上 a、b 两点之间的相对位移 δ 与作用力 N 的关系曲线 [图 3.5.4（b）]。该曲线给出了试件由零载一直加载至连接破坏的全过程，经历了以下四个阶段。

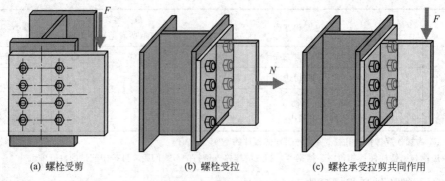

(a) 螺栓受剪   (b) 螺栓受拉   (c) 螺栓承受拉剪共同作用

图 3.5.3   螺栓受力分类

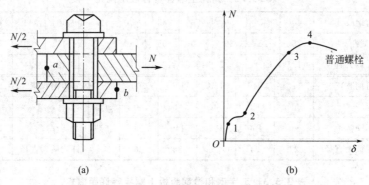

(a)   (b)

图 3.5.4   单个螺栓抗剪试验结果

（1）弹性阶段。在施加荷载之初，荷载较小，荷载靠构件间接触面的摩擦力传递，螺栓杆与孔壁之间的间隙保持不变，连接工作处于弹性阶段，在图 3.5.4(b) 上呈现出斜直线段。但由于板件间摩擦力的大小取决于拧紧螺帽时在螺杆中的初始拉力，一般说来，普通螺栓的初拉力很小，故此阶段很短。

（2）滑移阶段。当荷载增大，连接中的剪力达到构件间摩擦力的最大值，板件间产生相对滑移，其最大滑移量为螺栓杆与孔壁之间的间隙，直至螺栓与孔壁接触，相应于曲线上的水平段。

（3）栓杆传力的弹性阶段。荷载继续增加，连接所承受的外力主要靠栓杆与孔壁接触传递。栓杆除主要受剪力外，还有弯矩和轴向拉力，而孔壁则受到挤压。由于栓杆的伸长受到螺帽的约束，增大了板件间的压紧力，使板件间的摩擦力也随之增大，所以曲线呈上升状态。达到"3"点时，曲线开始明显弯曲，表明螺栓或连接板达到弹性极限，此阶段结束。

（4）弹塑性阶段。荷载持续增大，曲线上升的趋势变缓，荷载达到"4"点后下降，直到破坏。

受剪螺栓连接达到极限承载力时，可能的破坏形式有五种：一种是螺栓杆剪切破坏 [图 3.5.5(a)]；一种是孔壁挤压破坏 [图 3.5.5(b)]；一种是构件本身还有可能由于截面开孔削弱过多而破坏 [图 3.5.5(c)]；一种是由于钢板端部的螺孔端距太小而被剪坏 [图 3.5.5(d)]；一种是由于钢板太厚，螺杆直径太小，发生螺栓杆弯曲破坏 [图 3.5.5(e)]。后两种破坏用限制螺距和螺杆杆长 $l \leqslant 5d$（d 为螺栓直径）等构造措施来防止。

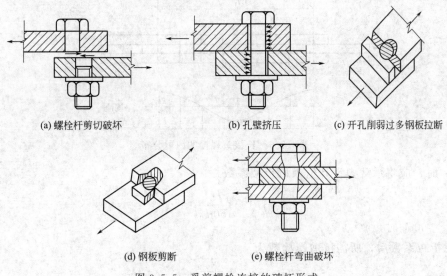

(a) 螺栓杆剪切破坏　　(b) 孔壁挤压　　(c) 开孔削弱过多钢板拉断

(d) 钢板剪断　　　　(e) 螺栓杆弯曲破坏

图 3.5.5　受剪螺栓连接的破坏形式

2. 单个普通螺栓的受剪计算

普通螺栓的受剪承载力主要由栓杆受剪和孔壁承压两种破坏模式控制，因此应分别计算，取其小值进行设计。计算时做了如下假定：①栓杆受剪计算时，假定螺栓受剪面上的剪应力是均匀分布的；②孔壁承压计算时，假定挤压力沿栓杆直径平面（实际上是相应于栓杆直径平面的孔壁部分）均匀分布。考虑一定的抗力分项系数后，得到普通螺栓受剪连接中，每个螺栓的受剪和承压承载力设计值如下。

受剪承载力设计值

$$N_v^b = n_v \frac{\pi d^2}{4} f_v^b \tag{3.5.1}$$

承压承载力设计值

$$N_c^b = d \sum t f_c^b \tag{3.5.2}$$

式中　n_v——受剪面数目，单剪为1，双剪为2，四剪为4；

　　　d——螺栓杆直径；

　　　t——在不同受力方向中一个受力方向承压构件总厚度的较小值；

　f_v^b、f_c^b——螺栓的抗剪和承压强度设计值，由附表3.4查用。

3. 普通螺栓群受剪连接计算

试验证明，螺栓群的受剪连接承受轴心力时，与侧焊缝的受力相似，在长度方向各螺栓受力是不均匀的（图3.5.6），两端受力大，中间受力小。由于连接进入弹塑性阶段后，内力发生重分布，螺栓群中各螺栓受力逐渐接近，故可认为轴心力 N 由每个螺栓平均分担，即所需螺栓数 n 为

$$n = \frac{N}{N_{min}^b} \tag{3.5.3}$$

式中　N_{min}^b——一个螺栓受剪承载力设计值与承压承载力设计值的较小值。

当 $l_1 > 15d_0$（d_0 为螺孔直径）时，连接进入弹塑性阶段后，各螺杆所受内力仍不易均匀，端部螺栓首先达到极限强度而破坏，随后由外向里依次破坏。我国规范规定，当

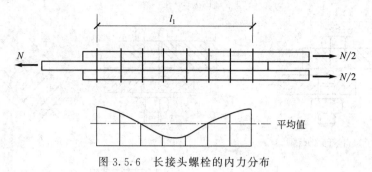

图 3.5.6 长接头螺栓的内力分布

$l_1 > 15d_0$ 时，应将承载力设计值乘以折减系数

$$\eta = 1.1 - \frac{l_1}{150d_0} \geqslant 0.7 \qquad (3.5.4)$$

当 $l_1 \geqslant 60d_0$ 时，$\eta = 0.7$。

考虑折减系数后，所需抗剪螺栓数为

$$n = \frac{N}{\eta N_{min}^b} \qquad (3.5.5)$$

【例 3-9】 两块截面为 14mm×400mm 的钢板，采用双拼接板进行拼接，拼接板厚 8mm，钢材 Q235，板件受轴向拉力 $N = 960$kN，试用直径 $d = 20$mm 的 C 级普通螺栓拼接。

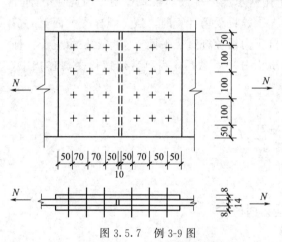

图 3.5.7 例 3-9 图

解
$$N_v^b = n_v \frac{\pi d^2}{4} f_v^b = 2 \times \frac{\pi \cdot 20^2}{4} \times 140$$
$$= 87920 = 87.9\text{kN}$$

单栓的承压承载力设计值为
$$N_c^b = d \sum t f_c^b = 20 \times 14 \times 305$$
$$= 85400.0 = 85.4\text{kN}$$

所以 $N_{v,min}^b = 85.4$kN

构件一侧所需螺栓数
$$n = \frac{N}{N_{v,min}^b} = \frac{960}{85.4} = 11.24, 取 12 个$$

布置如图 3.5.7 所示。

普通螺栓群轴心力作用下，为了防止板件被拉断尚应进行板件的净截面验算。

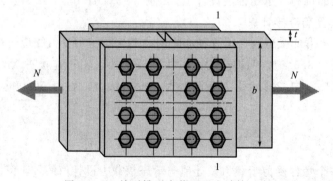

图 3.5.8 并列排列净截面强度计算示意

（1）螺栓采用并列排列（图 3.5.8）时

危险截面为 1—1 截面，需验算

$$\sigma = \frac{N}{A_n} \leqslant f \tag{3.5.6}$$

$$A_n = (b_1 - md_0)2t \tag{3.5.7}$$

式中 f——钢材强度设计值；

d_0——螺栓孔直径；

b——钢板宽度；

m——危险截面上的螺栓数；

t——钢板厚度。

（2）螺栓采用错列排列（图 3.5.9）时

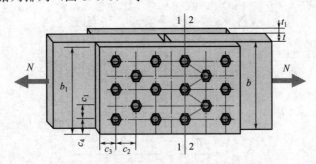

图 3.5.9 错列排列净截面强度计算示意

主板的危险截面为 1—1 和 2—2 截面：

对于 1—1 截面

$$A_n = (b - md_0)t \tag{3.5.8}$$

对于 2—2 截面

$$A_n = [2c_4 + (m-1)\sqrt{c_1^2 + c_2^2} - md_0]t \tag{3.5.9}$$

式中 f——钢材强度设计值；

d_0——螺栓孔直径；

b——钢板宽度；

m——危险截面上的螺栓数；

t——钢板厚度。

（3）普通螺栓群偏心力作用下抗剪计算

图 3.5.10 所示螺栓群承受偏心剪力的情形，剪力 F 的作用线至螺栓群中心线的距离为

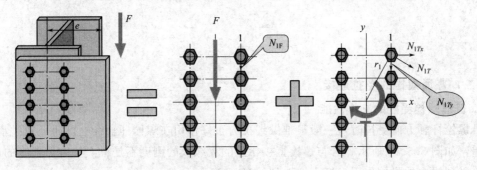

图 3.5.10 普通螺栓群偏心受剪作用

e，故螺栓群同时受到轴心力 F 和扭矩 e 的联合作用。

F 作用下每个螺栓受力

$$N_{1F} = \frac{F}{n} \tag{3.5.10}$$

T 作用下连接按弹性设计，其假定为：①连接板件绝对刚性，螺栓为弹性；②T 作用下连接板件绕栓群形心转动，各螺栓剪力与其至形心距离呈线形关系，方向与 r_i 垂直。

显然，T 作用下 1 号螺栓所受剪力最大（r_1 最大）。

由力的平衡条件得

$$T = N_{1T}r_1 + N_{2T}r_2 + \cdots + N_{nT}r_n \tag{3.5.11}$$

由假定②得

$$\frac{N_{1T}}{r_1} = \frac{N_{2T}}{r_2} = \frac{N_{3T}}{r_3} = \cdots = \frac{N_{nT}}{r_n} \tag{3.5.12}$$

$$N_{2T} = \frac{N_{1T}}{r_1}r_2 ; N_{3T} = \frac{N_{1T}}{r_1}r_3 ; \cdots; N_{nT} = \frac{N_{1T}}{r_1}r_n \tag{3.5.13}$$

$$T = \frac{N_{1T}}{r_1}(r_1^2 + r_2^2 + \cdots + r_n^2) = \frac{N_{1T}}{r_1}\sum_{i=1}^{n} r_i^2 \tag{3.5.14}$$

$$N_{1T} = \frac{Tr_1}{\sum\limits_{i=1}^{n} r_i^2} = \frac{Tr_1}{\sum\limits_{i=1}^{n} x_i^2 + \sum\limits_{i=1}^{n} y_i^2} \tag{3.5.15}$$

将 N_{1T} 沿坐标轴分解得

$$N_{1Tx} = \frac{Tr_1}{\sum\limits_{i=1}^{n} x_i^2 + \sum\limits_{i=1}^{n} y_i^2} \frac{y_1}{r_1} = \frac{Ty_1}{\sum\limits_{i=1}^{n} x_i^2 + \sum\limits_{i=1}^{n} y_i^2} \tag{3.5.16}$$

$$N_{1Ty} = \frac{Tr_1}{\sum\limits_{i=1}^{n} x_i^2 + \sum\limits_{i=1}^{n} y_i^2} \frac{x_1}{r_1} = \frac{Tx_1}{\sum\limits_{i=1}^{n} x_i^2 + \sum\limits_{i=1}^{n} y_i^2} \tag{3.5.17}$$

由此可得螺栓 1 的强度验算公式为

$$\sqrt{N_{1Tx}^2 + (N_{1Ty} + N_{1F})^2} \leqslant N_{min}^b \tag{3.5.18}$$

另外，当螺栓布置比较狭长（如 $y_1 \geqslant 3x_1$）时，可进行如下简化计算

令 $x_i = 0$，则 $N_{1Ty} = 0$

$$N_{1Tx} = \frac{Tr_1}{\sum\limits_{i=1}^{n} y_i^2} \frac{y_1}{r_1} = \frac{Ty_1}{\sum\limits_{i=1}^{n} y_i^2} \tag{3.5.19}$$

$$\sqrt{N_{1Tx}^2 + N_{1F}^2} \leqslant N_{min}^b \tag{3.5.20}$$

（二）普通螺栓的受拉连接

1. 普通螺栓受拉的工作性能

沿螺栓杆轴方向受拉时，一般很难做到拉力正好作用在螺栓杆轴线上，而是通过水平板件传递，如图 3.5.11 所示。若与螺栓直接相连的翼缘板的刚度不是很大，由于翼缘的弯曲，使螺栓受到撬力的附加作用，杆力增加到：$N_t = N + Q$。

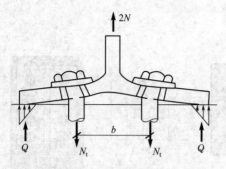

图 3.5.11　受拉螺栓的撬力

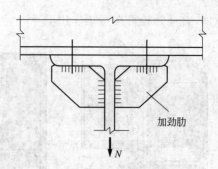

图 3.5.12　翼缘加劲肋

式中，Q 称为撬力。撬力的大小与翼缘板厚度、螺杆直径、螺栓位置、连接总厚度等因素有关，准确求值非常困难。为了简化计算，我国《标准》将螺栓的抗拉强度设计值降低。试验证明影响撬力的因素较多，其大小难以确定，《标准》采取简化计算的方法，取 $f_t^b=0.8f$（f 为螺栓钢材的抗拉强度设计值）来考虑其影响。

在构造上可以通过加强连接件的刚度的方法，来减小杠杆作用引起的撬力，如设加劲肋（图 3.5.12），可以减小甚至消除撬力的影响。

2. 单个普通螺栓的抗拉承载力设计值

抗拉螺栓连接在外力作用下，连接板件接触面有脱开趋势，螺栓杆受杆轴方向拉力作用，以栓杆被拉断为其破坏形式。所以一个普通螺栓的抗拉强度设计值为

$$N_t^b=A_e f_t^b=\frac{\pi d_e}{4}f_t^b \tag{3.5.21}$$

式中　A_e——螺栓的有效截面面积；

d_e——螺栓的有效直径；

f_t^b——螺栓的抗拉强度设计值。

因螺栓杆上的螺纹为斜方向的，所以公式取的是有效直径 d_e 而不是净直径 d_n（图 3.5.13），现行国家标准取

$$d_e=d-\frac{13}{24}\times\sqrt{3}\,p \tag{3.5.22}$$

式中　d——螺栓直径；

p——螺纹间距。

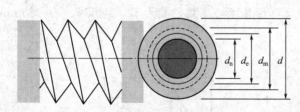

图 3.5.13　螺栓的有效截面面积

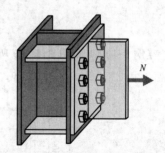

图 3.5.14　栓群轴心受拉

3. 普通螺栓群受拉

（1）栓群轴心受拉（图 3.5.14）　栓群轴心受拉状态下，一般假定每个螺栓均匀受力，因此，连接所需的螺栓数为

$$n=\frac{N}{N_t^b} \tag{3.5.23}$$

（2）普通螺栓群在弯矩作用下

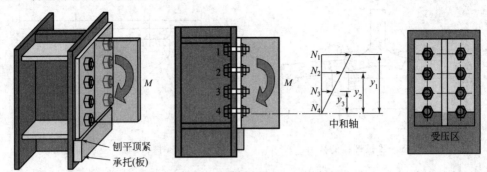

图 3.5.15 普通螺栓群在弯矩作用下

图 3.5.15 所示为螺栓群承受弯矩作用，剪力通过承托板传递。按弹性设计方法，在弯矩作用下，离中和轴越远的螺栓所受拉力越大，而压应力则由弯矩指向一侧的部分端板承受。设中和轴至端板受压边缘的距离为 C。此连接的受力特点如下：受拉螺栓截面只是孤立的几个螺栓点，而端板受压区则是宽度较大的实体矩形截面。当以其形心位置作为中和轴时，所求得的端板受压区高度 C 总是很小，中和轴通常在弯矩指向一侧最外排螺栓附近的某个位置。因此，实际计算时，近似取中和轴位于最下排螺栓 O 处，连接变形绕 O 处的水平轴转动，螺栓的拉力与从 O 点起算的纵坐标距离 y 成正比。

由力学及假定可得

$$\frac{N_1}{y_1} = \frac{N_2}{y_2} = \frac{N_3}{y_3} = \cdots = \frac{N_n}{y_n} \tag{3.5.24}$$

$$M = N_1 y_1 + N_2 y_2 + \cdots + N_n y_n \tag{3.5.25}$$

由式（3.5.24）得

$$N_2 = \frac{N_1}{y_1} y_2, N_3 = \frac{N_1}{y_1} y_3, \cdots, N_n = \frac{N_1}{y_1} y_n \tag{3.5.26}$$

将式（3.5.26）代入式（3.5.25）得

$$M = \frac{N_1}{y_1}(y_1^2 + y_2^2 + \cdots + y_n^2) = \frac{N_1}{y_1} \sum_{i=1}^{n} y_i^2 \tag{3.5.27}$$

因此，设计时只要满足式（3.5.28），即可

$$N_1 = \frac{M y_1}{\sum\limits_{i=1}^{n} y_i^2} \leqslant N_t^b \tag{3.5.28}$$

【例 3-10】 如图 3.5.16 所示为短横梁与柱翼缘的连接，剪力 $V=250\text{kN}$，$e=120\text{mm}$，

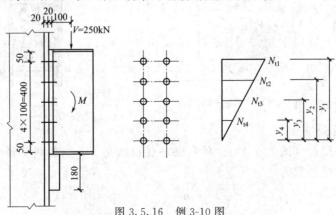

图 3.5.16 例 3-10 图

螺栓为 C 级,梁端竖板下有承托。钢材为 Q235-B,手工焊,焊条 E43 型,试按考虑承托传递全部剪力 V,设计此连接。

解 承托传递全部剪力 $V=250\text{kN}$,螺栓群只承受由偏心力引起的弯矩 $M=Ve=250\times 0.12=30\text{kN}\cdot\text{m}$。可假定螺栓群旋转中心在弯矩指向的最下排螺栓的轴线上。设螺栓为 M20($A_\text{e}=244.8\text{mm}^2$),一个螺栓的受拉承载力设计值为

$$N_\text{t}^\text{b}=A_\text{e}f_\text{t}^\text{b}=244.8\times 170\times 10^{-3}=41.62\text{kN}$$

顶排螺栓受力最大,其值为

$$N_\text{t1}=\frac{M}{2\sum y_i^2}y_1=\frac{30\times 10^2\times 40}{2\times(10^2+20^2+30^2+40^2)}=20.0\leqslant N_\text{t}^\text{b}=41.62\text{kN}$$

满足要求。

(3) 普通螺栓群在偏心拉力作用下

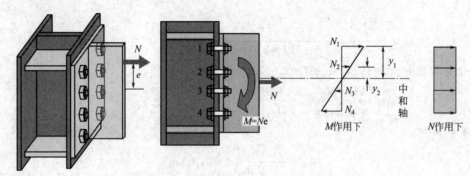

图 3.5.17 普通螺栓群小偏心受拉

① 小偏心力作用下普通螺栓连接(图 3.5.17)。

$$N_{\max}=N_{1N}+N_{1M}=\frac{N}{n}+\frac{Ney_1}{\sum\limits_{i=1}^{n}y_i^2}\leqslant N_\text{t}^\text{b} \tag{3.5.29}$$

$$N_{\min}=\frac{N}{n}-\frac{Ney_1}{\sum\limits_{i=1}^{n}y_i^2} \tag{3.5.30}$$

小偏心的条件是:$N_{\min}\geqslant 0$,由此得偏心距 $e\leqslant\sum y_i^2/(ny_1)$,令 $\rho=\sum y_i^2/(ny_1)$ 为螺栓有效截面组成的核心距,则 $e\leqslant\rho$ 为小偏心受拉。

② 大偏心力作用下普通螺栓连接(图 3.5.18)。当偏心距 e 较大时,即 $e>\rho=\sum y_i^2/(ny_1)$ 时,则端板底部将出现受压区,近似并安全地取中和轴位于最下排螺栓 O' 处,列弯矩平衡方程,可求得

$$N_1=\frac{Ne'y_1'}{\sum\limits_{i=1}^{n}y_i'^2}\leqslant N_\text{t}^\text{b} \tag{3.5.31}$$

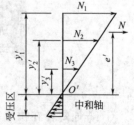

图 3.5.18 大偏心受拉示意

【例 3-11】 如图 3.5.19 为一刚接屋架下弦节点,竖向力由承托承受。螺栓为 C 级,受偏心拉力。设 $N=300\text{kN}$,$e=100\text{mm}$。螺栓布置如图所示。试求所需的 C 级规格。

解 螺栓有效截面的核心距

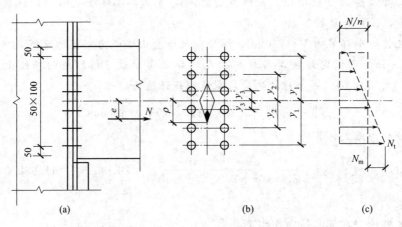

图 3.5.19　例 3-11 图

$$\rho = \frac{\sum y_i^2}{n y_1} = \frac{4 \times (5^2 + 15^2 + 25^2)}{12 \times 25} = 11.7\text{cm} > e = 100\text{mm}$$

属小偏心受拉（图 3.5.19），应由式（3.5.29）计算

$$N_1 = \frac{N}{n} + \frac{Ne}{\sum y_i^2} y_1 = \frac{300}{12} + \frac{300 \times 10 \times 25}{4 \times (5^2 + 15^2 + 25^2)} = 46.4\text{kN}$$

需要的有效面积

$$A_e = \frac{46.4 \times 10^3}{170} = 273\text{mm}^2$$

由附表 9.1 查得 M22 螺栓的有效面积 $A_e = 303\text{mm}^2 > 273\text{mm}^2$，故采用 C 级 M22 螺栓。连接的布置满足构造要求。

（三）普通螺栓拉、剪联合作用

普通螺栓拉、剪联合作用（图 3.5.20）的受力特点主要表现在以下几个方面。

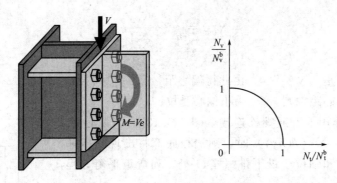

图 3.5.20　普通螺栓拉、剪联合作用

① 普通螺栓在拉力和剪力的共同作用下，可能出现两种破坏形式：螺杆受剪兼受拉破坏、孔壁的承压破坏。

② 由试验可知，兼受剪力和拉力的螺杆，其承载力无量纲关系曲线近似为"四分之一圆"。

③ 计算时，假定剪力由螺栓群均匀承担，拉力由受力情况确定。

$$N_v = \frac{V}{n} \tag{3.5.32}$$

规范规定：普通螺栓拉、剪联合作用为了防止螺杆受剪兼受拉破坏，应满足

$$\sqrt{\left(\frac{N_v}{N_v^b}\right)^2 + \left(\frac{N_t}{N_t^b}\right)^2} \leqslant 1 \tag{3.5.33}$$

为了防止孔壁的承压破坏，应满足

$$N_v \leqslant N_c^b \tag{3.5.34}$$

另外，拉力和剪力共同作用下的普通螺栓连接，当有承托承担全部剪力时，螺栓群按受拉连接计算。

承托与柱翼缘（图 3.5.21）的连接角焊缝按下式计算

$$\tau_f = \frac{\alpha N}{\sum l_w h_e} \leqslant f_f^w \tag{3.5.35}$$

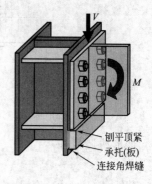

图 3.5.21　有承托板的构造

式中　α——考虑剪力对角焊缝偏心影响的增大系数，一般取 $\alpha = 1.25 \sim 1.35$；其余符号同前。

第六节　高强度螺栓连接的构造和计算

一、高强度螺栓连接的工作性能

1. 高强度螺栓的抗剪性能

由图 3.6.1 中可以看出，由于高强度螺栓连接有较大的预拉力，从而使被连接板中有很大的预压力，当连接受剪时，主要依靠摩擦力传力的高强度螺栓连接的抗剪承载力可达到 1 点。通过 1 点后，连接产生了滑移，当栓杆与孔壁接触后，连接又可继续承载直到破坏。如果连接的承载力只用到 1 点，即为高强度螺栓摩擦型连接；如果连接的承载力用到 4 点，即为高强度螺栓承压型连接。

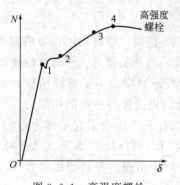

图 3.6.1　高强度螺栓的抗剪性能

2. 高强度螺栓的抗拉性能

高强度螺栓在承受外拉力前，螺杆中已有很高的预拉力 P，板层之间则有压力，而 P 与 C 维持平衡 [图 3.6.2(a)]。

$$C = P \tag{3.6.1}$$

当对螺栓施加外拉力 N_t，则栓杆在板层之间的压力未完全消失前被拉长，此时螺杆中拉力增量为 Δp，同时把压紧的板件拉松，使压力 C 减少 ΔC [图 3.6.2(b)]。

$$P_f = P + \Delta P = N_t + C - \Delta C \tag{3.6.2}$$

式(3.6.1) 代入式(3.6.2) 得

$$\Delta P = N_t - \Delta C \tag{3.6.3}$$

设螺栓和被连接板有效面积分别为 A_b 和 A_μ，被连接板厚度为 δ，则

$$\Delta_t = \frac{\Delta P}{A_b E}\delta, \quad \Delta_e = \frac{\Delta C}{A_\mu E}\delta \tag{3.6.4}$$

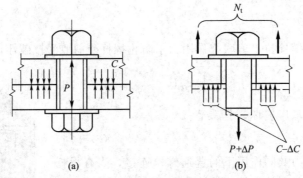

图 3.6.2　高强螺栓抗拉

变形协调条件

$$\Delta_t = \Delta_e \tag{3.6.5}$$

代入式（3.6.2）有

$$\Delta P = \frac{N_t}{1 + A_\mu / A_b} \tag{3.6.6}$$

$A_\mu \gg A_b$，$A_\mu = 10 A_b$

$$\Delta P = 0.09 N_t \tag{3.6.7}$$

对 N_t 考虑平均荷载分项系数 1.3，有

$$\Delta P = 0.07 N_t \tag{3.6.8}$$

当构件刚好被拉开时 $P_f = P + \Delta P = N_t$

$$P_f = 1.1P \tag{3.6.9}$$

为了避免外力大于螺栓预拉力时，卸载后产生松弛现象，《标准》规定：$N_t \leqslant 0.8P$（此时 $P_f = 1.07P$）。

计算表明，当施加于螺杆上的外拉力 N_t 为预拉力 P 的 0.8 倍时，螺杆内的拉力增加很少，因此可认为此时螺杆的预拉力基本不变。同时由实验得知，当外加拉力大于螺杆的预拉力时，卸荷后螺杆中的预拉力会变小，即发生松弛现象。但当外加拉力小于螺杆预拉力的 0.8 倍时，则无松弛现象发生。也就是说，被连接板件接触面间仍能保持一定的压紧力，可以假定整个板面始终处于紧密接触状态。但上述取值没有考虑杠杆作用而引起的撬力影响。实际上这种杠杆作用存在于所有螺栓的抗拉连接中。研究表明，当外拉力 $N_t < 0.5P$ 时，不出现撬力，如图 3.6.3 所示，撬力 Q 大约在 $N_t > 0.5P$ 时开始出现，起初增加缓慢，以

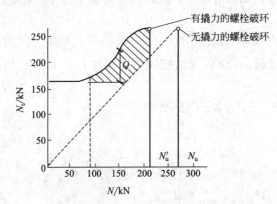

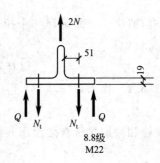

图 3.6.3　高强螺栓的撬力影响

后逐渐加快，到临近破坏时因螺栓开始屈服而又有所下降。

考虑撬力的影响，当考虑撬力影响时，螺栓杆的拉力 P_f 与 N_t 的关系曲线如图 3.6.3 所示即 $N_t \leqslant 0.5P$ 时，撬力 $Q=0$；$N_t \geqslant 0.5P$ 后，撬力 Q 出现，增加速度先慢后快。撬力 Q 的存在导致连接的极限承载力由 N_u 降至 N'_u。所以，如设计时不考虑撬力的影响，应使 $N_t \leqslant 0.5P$ 或增加连接板件的刚度（如设加劲肋）。

3. 高强螺栓的预拉力

（1）高强度螺栓预拉力的建立方法　高强度螺栓预拉力的建立可通过拧紧螺帽的方法，螺帽的紧固方法如下。

① 转角法。施工方法：初拧——用普通扳手拧至不动，使板件贴紧密；终拧——初拧基础上用长扳手或电动扳手再拧过一定的角度，一般为120°～180°完成终拧。

特点：预拉力的建立简单、有效，但要防止欠拧、漏拧、超拧；

② 扭剪法。扭剪法是采用扭剪型高强度螺栓，该螺栓端部设有梅花头，拧紧螺帽时，通过拧断梅花头切口处截面来控制预拉力值。见图 3.6.4。

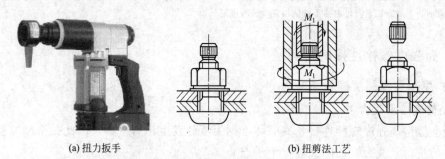

(a) 扭力扳手　　　　　(b) 扭剪法工艺

图 3.6.4　扭剪型高强度螺栓施工示意

（2）高强度螺栓预拉力的确定　高强度螺栓预拉力是根据螺栓杆的有效抗拉强度确定的，并考虑了以下修正系数：

① 考虑材料的不均匀性的折减系数 0.9；

② 为防止施工时超张拉导致螺杆破坏的折减系数 0.9；

③ 考虑拧紧螺帽时，螺栓杆上产生的剪力对抗拉强度的降低除以系数 1.2。

④ 附加安全系数 0.9。

因此，预拉力

$$P = \frac{0.9 \times 0.9 \times 0.9}{1.2} A_e f_u \tag{3.6.10}$$

式中　A_e——螺纹处有效截面积；

f_u——螺栓热处理后的最低抗拉强度，8.8级，取 $f_u = 830\text{N/mm}^2$，10.9级，取 $f_u = 1040\text{N/mm}^2$。

《标准》规定一个高强度螺栓的预拉力设计值取值见表 3.6.1。

表 3.6.1　一个高强度螺栓的预拉力设计值 P　　　　单位：kN

螺栓的性能等级	螺栓公称直径/mm					
	M16	M20	M22	M24	M27	M30
8.8级	80	125	150	175	230	280
10.9级	100	155	190	225	290	355

（3）高强度螺栓摩擦面抗滑移系数 μ 摩擦型高强度螺栓是通过板件间摩擦力传递内力的，而摩擦力的大小取决于板件间的挤压力 P 和板件间的抗滑移系数 μ；板件间的抗滑移系数与接触面的处理方法和构件钢号有关，其大小随板件间挤压力的减小而减小。

《标准》给出了不同钢材在不同接触面的处理方法下的抗滑移系数 μ，见表 3.6.2。

表 3.6.2　钢材摩擦面的抗滑移系数 μ

连接处构件接触面的处理方法	构件的钢材牌号		
	Q235 钢	Q345 钢或 Q390 钢	Q420 钢或 Q460 钢
喷硬质石英砂或铸钢棱角砂	0.45	0.45	0.45
抛丸(喷砂)	0.40	0.40	0.40
钢丝刷清除浮锈或未经处理的干净轧制面	0.30	0.35	—

注：1. 钢丝刷除锈方向应与受力方向垂直。2. 当连接构件采用不同钢材牌号时，μ 按相应较低强度者取值。3. 采用其他方法处理时，其处理工艺及抗滑移系数值均需经试验确定。

二、高强度螺栓连接的计算

（一）摩擦型高强度螺栓承载力

1. 受剪连接承载力

对于摩擦型高强度螺栓连接，其破坏准则为板件发生相对滑移，因此一个摩擦型高强度螺栓连接的抗剪承载力（如图 3.6.1 中 1 点）

$$N_v^b = 0.9 k n_f \mu P \tag{3.6.11}$$

式中　0.9——抗力分项系数 γ_R 的倒数（$\gamma_R = 1.111$）；

　　　k——孔型系数，标准孔取 1.0，大圆孔取 0.85，内力与槽孔长向垂直时取 0.7，内力与槽孔长向平行时取 0.6；

　　　n_f——传力摩擦面数目；

　　　μ——摩擦面抗滑移系数；

　　　P——预拉力设计值。

2. 受拉连接承载力

$$N_t^b = 0.8P \tag{3.6.12}$$

3. 同时承受剪力和拉力连接的承载力

尽管当 $N_t \leqslant P$ 时，栓杆的预拉力变化不大，但由于 μ 随 N_t 的增大而减小，且随 N_t 的增大板件间的挤压力减小，故连接的抗剪能力下降。《标准》规定在 V 和 N 共同作用下应满足下式

$$\frac{N_t}{N_t^b} + \frac{N_v}{N_v^b} \leqslant 1 \tag{3.6.13}$$

式中　N_t、N_v——外力作用下每个螺栓承担的拉力和剪力设计值；

　　　N_t^b、N_v^b——单个高强度螺栓的抗拉和抗剪承载力设计值。

（二）承压型高强度螺栓承载力

1. 受剪连接承载力

破坏准则为连接达到其极限状态（如图 3.6.1 中的 4 点），所以高强度螺栓承压型连接的单栓抗剪承载力计算方法与普通螺栓相同。

抗剪承载力
$$N_v^b = n_v \frac{\pi d_e^3}{4} f_v^b \tag{3.6.14}$$

承压承载力
$$N_c^b = d \sum t f_c^b \tag{3.6.15}$$

单栓抗剪承载力
$$N_{min}^b = \min\{N_v^b, N_c^b\} \tag{3.6.16}$$

2. 受拉连接单栓承载力

因其破坏准则为螺栓杆被拉断，故计算方法与普通螺栓相同，即

$$N_t^b = A_e f_t^b = \frac{\pi d_e^2}{4} f_t^b \tag{3.6.17}$$

式中　A_e——螺栓杆的有效截面面积；

　　　d_e——螺栓杆的有效直径；

　　　f_t^b——高强度螺栓的抗拉强度设计值。

上式的计算结果与 $0.8P$ 相差不多。

（三）高强度螺栓群的计算

1. 高强螺栓群受剪（图 3.6.5）

（1）轴心力作用　对于摩擦型连接，所需螺栓的个数

图 3.6.5　高强螺栓群受剪

$$n \geqslant \frac{N}{N_v^b} \tag{3.6.18}$$

对于承压型连接，所需螺栓的个数

$$n \geqslant \frac{N}{N_{min}^b} \tag{3.6.19}$$

（2）净截面强度验算　高强度螺栓摩擦型连接中的构件净截面强度计算与普通螺栓连接不同，被连接钢板最危险截面在第一排螺栓孔处（图 3.6.6）。但在这个截面上，连接所传递的力 N 已有一部分由于摩擦力作用在孔前传递，所以净截面上的拉力小于 N。根据试验结果，孔前传力系数可取 0.5，即第一排高强度螺栓所分担的内力，已有 50% 在孔前摩擦面中传递。

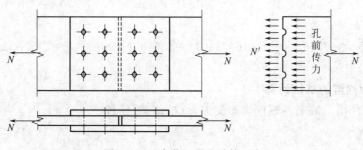

图 3.6.6　净截面强度验算示意

净截面所受力为

$$N' = N\left(1 - \frac{0.5n_1}{n}\right) \tag{3.6.20}$$

式中　n_1——计算截面上的螺栓数；

　　　n——连接一侧的螺栓总数。

净截面强度计算公式为

$$\sigma = \frac{N'}{A_n} \leqslant 0.7f_u \tag{3.6.21}$$

扭矩或扭矩、剪力共同作用下（非轴心受剪）计算方法与普通螺栓相同。

【例3-12】 设计截面为$-16\text{mm} \times 340\text{mm}$的钢板拼接连接，采用两块拼接板，$t = 9\text{mm}$和8.8级M22的摩擦型高强度螺栓连接，连接处接触面用喷砂处理。钢板用Q235钢，孔壁按Ⅱ类孔制作。钢板承受轴心拉力设计值$N = 580\text{kN}$。试求所需螺栓数。

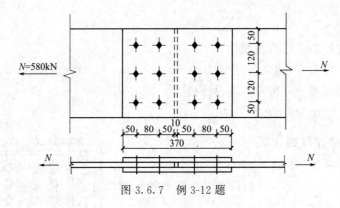

图 3.6.7　例 3-12 题

解　预拉力$P = 135\text{kN}$，抗滑移系数$\mu = 0.45$，双剪$n_f = 2$。

每个螺栓的受剪承载力设计值

$$N_v^b = 0.9n_f\mu P = 0.9 \times 2 \times 0.45 \times 135 = 109.35\text{kN}$$

拼接缝一侧所需螺栓数

$$n = N/V_v^b = 580/109.35 = 5.3$$

拼接缝每侧采用6只，布置排列方式如图3.6.7。

钢板净截面强度验算（第一列处），$d_0 = d + 2\text{mm}$

$$N' = N\left(1 - 0.5\frac{n_1}{n}\right) = 580 \times \left(1 - 0.5 \times \frac{3}{6}\right) = 435\text{kN}$$

$$A_n = t(b - n_1 d_0) = 16 \times (340 - 3 \times 24) = 4288\text{mm}^2$$

$$\sigma = N'/A_n = 435 \times 10^3/4288 = 101.45\text{N/mm}^2 < 0.7 \times 370 = 259\text{N/mm}^2$$

而构件毛截面强度为

$$\sigma = N/A = 580 \times 10^3/(16 \times 340) = 106.62\text{N/mm}^2 < f = 215\text{N/mm}^2$$

满足要求。

2. 高强度螺栓群的抗拉计算

（1）轴心力作用　假定各螺栓均匀受力，故所需螺栓数

$$n \geqslant \frac{N}{N_t^b} \tag{3.6.22}$$

（2）弯矩作用下（图 3.6.8）　由于高强螺栓的抗拉承载力一般总小于其预拉力 P，故在弯矩作用下，连接板件接触面始终处于紧密接触状态，弹性性能较好，可认为是一个整体，所以假定连接的中和轴与螺栓群形心轴重合，最外侧螺栓受力最大。

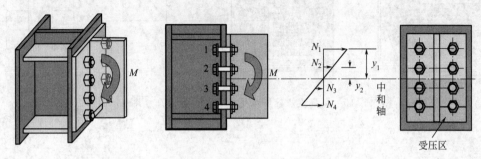

图 3.6.8　高强螺栓承受弯矩作用

由力学可得

$$\frac{N_1}{y_1} = \frac{N_2}{y_2} = \frac{N_3}{y_3} = \cdots = \frac{N_n}{y_n} \tag{3.6.23}$$

$$M = N_1 y_1 + N_2 y_2 + \cdots + N_n y_n \tag{3.6.24}$$

所以

$$N_1 = \frac{M y_1}{\sum\limits_{i=1}^{n} y_i^2} \tag{3.6.25}$$

因此，设计时只要满足下式即可

$$N_1 \leqslant N_t^b \tag{3.6.26}$$

（3）偏心拉力作用下（图 3.6.9）　偏心力作用下的高强度螺栓连接，螺栓最大拉力不应大于 $0.8P$，以保证板件紧密贴合，端板不会被拉开，所以摩擦型和承压型均可采用以下方法（叠加法）计算

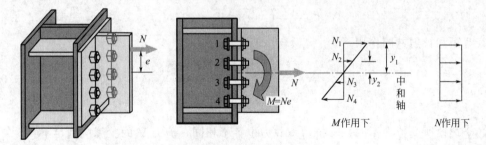

图 3.6.9　高强螺栓偏心受力

$$N_1 = \frac{N}{n} + N_{1M} = \frac{N}{n} + \frac{Ne \cdot y_1}{\sum\limits_{i=1}^{n} y_i^2} \leqslant N_t^b \tag{3.6.27}$$

3. 高强度螺栓群承受拉力、弯矩和剪力共同作用（图 3.6.10）

V 作用下单个螺栓所受的剪力

$$N_v = \frac{V}{n} \tag{3.6.28}$$

N 作用下单个螺栓所受的拉力

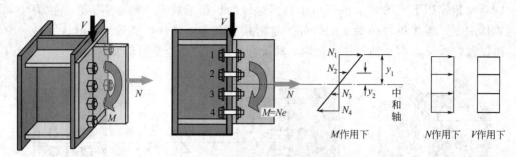

图 3.6.10 高强度螺栓群承受拉力、弯矩和剪力共同作用

$$N_t = \frac{N}{n} \tag{3.6.29}$$

（1）采用摩擦型高强度螺栓连接时　1 号螺栓在 N、M 作用下所受拉力如前所述应满足

$$N_{t1} = \frac{N}{n} + \frac{My_1}{\sum\limits_{i=1}^{n} y_i^2} \leqslant N_t^b = 0.8P \tag{3.6.30}$$

在拉力和剪力共同作用下，单栓抗剪承载力如前所述为

$$\frac{N_t}{N_t^b} + \frac{N_v}{N_v^b} \leqslant 1 \tag{3.6.31}$$

$$N_v^b = 0.9 n_f \mu P$$

$$N_t^b = 0.8P$$

螺栓在拉、剪联合作用时，其抗剪承载力设计值为

$$N_v^b = 0.9 n_f \mu (P - 1.25 N_t) \tag{3.6.32}$$

$$N_v \leqslant N_v^b = 0.9 n_f \mu (P - 1.25 N_t) \tag{3.6.33}$$

在弯矩和拉力共同作用下

$$N_{ti} = \frac{N}{n} \pm \frac{My_i}{\sum\limits_{i=1}^{n} y_i^2} (\geqslant 0) \tag{3.6.34}$$

各个螺栓所受拉力不同，其抗剪承载力也各不相同，剪力 V 的验算应满足下式

$$V \leqslant \sum_{i=1}^{n} 0.9 n_f \mu (P - 1.25 N_{ti}) \tag{3.6.35}$$

或

$$V \leqslant 0.9 n_f \mu \left(nP - 1.25 \sum_{i=1}^{n} N_{ti} \right) \tag{3.6.36}$$

（2）采用高强度螺栓承压型连接时　单个螺栓所受剪力和拉力同摩擦型高强螺栓。螺栓的强度计算公式

$$\sqrt{\left(\frac{N_{v1}}{N_v^b} \right)^2 + \left(\frac{N_{t1}}{N_t^b} \right)^2} \leqslant 1$$

同时

$$N_{v1} \leqslant \frac{N_c^b}{1.2}$$

【**例 3-13**】 图 3.6.11 所示的高强度螺栓摩擦型连接，被连接板件钢材为 Q235-A，螺栓 8.8 级、M20，接触面喷砂处理，试验算此连接的承载力。图中内力均为设计值。

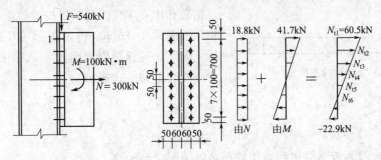

图 3.6.11 例 3-13 图

解 作用于一个螺栓的最大拉力

$$N_{t1} = \frac{N}{n} + \frac{My_1}{\sum y_i^2} = \frac{300}{16} + \frac{100 \times 35 \times 10^2}{2 \times 2(35^2 + 25^2 + 15^2 + 5^2)}$$

$$= 60.4 \text{kN} < 0.8P = 0.8 \times 125 = 100 \text{kN}$$

最不利螺栓 1 的抗剪承载力设计值

$$N_{v1}^b = 0.9 n_f \mu (P - 1.25 N_{t1})$$

$$= 0.9 \times 1 \times 0.45 (125 - 1.25 \times 60.5)$$

$$= 20 \text{kN} < N_{v1} = \frac{540}{16} = 33.8 \text{kN}$$

故按受力最不利螺栓 1 的抗剪承载力计算时不满足要求。现对整个连接的螺栓抗剪承载力进行计算。

按比例关系可得

$$N_{t2} = 48.6 \text{kN} \quad N_{t3} = 36.7 \text{kN} \quad N_{t4} = 24.8 \text{kN} \quad N_{t5} = 12.8 \text{kN} \quad N_{t6} = 0.9 \text{kN}$$

$$\sum_{i=1}^{n} N_{ti} = (60.4 + 48.6 + 36.7 + 24.8 + 12.8 + 0.9) \times 2 = 368.4 \text{kN}$$

$$\sum_{i=1}^{n} N_{vi}^b = 0.9 n_f \mu \left(nP - 1.25 \sum_{i=1}^{n} N_{ti}\right)$$

$$= 0.9 \times 1 \times 0.45 \times (16 \times 125 - 1.25 \times 368.4)$$

$$= 623.5 \text{kN} > V = 540 \text{kN}(满足)$$

第七节 销轴连接的构造和计算

一、销轴连接的构造

销轴连接适用于铰接柱脚或拱脚以及拉索、拉杆端部的连接，如图 3.7.1 所示。销轴与

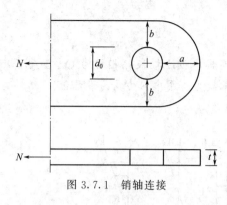

图 3.7.1 销轴连接

耳板宜采用 Q345、Q390 与 Q420，也可采用 45 号钢、35CrMo 或 40Cr 等钢材。当销孔和销轴表面要求机加工时，其质量要求应符合相应的机械零件加工标准的规定。当销轴直径大于 120mm 时，宜采用锻造加工工艺制作。

销轴孔中心应位于耳板的中心线上，其孔径与直径相差不应大于 1mm。销轴表面与耳板孔周表面宜进行机加工。耳板两侧宽厚比 b/t 不宜大于 4，几何尺寸应符合下列公式规定

$$a \geqslant \frac{4}{3}b_e \tag{3.7.1}$$

$$b_e = 2t + 16 \tag{3.7.2}$$

式中 b_e——连接耳板两侧边缘与销轴孔边缘净距，mm；

　　　t——耳板厚度，mm；

　　　a——顺受力方向，销轴孔边距板边缘最小距离，mm。

二、销轴连接的计算

销轴连接耳板受剪如图 3.7.2 所示。销轴连接耳板的计算内容主要包括以下几个方面。

1. 耳板的计算

（1）耳板孔净截面处的抗拉强度

$$\sigma = \frac{N}{2tb_1} \leqslant f \tag{3.7.3}$$

$$b_1 = \min\left(2t + 16, b - \frac{d_0}{3}\right) \tag{3.7.4}$$

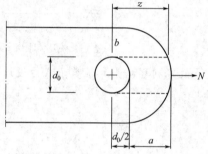

图 3.7.2 销轴连接耳板受剪面示意图

（2）耳板端部截面抗拉（劈开）强度

$$\sigma = \frac{N}{2t\left(a - \frac{2d_0}{3}\right)} \leqslant f \tag{3.7.5}$$

（3）耳板抗剪强度

$$\tau = \frac{N}{2tZ} \leqslant f_v \tag{3.7.6}$$

$$Z = \sqrt{(a + d_0/2)^2 - (d_0/2)^2} \tag{3.7.7}$$

式中 N——杆件轴向拉力设计值，N；

　　　b_1——计算宽度，mm；

　　　d_0——销轴孔径，mm；

　　　f——耳板抗拉强度设计值，N/mm²；

　　　Z——耳板端部抗剪截面宽度（图 3.7.2），mm；

　　　f_v——耳板钢材抗剪强度设计值，N/mm²。

2. 销轴的计算

（1）销轴承压强度

$$\sigma_{\mathrm{c}} = \frac{N}{dt} \leqslant f_{\mathrm{c}}^{\mathrm{b}} \tag{3.7.8}$$

（2）销轴抗剪强度

$$\tau_{\mathrm{b}} = \frac{N}{n_{\mathrm{v}}\pi\dfrac{d^2}{4}} \leqslant f_{\mathrm{v}}^{\mathrm{b}} \tag{3.7.9}$$

（3）销轴的抗弯强度

$$\sigma_{\mathrm{b}} = \frac{M}{1.5\dfrac{\pi d^3}{32}} \leqslant f^{\mathrm{b}} \tag{3.7.10}$$

$$M = \frac{N}{8}(2t_{\mathrm{e}} + t_{\mathrm{m}} + 4s) \tag{3.7.11}$$

（4）计算截面同时受弯受剪时组合强度应按下式验算

$$\sqrt{\left(\frac{\sigma_{\mathrm{b}}}{f^{\mathrm{b}}}\right)^2 + \left(\frac{\tau_{\mathrm{b}}}{f_{\mathrm{v}}^{\mathrm{b}}}\right)^2} \leqslant 1.0 \tag{3.7.12}$$

式中　　d——销轴直径，mm；

$f_{\mathrm{c}}^{\mathrm{b}}$——销轴连接中耳板的承压强度设计值，N/mm²；

n_{v}——受剪面数目；

$f_{\mathrm{v}}^{\mathrm{b}}$——销轴的抗剪强度设计值，N/mm²；

M——销轴计算截面弯矩设计值，N·mm；

f^{b}——销轴的抗弯强度设计值，N/mm²；

t_{e}——两端耳板厚度，mm；

t_{m}——中间耳板厚度，mm；

s——端耳板和中间耳板间间距，mm。

习题

1. 焊接工字形梁，截面如习题 1 图所示。腹板上设置一条工厂拼接的对接焊缝，拼接处承受 $M=2800\mathrm{kN\cdot m}$，$V=700\mathrm{kN}$，钢材为 Q235 钢，焊条用 E43 型，采用半自动埋弧焊。试验算焊缝强度（施焊时加引弧板）。

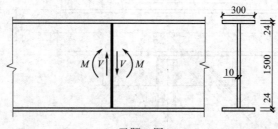

习题 1 图

2. 有一工字形钢梁，采用 I50a（Q235 钢），承受荷载如习题 2 图所示。$F=125\mathrm{kN}$，因长度不够而用对接坡口焊缝连接。焊条采用 E43 型，手工焊，焊缝质量 Ⅱ 级，对接焊缝抗

拉强度设计值 $f_t^w = 205N/mm^2$，抗剪强度设计值 $f_v^w = 120N/mm^2$。验算此焊缝受力时是否安全（施焊时加引弧板）。

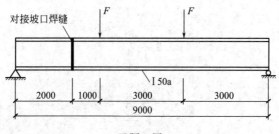

习题 2 图

3. 计算习题 3 图所示对接焊缝，已知牛腿翼缘宽度为 130mm，厚度为 12mm，腹板高 200mm，厚 10mm。牛腿承受竖向力设计值 $V = 150kN$，$e = 150mm$，钢材为 Q345，焊条为 E50 型，施焊时无引弧板，焊缝质量标准为三级。

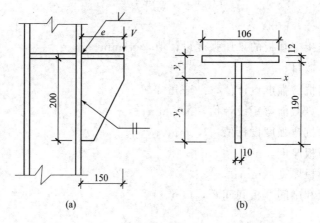

(a)　　　　　　　　(b)

习题 3 图

4. 验算习题 4 图中桁架节点焊缝 A 是否满足要求，确定焊缝 B、焊缝 C 的长度。已知焊缝 A 的角焊缝 $h_f = 10mm$，焊缝 B、焊缝 C 的角焊缝 $h_f = 6mm$。钢材为 Q235-B 钢。焊条用 E43 型，手工焊，$f_f^w = 160N/mm^2$。在不利组合下杆件力为 $N_1 = 150kN$，$N_2 = 489.41kN$，$N_3 = 230kN$，$N_4 = 14.1kN$，$N_5 = 250kN$。

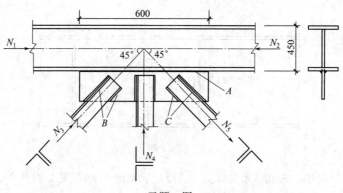

习题 4 图

5. 如习题 5 图所示为承受轴力的角钢构件的节点角焊缝连接。构件重心至角钢背的距离 $e_1 = 38.2$mm。钢材为 Q235-B 钢,手工焊,E43 型焊条。构件承受由静力荷载产生的轴心拉力设计值 $N = 1100$kN。三面围焊。试设计此焊缝连接。

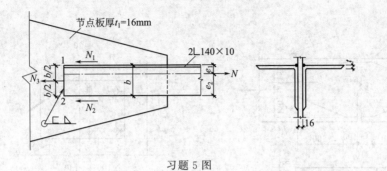

习题 5 图

6. 如习题 6 图所示角钢,两边用角焊缝和柱相连,钢材为 Q345 钢,焊条 E50 型,手工焊,承受静力荷载设计值 $F = 390$kN,试确定焊脚尺寸。

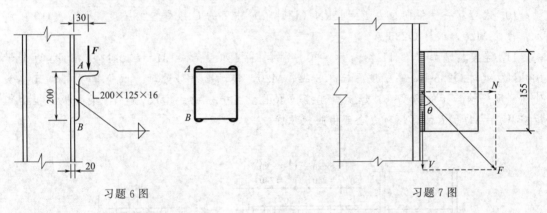

习题 6 图   习题 7 图

7. 试计算习题 7 图中所示直角角焊缝的强度。已知焊缝承受的斜向静力荷载设计值 $F = 280$kN,$\theta = 60°$,角焊缝的焊脚尺寸 $h_f = 8$mm,实际长度 $l = 155$mm,钢材为 Q235B,手工焊,焊条为 E43 型。

8. 试验算习题 8 图中所示的牛腿与钢柱连接角焊缝的强度。钢材为 Q235,焊条为 E43 型,手工焊。荷载设计值 $N = 365$kN,偏心距 $e = 350$mm,焊条尺寸 $h_{f1} = 8$mm,$h_{f2} =$

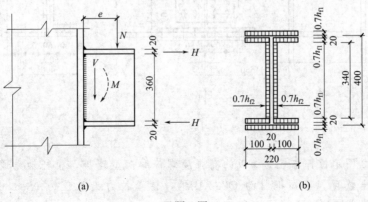

(a)   (b)

习题 8 图

6mm。图中为焊缝有效截面。

9. 如习题 9 图所示一菱形盖板拼接，试计算连接焊缝所能承受的轴心力设计值 N。钢材为 Q235-A，手工焊，焊条 E4303 型。

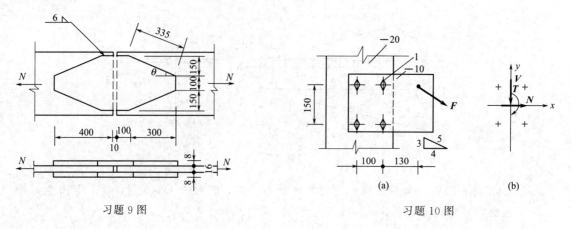

习题 9 图   习题 10 图

10. 试验算一受斜向拉力 $F = 45\mathrm{kN}$（设计值）作用的 C 级螺栓的强度，如习题 10 图所示。螺栓 M20，钢材 Q235-A。

11. 连接构造如习题 11 图所示。梁与柱间连接承受弯矩 $M = 930\mathrm{kN \cdot m}$，剪力 $V = 100\mathrm{kN}$。钢材 Q235-B，高强度螺栓 8.8 级、M20，接触面喷砂处理。试验算梁在 I—I 接头处高强度螺栓连接的强度（按摩擦型连接和承压型连接分别计算）。提示：梁腹板分担的弯矩按 $W_\mathrm{w} = MI_\mathrm{w}/I$ 计算，剪力全部由腹板承受。

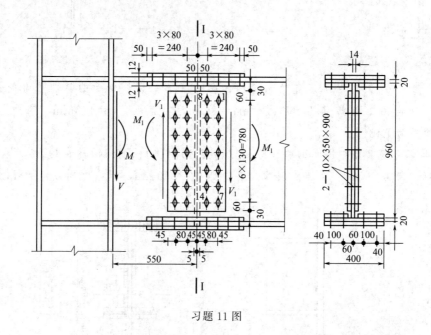

习题 11 图

12. 习题 12 图示拉杆与柱翼缘板的高强度螺栓摩擦型连接，拉杆轴线通过螺栓群的形心，求所需螺栓数目。已知钢材为 Q235-B 钢，轴心拉力设计值为 $N = 800\mathrm{kN}$，8.8 级、M20 螺栓。钢板表面用喷丸后生赤锈处理。

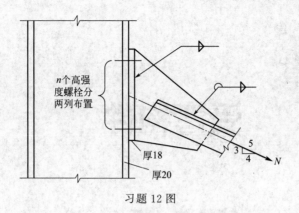

习题 12 图

13. 习题 13 图示的螺栓连接采用 45 号钢，A 级 8.8 级螺栓，直径 $d = 16$mm，孔径 $d_0 = 16.5$mm，$f_v^b = 320$N/mm²，$f_c^b = 405$N/mm²。钢板是 Q235 钢，钢板厚度 12mm，抗拉强度设计值 $f = 215$N/mm²。求此连接能承受的 F_{max} 值。

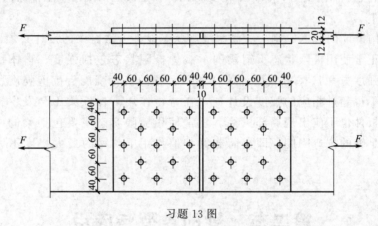

习题 13 图

第四章

受弯构件

码 4.1
思维导图 ▶▶

第一节　概　　述

　　承受横向荷载和弯矩的构件称为受弯构件。结构中最常见受弯构件一般称之为梁，如在构件截面的一个主平面内受弯，称为单向受弯构件，也可能出现两个主平面内同时受弯，称为双向受弯构件。

　　根据钢结构设计的基本原则——概率极限状态设计方法，梁的设计必须同时满足承载力极限状态和正常使用极限状态。钢梁的承载力极限状态包括强度、整体稳定和局部稳定三个方面。强度方面，在荷载设计值作用下，梁的抗弯强度、抗剪强度、局部承压强度和折算应力不得超过相应的强度设计值，在弯矩作用下保证梁不会发生整体失稳；而组成梁的各类板件也不应出现局部失稳。正常使用极限状态主要包括梁的刚度，也就是要保证梁具有足够的抗弯刚度，即在荷载标准值作用下，梁的最大挠度不大于规定的容许挠度。

第二节　梁的类型与应用

　　梁作为典型的受弯构件，主要包括实腹式和格构式两大类。实腹式梁在土木工程中应用很广泛，例如房屋建筑中的楼盖梁、屋盖梁、工作平台梁、吊车梁、屋面檩条和墙架横梁以及桥梁、水工闸门、起重机、海上采油平台中的梁等。

　　按制作方法钢梁可分为型钢梁和组合梁两种。型钢梁加工简单，成本较低，因而应优先采用。型钢梁通常采用热轧工字钢、H型钢和槽钢 ［图 4.2.1(a)］ 等。H型钢的截面分布最合理，翼缘内外边缘平行，与其他构件连接较方便。由于轧制条件的限制，热轧型钢的腹板较厚，用钢量较多，檩条和墙架横梁等受弯构件通常采用冷弯薄壁型钢 ［图 4.2.1(b)］ 更经济，但防腐要求高。

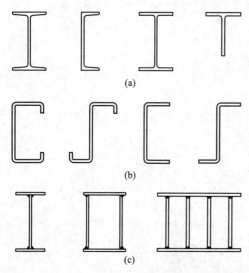

图 4.2.1　实腹式梁的截面类型

　　当荷载较大或跨度较大时，由于型钢受到

一定截面尺寸的限制，其截面不能满足承载力和刚度的要求，必须采用组合梁〔图4.2.1(c)〕。组合梁是由钢板或型钢连接而成，最常采用的是三块钢板焊接而成的工字形截面或由T形钢中间加板的焊接截面。当焊接组合梁翼缘的厚度需要很厚时，可采用两层翼缘板的截面。荷载很大而高度受到限制或梁的抗扭要求较高时，可采用箱形截面。组合梁的截面组成比较灵活，可使材料在截面上的分布更为合理，节省钢材。

　　梁可设计为简支梁、连续梁和悬臂梁等。简支梁的用钢量虽然较多，但由于制造、安装、拆换较方便，而且不受温度变化和支座沉陷的影响，因而得到广泛的应用。

第三节　梁的强度和刚度

　　梁主要作用是承受楼板等构件传来的竖向荷载，在框架结构中还承受水平力的作用。这些荷载作用在受弯构件中产生弯矩和剪力。

码 **4.2**
梁的变形
视频

一、梁的强度

（一）抗弯强度

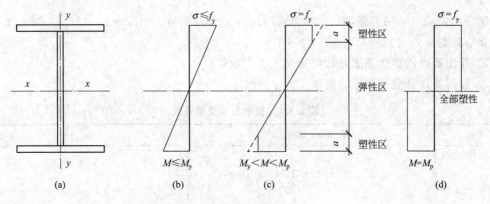

图4.3.1　梁截面正应力分布

　　图4.3.1为梁受弯时，截面正应力分布情况。由材料力学知：在弹性阶段当构件截面作用着绕形心主轴的弯矩时，构件截面边缘最大正应力为

$$\sigma = \frac{M_x}{W_{nx}} \leqslant f \tag{4.3.1}$$

式中　W_{nx}——截面对 x 轴的净截面模量。

　　这个准则也称为材料边缘屈服准则。此时受力继续增加，构件边缘处达到钢材的屈服强度便会出现塑性，此时截面塑性不断向中和轴处延伸，当承受的荷载达到最大抗弯承载力时，也称为塑性弯矩，$M_p = W_p f_y$。这时此截面出现塑性铰，达到塑性极限状态。W_p 为截面对 x 轴的截面塑性模量。在钢梁设计中，如按材料边缘屈服准则，则完全发挥不了钢材良好的弹塑性这样一种材料的特性，造成不经济；而若按截面形成塑性铰进行设计，虽可节约钢材但变形会较大，因而《标准》在材料强度设计时考虑了一定的弹塑性性能，一般定义 $\gamma_x = M_p / M_x$，为截面的绕 x 轴的塑性发展系数。《标准》规定可通过限制塑性发展区有限制地利用塑性，将塑性发展区限制在 $h/8 \sim h/4$ 之间，据此确定出各种截面的塑性发展系数 γ_x。见表 4.3.1。计算公式表示为

$$\frac{M_x}{\gamma_x W_{nx}} \leqslant f \tag{4.3.2}$$

双向受弯梁

$$\frac{M_x}{\gamma_x W_{nx}} + \frac{M_y}{\gamma_y W_{ny}} \leqslant f \tag{4.3.3}$$

式中　M_x、M_y——同一截面处对 x 轴和 y 轴的弯矩设计值，N·mm。

　　　W_{nx}、W_{ny}——对 x 轴和 y 轴的净截面模量，当截面板件宽厚比等级为 S1、S2、S3 或 S4 级时，应取全截面模量，当截面板件宽厚比等级为 S5 级时，应取有效截面模量，均匀受压翼缘有效外伸宽度可取 $15\varepsilon_k$，腹板有效截面可按《标准》第 8.4.2 条的规定采用。

码 4.3
《标准》
8.4.2 条

　　　f——钢材的抗弯强度设计值，N/mm²。

　　　γ_x、γ_y——截面塑性发展系数，应按下列规定取值。

① 对工字形和箱形截面，当截面板件宽厚比等级为 S4 或 S5 级时，截面塑性发展系数应取为 1.0，当截面板件宽厚比等级为 S1 级、S2 级及 S3 级时，截面塑性发展系数应按下列规定取值：

工字形截面（x 轴为强轴，y 轴为弱轴）：$\gamma_x = 1.05$，$\gamma_y = 1.20$；

箱形截面：γ_x、$\gamma_y = 1.05$。

② 其他截面的塑性发展系数可按表 4.3.1 取值。

③ 对需要计算疲劳的梁，宜取 γ_x、$\gamma_y = 1.0$。

表 4.3.1　截面塑性发展系数

项次	截 面 形 式	γ_x	γ_y
1			1.2
2		1.05	1.05
3	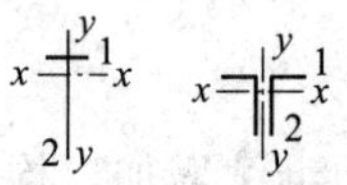	$\gamma_{x1} = 1.05$ $\gamma_{x2} = 1.2$	1.2
4			1.05
5	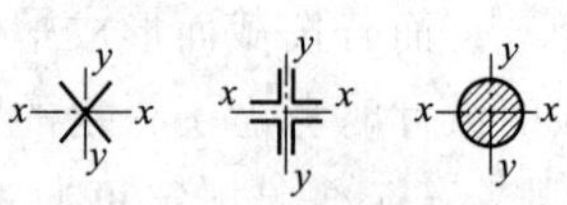	1.2	1.2

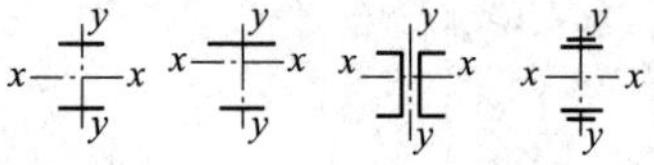

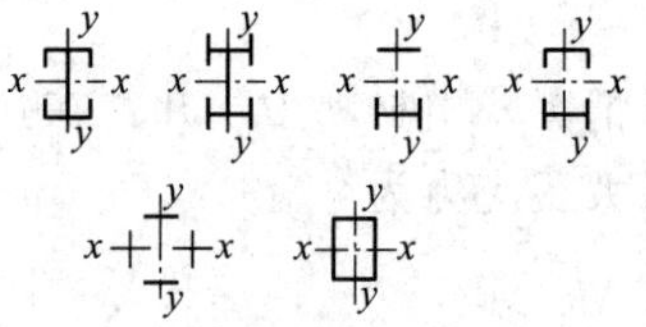

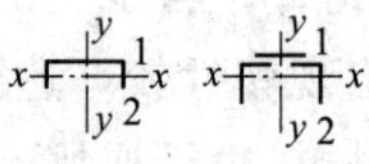

续表

项次	截　面　形　式	γ_x	γ_y
6	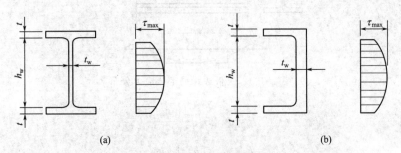	1.15	1.15
7		1.0	1.05
8			1.0

（二）抗剪强度

一般情况下，梁同时承受弯矩和剪力。对于工字型和槽型等薄壁开口截面构件，根据剪力流理论，在竖向剪力作用下，剪应力在截面上的分布如图 4.3.2(a)、(b) 所示。

图 4.3.2　截面腹板剪应力

截面上的最大应力出现在腹板中和轴处。设计时抗剪强度按下式计算

$$\tau_{max}=\frac{V_xS_x}{I_xt}\leqslant f_v \qquad (4.3.4)$$

式中　V_x——计算截面沿腹板平面作用的剪力设计值，N；

S_x——计算剪应力处以上（或以下）毛截面对中和轴的面积矩，mm^3；

I_x——构件的毛截面惯性矩，mm^4；

t_w——构件的腹板厚度，mm；

f_v——钢材的抗剪强度设计值，N/mm^2。

当梁的抗剪强度不满足设计要求时，最有效的办法是增大腹板的面积，但腹板高度一般按梁的刚度条件和构造要求确定，故设计时常采用加大腹板厚度的办法来增大梁的抗剪强度。型钢由于腹板较厚，一般均能满足上式要求，因此只在剪力最大截面处有较大削弱时，才需进行剪应力的计算。

（三）局部压应力

当梁受集中荷载且该荷载处又未设置支承加劲肋时，其计算应符合下列规定。

（1）当梁上翼缘受有沿腹板平面作用的集中荷载且该荷载处又未设置支承加劲肋时，按

式(4.3.5)验算腹板计算高度边缘的局部承压强度。

(2) 在梁的支座处，当不设置支承加劲肋时，也应按式(4.3.5)计算腹板计算高度下边缘的局部压应力，但 ψ 取 1.0。

$$\sigma_c = \frac{\psi F}{t_w l_z} \leqslant f \tag{4.3.5}$$

式中　F——集中荷载设计值，对动力荷载应考虑动力系数，N；

　　　ψ——集中荷载增大系数，对重级工作制吊车梁，$\psi = 1.35$，对其他梁，$\psi = 1.0$；

　　　l_z——集中荷载在腹板计算高度上边缘的假定分布长度，mm。

腹板计算高度边缘的压应力分布如图 4.3.3 的曲线所示。假定集中荷载从作用处以 1：2.5（在 h_y 高度范围）和 1：1（在 h_R 高度范围）扩散，均匀分布于腹板计算高度边缘，按式(4.3.6)或式(4.3.7)计算。

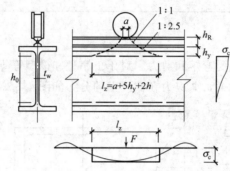

图 4.3.3　腹板边缘局部压应力分布

$$l_z = 3.25 \sqrt[3]{\frac{I_R + I_f}{t_w}} \tag{4.3.6}$$

$$l_z = a + 5h_y + 2h_R \tag{4.3.7}$$

式中　I_R——轨道绕自身形心轴的惯性矩，mm^4；

　　　I_f——梁上翼缘绕翼缘中面的惯性矩，mm^4；

　　　a——集中荷载沿梁跨度方向的支承长度，对钢轨上的轮压可取 50mm；

　　　h_y——自梁顶面至腹板计算高度上边缘的距离，对焊接梁为上翼缘厚度，对轧制工字形截面梁，是梁顶面到腹板过渡完成点的距离，mm；

　　　h_R——轨道的高度，对梁顶无轨道的梁取值为 0，mm；

　　　f——钢材的抗压强度设计值，N/mm^2。

腹板的计算高度 h（图 4.3.4）按下列规定采用：①轧制型钢梁，为腹板在与上、下翼

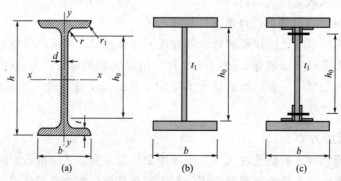

图 4.3.4　腹板计算高度

缘相交接处两内弧起点间的距离；②焊接组合梁，为腹板高度；③铆接（或高强度螺栓连接）组合梁，为上、下翼缘与腹板连接的铆钉（或高强度螺栓）线间最近距离。

当计算不满足式（4.3.5）时，在集中荷载处（包括支座处）应设置支承加劲肋予以加强，并对支承加劲肋进行计算。

（四）折算应力

在梁的腹板计算高度边缘处，若同时承受较大的正应力、剪应力和局部压应力，或同时承受较大的正应力和剪应力时，其折算应力应按下列公式计算

$$\sqrt{\sigma^2 + \sigma_c^2 - \sigma\sigma_c + 3\tau^2} \leqslant \beta_1 f \tag{4.3.8}$$

$$\sigma = \frac{M_{y_1}}{I_{nx}} \tag{4.3.9}$$

式中　σ、τ、σ_c——腹板计算高度边缘同一点上同时产生的正应力、剪应力和局部压应力，τ 应按式（4.3.4）σ、σ_c 应按式（4.3.5）计算，σ，σ_c 以拉应力为正值，压应力为负值，N/mm²；

　　　　I_{nx}——梁净截面惯性矩，mm⁴；

　　　　y_1——所计算点至梁中和轴的距离，mm；

　　　　β_1——折算应力的强度设计值增大系数，当 σ 与 σ_c 异号时，取 $\beta_1 = 1.2$，当 σ 与 σ_c 同号或 $\sigma_c = 0$ 时，取 $\beta_1 = 1.1$。

实际工程中只是梁的某一截面处腹板边缘的折算应力达到极限承载力，几种应力皆以较大值在同一处出现的概率很小，故将强度设计值乘以 β_1 予以提高。当 σ、σ_c 异号时，其塑性变形能力比 σ、σ_c 同号时大，因此 β_1 值取更大些。

二、梁的刚度

梁的刚度验算即为梁的挠度验算。梁的刚度不足，将会产生较大的变形。楼盖梁的挠度超过某一限值时，一方面给人们一种不安全和不舒服的感觉，另一方面会使其上部的楼面及下部的抹灰开裂，影响结构的功能。吊车梁挠度过大，会加剧吊车运行时的冲击和振动甚至使吊车运行困难等。因此，应按下式验算梁的刚度

$$v \leqslant [v] \tag{4.3.10}$$

式中　　　v——荷载标准值作用下梁的最大挠度。

《标准》对梁的挠度做了规定见附表2.1。

承受多个集中荷载的梁，其挠度的精确计算较为复杂，但与最大弯矩相同的均布荷载作用下的挠度接近。因此，可采用下列近似公式验算等截面简支梁的挠度

$$\frac{v}{l} = \frac{5}{48}\frac{M_{xk}l}{EI_x} \approx \frac{M_{xk}l}{10EI_x} \leqslant \frac{[v]}{l} \tag{4.3.11}$$

式中　E——钢材的弹性模量；

　　M_{xk}——荷载标准值产生的最大弯矩；

　　I_x——跨中毛截面惯性矩。

第四节　梁的整体稳定

一、梁的整体失稳现象

梁主要用于承受弯矩，为了充分发挥材料的强度，其截面通常设计成高而窄的形式。如图 4.4.1 所示工字形截面梁，荷载作用在最大刚度平面内。当荷载较小时，仅在弯矩作用平面内弯曲，当荷载增大到某一数值后，梁在弯矩作用平面内弯曲的同时，将突然发生侧向弯曲和扭转，并丧失继续承载的能力，这种现象称为梁的弯扭屈曲或整体失稳。梁维持其稳定平衡状态所承受的最大弯矩，称为临界弯矩。

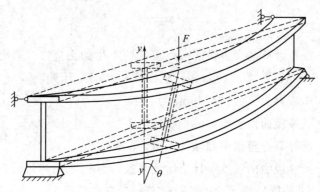

图 4.4.1　梁的整体失稳

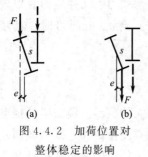

图 4.4.2　加荷位置对
整体稳定的影响

横向荷载的临界值和它沿梁高的作用位置有关。荷载作用在上翼缘时，如图 4.4.2(a) 所示，在梁产生微小侧向位移和扭转的情况下，荷载 F 将产生绕剪力中心的附加扭矩 Fe，并将对梁侧向弯曲和扭转起促进作用，使梁加速丧失整体稳定。但当荷载 F 作用在梁的下翼缘时 [图 4.4.2(b)]，它将产生反方向的附加扭矩 Fe，有利于阻止梁的侧向弯曲扭转，延缓梁丧失整体稳定。后者的临界荷载（或临界弯矩）将高于前者。

二、梁的扭转

根据支承条件和荷载形式的不同，扭转分为自由扭转（圣维南扭转）和约束扭转（弯曲扭转）两种形式。

（一）自由扭转

当作用在梁上的剪力未通过剪力中心时梁不仅产生弯曲变形，还将绕剪力中心扭转。当扭转发生时除圆形截面的构件截面保持平面外，其他截面形式的构件由于截面上的各纤维沿纵向伸长或缩短而使表面凹凸不平，截面不再保持为平面，产生翘曲变形。如果各纤维沿纵向伸长或缩短不受约束，则为自由扭转。

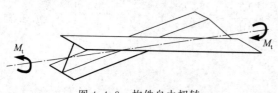

图 4.4.3　构件自由扭转

图 4.4.3 所示为一等截面工字形构件

在两端大小相等、方向相反的扭矩作用下，端部并无特殊的构造措施，截面上各点纤维在纵向均可自由伸缩，构件发生的是自由扭转。

根据弹性力学的计算方法，开口薄壁构件自由扭转时，扭矩为

$$M_t = GI_t \frac{d\varphi}{dz} \tag{4.4.1}$$

式中 G——材料剪切模量；

     φ——截面的扭转角；

     I_t——抗扭惯性矩。

自由扭转时，开口薄壁构件截面上只有剪切应力，该应力在壁厚范围内构成一个封闭的剪力流，如图 4.4.4 所示。

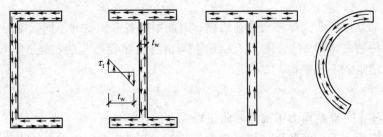

图 4.4.4 开口薄壁构件自由扭转时的剪力流

剪应力的方向与壁厚中心线平行，大小沿壁厚直线变化，中心处为零。最大剪应力为

$$\tau_t = \frac{M_t t}{I_t} \tag{4.4.2}$$

对闭口截面，剪力流的分布如图 4.4.5 所示，沿构件截面成封闭状。由于壁薄，可认为剪应力沿厚度均匀分布，方向与截面相切，构件截面任一处 τt 为常数。

总扭转力矩

$$M_t = \oint r\tau t \, ds = \tau t \oint r \, ds \tag{4.4.3}$$

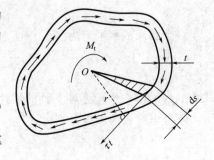

图 4.4.5 闭口截面自由扭转

式中 r——剪力 τt 作用线至原点的距离，$\oint r \, ds$ 为壁厚中心线所围成面积 A 的 2 倍。即

$$M_t = 2\tau t A \tag{4.4.4}$$

$$\tau = \frac{M_t}{2At} \tag{4.4.5}$$

闭口截面的抗扭能力要比开口截面的抗扭能力大很多。

（二）约束扭转

由于支承条件或外力作用方式使构件扭转时截面的翘曲受到约束，称为约束扭转（图 4.4.6）。约束扭转时，构件产生弯曲变形，截面上将产生纵向正应力，称为翘曲正应力。同时还产生与翘曲正应力保持平衡的翘曲剪应力。

如图 4.4.6 所示的双轴对称工字形截面悬臂构件，在悬臂端处作用的外扭矩 M_t 使上、下翼缘向不同方向弯曲。由于悬臂端截面的翘曲变形最大，越靠近固定端，截面的翘曲变形

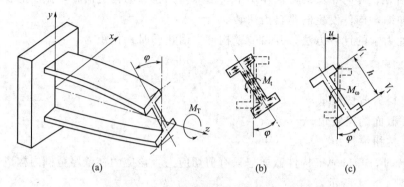

图 4.4.6　工字形截面构件的约束扭转

越小，在固定端处，翘曲变形完全受到约束，因此中间各截面受到不同程度的约束。截面翘曲剪应力形成的翘曲扭矩 M_ω ［图 4.4.6(c)］与由自由扭转产生的扭矩 M_t ［图 4.4.6(b)］之和，应与外扭矩 M_T 相平衡，即

$$M_T = M_t + M_\omega \tag{4.4.6}$$

以双轴对称工字形截面为例推导翘曲扭矩 M_ω 的计算公式。

对距固定端为 z 的任意截面，扭转角为 φ，上、下翼缘在水平方向的位移各为 u，则

$$u = \frac{h}{2}\varphi \tag{4.4.7}$$

根据弯矩曲率关系，一个翼缘的弯矩

$$M_1 = -EI_1 \frac{\mathrm{d}^2 u}{\mathrm{d}z^2} = -EI_1 \frac{h}{2}\frac{\mathrm{d}^2\varphi}{\mathrm{d}z^2} \tag{4.4.8}$$

一个翼缘的水平剪力

$$V_1 = \frac{\mathrm{d}M_1}{\mathrm{d}z} = -EI_1 \frac{h}{2}\frac{\mathrm{d}^3\varphi}{\mathrm{d}z^3} \tag{4.4.9}$$

式中　I_1——一个翼缘对 y 轴的惯性矩。

不考虑腹板的影响，则

$$M_\omega = V_1 h = -EI_1 \frac{h^2}{2}\frac{\mathrm{d}^3\varphi}{\mathrm{d}z^3} \tag{4.4.10}$$

令 $I_1 \dfrac{h^2}{2} = I_\omega$，并将上式 M_ω 代入 M_T 中，得

$$M_T = -EI_\omega \frac{\mathrm{d}^3\varphi}{\mathrm{d}z^3} + GI_t \frac{\mathrm{d}\varphi}{\mathrm{d}z} \tag{4.4.11}$$

上式是约束扭转的平衡微分方程，当 I_ω 取值不同时，也适用于其他形式的截面。

三、梁的整体稳定计算

（一）梁的整体稳定系数的推导

图 4.4.7 所示为一两端简支双轴对称工字形截面纯弯曲梁，梁两端均承受弯矩作用，弯矩沿梁长均匀分布。这里所指的"简支"符合夹支条件，即支座处截面可自由翘曲能绕 X 轴和 Y 轴转动，但不能绕 Z 轴转动，也不能侧向移动。

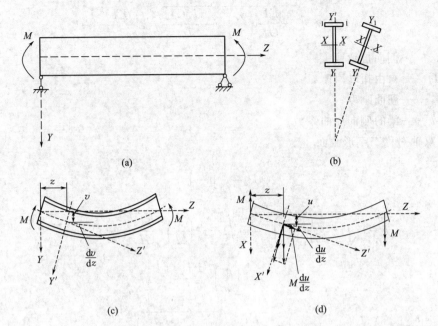

图 4.4.7 梁的弯扭失稳

设固定坐标为 x、y、z，弯矩 M 达到一定数值屈曲变形后，相应的移动坐标为 x、y，截面形心在 x、y 轴方向的位移为 u、v，截面扭转角为 φ。

梁在最大刚度平面内（$Y'Z'$ 平面）发生弯曲 [图 4.4.7(c)]，平衡方程

$$-EI_x \frac{\mathrm{d}^2 v}{\mathrm{d}z^2} = M\xi \tag{4.4.12}$$

梁在 $X'Z'$ 平面内发生侧向弯曲 [图 4.4.7(d)]，平衡方程

$$-EI_y \frac{\mathrm{d}^2 u}{\mathrm{d}z^2} = M\varphi \tag{4.4.13}$$

式中 I_x、I_y——梁对 X 轴和 Y 轴的毛截面惯性矩。

由于梁端部夹支，中部任意截面扭转时，纵向纤维发生弯曲，属于约束扭转。根据式 (4.4.14)，得扭转的微分方程

$$GI_t \varphi' - EI_\omega \varphi''' = Mu' \tag{4.4.14}$$

将式 (4.4.14) 再微分一次，并利用式 (4.4.13) 消去 u'' 得到只有未知数 φ 的弯扭屈曲微分方程

$$EI_\omega \varphi^{\mathrm{IV}} - GI_t \varphi'' - \frac{M^2}{EI_y} \varphi = 0 \tag{4.4.15}$$

梁侧扭转角为正弦半波曲线分布，即：$\varphi = A \sin \dfrac{\pi z}{L}$ 代入式 (4.4.15) 中，得

$$\left[EI_\omega \left(\frac{\pi}{l}\right)^4 + GI_t \left(\frac{\pi}{l}\right)^2 - \frac{M^2}{EI_y} \right] A \sin \frac{\pi z}{l} = 0 \tag{4.4.16}$$

使上式在任何 z 值都成立，则方括号中的数值必为零，即

$$\left[EI_\omega \left(\frac{\pi}{l}\right)^4 + GI_t \left(\frac{\pi}{l}\right)^2 - \frac{M^2}{EI_y} \right] = 0 \tag{4.4.17}$$

上式中的 M 就是双轴对称工字形截面简支梁纯弯曲时的临界弯矩

$$M_{cr} = \pi \sqrt{1 + \frac{EI_\omega}{GI_t}\left(\frac{\pi}{l}\right)^2} \frac{\sqrt{EI_y GI_t}}{l} = k\frac{\sqrt{EI_y GI_t}}{l} \tag{4.4.18}$$

式中　EI_y——侧向抗弯刚度；

　　　GI_t——自由扭转刚度；

　　　EI_ω——翘曲刚度；

　　　k——梁的侧向屈曲系数。

对于双轴对称工字形截面

$$I_\omega = I_y\left(\frac{h}{2}\right)^2 \tag{4.4.19}$$

$$k = \pi\sqrt{1 + \frac{EI_\omega}{GI_t}\left(\frac{\pi}{l}\right)^2} = \pi\sqrt{1 + \pi^2\left(\frac{\pi}{2l}\right)^2 \frac{EI_y}{GI_t}} = \pi\sqrt{1 + \pi^2\psi} \tag{4.4.20}$$

$$\psi = \left(\frac{h}{2l}\right)^2 \frac{EI_y}{GI_t} \tag{4.4.21}$$

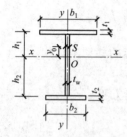

图 4.4.8　单轴对称
截面简支梁

$$M_{cr} = \frac{\pi^2 EI_y}{l^2}\sqrt{\frac{I_\omega}{I_y}\left(1 + \frac{GI_t l^2}{\pi^2 EI_\omega}\right)} \tag{4.4.22}$$

式(4.4.22)是根据双轴对称工字形截面简支梁纯弯曲时推导的临界弯矩。由式(4.4.22)可见，梁整体稳定的临界荷载与梁的侧向抗弯刚度、抗扭刚度、翘曲刚度以及梁的跨度有关。

单轴对称截面简支梁（图 4.4.8）在不同荷载作用下，根据弹性稳定理论可推导出其临界弯矩的通用计算公式

$$M_{cr} = \beta_1 \frac{\pi^2 EI_y}{l^2}\left[\beta_2 a + \beta_3 B_y + \sqrt{(\beta_2 a + \beta_3 B_y)^2 + \frac{I_\omega}{I_y}\left(1 + \frac{l^2 GI_t}{\pi^2 EI_\omega}\right)}\right] \tag{4.4.23}$$

其中

$$B_y = \frac{1}{2I_x}\int_A y(x^2 + y^2)\mathrm{d}A - y_0$$

$$y_0 = -\frac{I_1 h_1 - I_2 h_2}{I_y}$$

式中　A——单轴对称截面的一种几何特性，当为双轴对称时，正值时，剪切中心的纵坐标在形心之下，负值时，在形心之上；

　　　a——荷载作用点与剪切中心之间的距离，当荷载作用点在剪切中心以下时，取正值，反之取负值；

　I_1、I_2——分别为受压翼缘和受拉翼缘对 y 轴的惯性矩，$I_1 = t_1 b_1^3/12$，$I_2 = t_2 b_2^3/12$；

　h_1、h_2——分别为受压翼缘和受拉翼缘形心至整个截面形心的图 4.4.8 单轴对称截面距离；

β_1、β_2、β_3——根据荷载类型而定的系数，其值如表 4.4.1 所示。

上述的所有纵坐标均以截面的形心为原点，y 轴指向下方时为正向。

式(4.4.23)已为国内外许多试验研究所证实，并为许多国家制订设计规范时所参考。

表 4.4.1 系数 β_1、β_2、β_3 值

荷载类型	β_1	β_2	β_3
跨中点集中荷载	1.35	0.55	0.40
满跨均布荷载	1.13	0.46	0.53
纯弯曲	1.0	0.0	1.0

由式(4.4.22)可得双轴对称工字形截面简支梁的临界应力

$$\sigma_{cr} = \frac{M_{cr}}{W_x} \tag{4.4.24}$$

式中 W_x——梁对 x 轴的毛截面模量。

《标准》中考虑材料分项系数 γ_R，得到整体稳定计算公式

$$\sigma = \frac{M_x}{W_x} \leqslant \frac{\sigma_{cr}}{\gamma_R} = \frac{\sigma_{cr}}{f_y} \frac{f_y}{\gamma_R} = \varphi_b f \tag{4.4.25}$$

即

$$\frac{M_x}{\varphi_b W_x} \leqslant f \tag{4.4.26}$$

式中 γ_R——材料分项系数;

φ_b——梁的整体稳定系数，$\varphi_b = \dfrac{\delta_{cr}}{f_y}$。

为了简化 φ_b 的计算，取 $I_t \approx \dfrac{1}{3} A t_1^2$，$I_\omega = \dfrac{I_y h^2}{4}$

$E = 206 \times 10^3 \text{N/mm}^2$，$E/G = 2.6$，令 $I_y = A i_y^2$，$\lambda_y = l/i_y$ 并取 Q235 钢的 $f_y = 235 \text{N/mm}^2$，得到稳定系数的近似值

$$\varphi_{bo} = \frac{4320}{\lambda_y^2} \frac{Ah}{W_x} \sqrt{1 + \left(\frac{\lambda_y t_1}{4.4h}\right)^2} \frac{235}{f_y} \tag{4.4.27}$$

式中 t_1——受压翼缘厚度。

上式整体稳定系数是在梁纯弯曲受力时得出的。当梁受任意横向荷载时，其临界弯矩的理论值都是通过式(4.4.22)得出，但计算较为复杂，为简化计算，《标准》对各类常用截面通过计算机和数值统计，得到不同荷载作用下的稳定系数和纯弯稳定系数的比值 β_b。同时将梁的整体稳定系数扩展到一般情况，得到

$$\varphi_b = \beta_b \frac{4320}{\lambda_y^2} \left[\frac{Ah}{W_x} \sqrt{1 + \left(\frac{\lambda_y t_1}{4.4h}\right)^2} + \eta_b\right] \frac{235}{f_y} \tag{4.4.28}$$

式中 β_b——梁整体稳定的等效弯矩系数，按附录 3 采用。

λ_y——梁在侧向支承点间对截面弱轴（y 轴）的长细比。

h——梁截面的全高。

η_b——截面不对称的影响系数，双轴对称截面 [图 4.4.9(a)、(d)] $\eta_b = 0$；单轴对称工字形截面 [图 4.4.9(b)、(c)]，加强受压翼缘 $\eta_b = 0.8(2\alpha_b - 1)$，加强受拉翼缘 $\eta_b = 2\alpha_b - 1$，这里，$\alpha_b = \dfrac{I_1}{I_1 + I_2}$，其中 I_1 和 I_2 分别为受压翼缘和受拉翼缘对 y 轴的惯性矩。

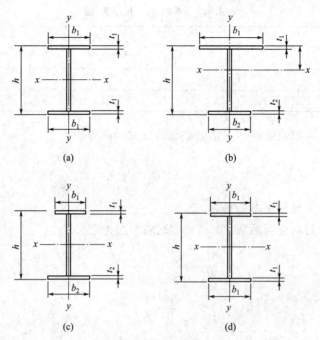

图 4.4.9　焊接工字型钢和轧制 H 型钢截面

上述稳定系数是按弹性理论得到的，当 $\varphi_b > 0.6$ 时梁已进入弹塑性工作状态，整体稳定临界力显著降低，应加以修正，即

当 $\varphi_b > 0.6$，稳定计算时应以 φ_b' 代替 φ_b

$$\varphi_b' = 1.07 - \frac{0.282}{\varphi_b} \tag{4.4.29}$$

轧制普通工字钢简支梁整体稳定系数 φ_b 可直接按附表 5.2 采用，当所得的 φ_b 大于 0.6 时，应采用式(4.4.28) 计算的 φ_b' 代替 φ_b 值。

轧制槽钢简支梁的整体稳定系数，不论荷载的形式和荷载作用点在截面高度上的位置如何，均可按下式计算

$$\varphi_b = \frac{570bt}{l_1 h} \frac{235}{f_y} \tag{4.4.30}$$

式中　h、b、t——分别为槽钢截面的高度、翼缘宽度和平均厚度。

（二）梁的整体稳定系数的近似计算

承受均布弯矩的梁，当 $\lambda \leqslant 120\varepsilon_k$ 时，其整体稳定系数 φ_b 可按下列近似公式计算。

（1）工字形（H 型钢）截面

双轴对称时

$$\varphi_b = 1.07 - \frac{\lambda_y^2}{44000} \frac{f_y}{235} \tag{4.4.31}$$

单轴对称时

$$\varphi_b = 1.07 - \frac{W_t}{(2a_b + 0.1)Ah} \frac{\lambda_y^2}{14000} \frac{f_y}{235} \tag{4.4.32}$$

（2）T 形截面（弯矩作用在对称轴平面）

① 弯矩使翼缘受压时

双角钢 T 形截面

$$\varphi_b = 1 - 0.0017\lambda_y\sqrt{\frac{f_y}{235}} \tag{4.4.33}$$

剖分 T 型钢和两板组合 T 形截面

$$\varphi_b = 1 - 0.0022\lambda_y\sqrt{\frac{f_y}{235}} \tag{4.4.34}$$

② 弯矩使翼缘受拉且腹板宽厚比不大于 $18\sqrt{235}$ 时

$$\varphi_b = 1 - 0.0005\lambda_y\sqrt{\frac{f_y}{235}} \tag{4.4.35}$$

按式(4.4.31)～式(4.4.35)算得的 φ_b 值大于 0.6 时，不需换算成 φ_b'，当按式 (4.4.31) 和式(4.4.35)算得的 φ_b 值大于 1.0 时，取 $\varphi_b = 1.0$。

当梁的整体稳定承载力不足时，可采用加大梁的截面尺寸或增加侧向支撑的办法予以解决，加大梁的截面尺寸以增大受压翼缘的宽度最有效，不论梁是否需要计算整体稳定，梁的支承处均应采取构造措施以阻止其端截面的扭转。

用作减小梁受压翼缘自由长度的侧向支撑，应将梁的受压翼缘视为轴心压杆计算支撑力。支撑应设置在（或靠近）梁的受压翼缘平面。

四、不需计算梁的整体稳定的情形

为了提高梁的整体稳定，当梁上有密铺的刚性铺板（如楼盖梁的楼面板或公路桥、人行天桥的面板等）时，应使之与梁的受压翼缘牢固连接；若无刚性铺板或铺板梁受压翼缘连接不可靠时，则应设置平面支撑。楼盖或工作平台梁格的平面支撑包括横向平面支撑和纵向平面支撑两种。横向支撑使主梁受压翼缘的自由长度由长减小为 l_1（次梁间距），纵向支撑是为了保证整个楼面的横向刚度。

当符合下列情况之一时，梁的整体稳定可以得到保证，不必计算。

① 有刚性铺板密铺在梁的受压翼缘上并与其牢固连接，能阻止梁翼缘的侧向位移。

② H 型钢或等截面工字形简支梁受压翼缘的自由长度 l_1 与其宽度之比不超过表 4.4.2 所规定的数值。

表 4.4.2　H 型钢或等截面工字形简支梁不需计算整体稳定性的最大 l_1/b_1 值

钢　号	跨中无侧向支承点的梁		跨中受压翼缘有侧向支承点的梁，不论荷载作用于何处
	荷载作用在上翼缘	荷载作用在下翼缘	
Q235	13.0	20.0	16.0
Q345	10.5	16.5	13.0
Q390	10.0	15.5	12.5
Q420	9.5	15.0	12.0

注：其他钢号的梁不需计算整体稳定性的最大 l_1/b_1 值，应取 Q235 钢的数值乘以 ε_k，$\varepsilon_k = \sqrt{\dfrac{235}{f_y}}$，$f_y$ 为钢材牌号所指屈服点。对跨中无侧向支承点的梁，l_1 为其跨度；对跨中有侧向支承点的梁，l_1 为受压翼缘侧向支承点间的距离（梁的支座处视为有侧向支承）。

③ 箱形截面简支梁，其截面尺寸（图 4.4.10）满足

$$h/b_0 \leqslant 6, l_1/b_0 \leqslant 95(235/f_y)$$

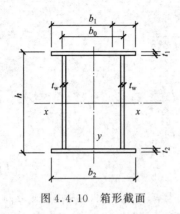

图 4.4.10　箱形截面

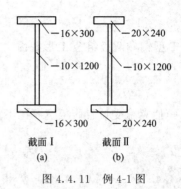

图 4.4.11　例 4-1 图

【例 4-1】　如图 4.4.11 所示的两种简支梁截面，其截面面积大小相同，跨度均为 12m，跨间无侧向支承点，均布荷载大小亦相同，都作用在梁的上翼缘，使用钢材为 Q235。试比较梁的整体稳定性系数 φ_b，并说明何者的稳定性更好？

解　（1）截面 I　[图 4.4.11(a)]

$$A = 2 \times 1.6 \times 30 + 120 \times 1 = 216 \text{cm}^2$$

$$I_y = 2 \times \frac{1}{12} \times 1.6 \times 30^3 = 7200 \text{cm}^4$$

$$i_y = \sqrt{\frac{I_y}{A}} = \sqrt{\frac{7200}{216}} = 5.8 \text{cm}$$

$$\lambda_y = \frac{1200}{5.8} = 206.9$$

$$h = 123.2 \text{cm}, t_1 = 1.6 \text{cm}$$

$$W_x = \frac{2I_x}{h} = \frac{2\left(\frac{1}{12} \times 1 \times 120^3 + 2 \times 1.6 \times 30 \times 60.8^2\right)}{123.2} = 8100 \text{cm}^3$$

$$\xi = \frac{l_1 t}{bh} = \frac{1200 \times 1.6}{30 \times 123.2} = 0.52 < 2.0, \text{查附录 5 知}$$

$$\beta_b = 0.69 + 0.13\xi = 0.69 + 0.13 \times 0.52 = 0.76$$

$$\varphi_b^I = \beta_b \frac{4320}{\lambda_y^2} \frac{Ah}{W_x} \sqrt{1 + \left(\frac{\lambda_y t}{4.4h}\right)^2}$$

$$= 0.76 \times \frac{4320}{206.9^2} \times \frac{216 \times 123.2}{8100} \sqrt{1 + \left(\frac{206.9 \times 1.6}{4.4 \times 123.2}\right)^2} = 0.30$$

（2）截面 II　[图 4.4.11(b)]

$$A = 2 \times 24 \times 2 + 120 \times 1 = 216 \text{cm}^2$$

$$I_y = 2 \times \frac{1}{12} \times 2 \times 24^3 = 4608 \text{cm}^3$$

$$i_y = \sqrt{\frac{I_y}{A}} = \sqrt{\frac{4608}{216}} = 4.6 \text{cm}$$

$$\lambda_y = \frac{l}{i_y} = \frac{1200}{4.6} = 260.9$$

$$h=124\text{cm}, \quad t=2\text{cm}$$

$$W_x=\frac{2I_x}{h}=\frac{2\times\left(\frac{1}{12}\times1\times120^3+2\times2\times24\times61^2\right)}{124}=8084\text{cm}^3$$

$$\xi=\frac{l_1t}{bh}=\frac{1200\times2}{24\times124}=0.81<2.0,\text{查附录5知}$$

$$\beta_b=0.69+0.13\xi=0.69+0.13\times0.81=0.80$$

$$\varphi_b^{\mathrm{II}}=\beta_b\frac{4320}{\lambda_y^2}\frac{Ah}{W_x}\sqrt{1+\left(\frac{\lambda_y t}{4.4h}\right)^2}$$

$$=0.80\times\frac{4320}{260.9^2}\times\frac{216\times124}{8084}\times\sqrt{1+\left(\frac{260.9\times2}{4.4\times124}\right)^2}=0.23$$

计算结果：$\varphi_b^{\mathrm{I}}>\varphi_b^{\mathrm{II}}$，说明截面 I 的整体稳定性比截面 II 的好。这从直观上也能看出，因为截面 I 的翼缘板较截面 II 的宽而薄，增加了抗侧扭的能力，且其宽厚比亦未超过限值（$b_1/t_1=14.5/1.6=9.1<15$），耗钢量亦未增加，但稳定性却较好。

第五节　梁的局部稳定和腹板加劲肋设计

组合梁一般由翼缘和腹板焊接而成，如果采用的板件宽（高）而薄，板中压应力或剪应力达到某数值后，受压翼缘或腹板可能偏离其平面位置，出现波形凸曲，这种现象称为梁丧失局部稳定，如图 4.5.1 所示。

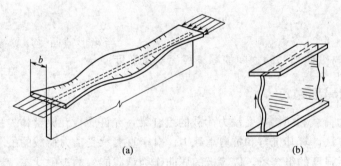

(a)   (b)

图 4.5.1　梁的局部失稳形式

热轧型钢板件宽（高）厚比较小，能够满足局部稳定要求，不需要计算。

一、受压翼缘的局部稳定

梁的受压翼缘板主要承受均布压应力作用。为了充分发挥材料强度，翼缘应采用一定厚度的钢板，使其临界应力不低于钢材的屈服点 f，从而保证翼缘不丧失稳定。一般采用限制宽厚比的方法来保证梁受压翼缘的稳定。

受压翼缘板的屈曲临界应力可用下式计算

$$\sigma_{cr}=\frac{\chi k\pi^2 E}{12(1-\nu^2)}\left(\frac{t}{b}\right)^2 \tag{4.5.1}$$

式中　t——翼缘板的厚度；

b——翼缘板的外伸宽度。

对不需要验算疲劳的梁，按式(4.3.2)计算其抗弯强度时，已考虑截面部分发展塑性，因而整个翼缘板已进入塑性，但在和压应力相垂直的方向，材料仍然是弹性的。这种情况属正交异性板，其临界应力的精确计算比较复杂，一般用$\sqrt{\eta}E$代替E来考虑这种弹塑性的影响。

$$\sigma_{cr}=k\chi\,\frac{\sqrt{\eta}\,\pi^2E}{12(1-\nu^2)}\left(\frac{t}{b}\right)^2 \tag{4.5.2}$$

将$E=206\times10^3\,\text{N/mm}^2$，$\nu=0.3$代入上式，得

$$\sigma_{cr}=18.6k\sqrt{\eta}\chi\left(\frac{t}{b}\right)^2\times10^4 \tag{4.5.3}$$

工字形截面［图4.5.2(a)］受压翼缘板的外伸部分为三边简支板，其屈曲系数$k=0.425$。支承翼缘板的腹板一般较薄，对翼缘的约束作用很小，因此取弹性嵌固系数$\chi=1.0$。如令$\eta=0.25$，$\sigma_{cr}\geqslant f_y$得

$$\frac{b_1}{t}\leqslant13\sqrt{\frac{235}{f_y}} \tag{4.5.4}$$

当梁在弯矩M作用下的强度按弹性计算时，即取$\gamma_x=1.0$时限值可放宽为

$$\frac{b_1}{t}\leqslant15\sqrt{\frac{235}{f_y}} \tag{4.5.5}$$

箱形截面［图4.5.2(b)］两腹板之间的翼缘部分，相当于四边简支单向均匀受压板，屈曲系数$k=4.0$。取$\chi=1.0$，如令$\eta=0.25$，由$\sigma_{cr}\geqslant f_y$得

$$\frac{b_0}{t}\leqslant40\sqrt{\frac{235}{f_y}} \tag{4.5.6}$$

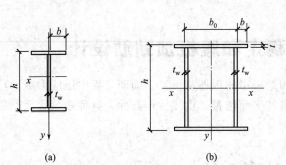

图4.5.2 各类截面尺寸

当箱形截面受压翼缘板设置纵向加劲肋时，b_0取腹板与纵向加劲肋之间的翼缘板无支承宽度。

二、腹板的局部稳定

对于承受静力荷载和间接承受动力荷载的组合梁，允许腹板在梁整体失稳之前屈曲，并利用屈曲后强度的方法计算其抗弯和抗剪承载力。对于直接承受动力荷载的吊车梁及类似构件或其他不考虑屈曲后强度的组合梁，以腹板的屈曲作为承载能力的极限状态，计算腹板的稳定。

为了提高腹板的稳定性，可增加腹板的厚度，也可设置腹板加劲肋，后一措施往往比较经济。如图4.5.3所示，腹板加劲肋和翼缘使腹板成为若干四边支承的矩形板区格，这些区

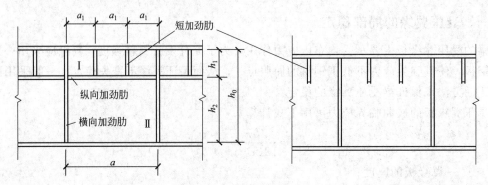

图4.5.3 腹板加劲肋示意

格一般受有弯曲应力、剪应力以及局部压应力的共同作用。

（一）腹板的纯弯屈曲

在弯曲应力作用下，腹板的屈曲形式如图4.5.4所示，凸凹波形的中心靠近其压应力合力的作用线。

弯曲应力作用下理想平板的弹性屈曲临界应力为

$$\sigma_{cr}=\frac{\chi k \pi^2 E}{12(1-\nu^2)}\left(\frac{t_w}{h_0}\right)^2 \qquad (4.5.7)$$

将 $E=206\times10 \text{N/mm}^2$，$\nu=0.3$ 代入得

$$\sigma_{cr}=18.6k\chi\left(\frac{t_w}{h_0}\right)^2\times10^4 \qquad (4.5.8)$$

弯曲应力作用下四边简支板的屈曲系数

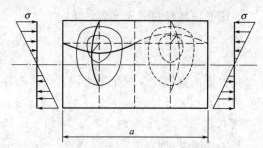

图 4.5.4　腹板的屈曲形式

$k=23.9$；当有刚性铺板密铺在梁的受压翼缘并与受压翼缘牢固连接，使受压翼缘的扭转受到约束时，取嵌固系数 $\chi=1.66$；当梁的受压翼缘扭转未受到约束时，取嵌固系数 $\chi=1.23$。

为保证腹板最大受压边缘屈服前不发生屈曲，取 $\sigma_{cr}\geq f$，则有：

梁受压翼缘扭转受到约束时

$$\frac{h_0}{t_w}\leq177\sqrt{\frac{235}{f_y}} \qquad (4.5.9)$$

梁受压翼缘扭转未受到约束时

$$\frac{h_0}{t_w}\leq153\sqrt{\frac{235}{f_y}} \qquad (4.5.10)$$

即腹板高厚比满足式（4.5.9）和式（4.5.10）时，在弯曲应力作用下腹板不会发生屈曲。

考虑腹板几何缺陷和材料非弹性性能的影响，引入腹板通用高厚比，弯曲应力作用下腹板屈曲临界应力的计算公式如下。

用于弯曲应力作用下的腹板通用高厚比

$$\lambda_b=\sqrt{\frac{f_y}{\sigma_{cr}}} \qquad (4.5.11)$$

式中　f_y——钢材的屈服强度；

　　　σ_{cr}——弯曲应力作用下理想平板的弹性临界应力。

将 $E=2.6\times10 \text{N/mm}^2$，$\nu=0.3$，$\chi=1.6$ 和 $\chi=1.23$ 分别代入式（4.5.11），可得

梁受压翼缘扭转受到约束时

$$\lambda_b=\frac{2h_c/t_w}{177}\sqrt{\frac{f_y}{235}} \qquad (4.5.12)$$

梁受压翼缘扭转未受到约束时

$$\lambda_b=\frac{2h_c/t_w}{153}\sqrt{\frac{f_y}{235}} \qquad (4.5.13)$$

当梁截面为单轴对称时，为了提高梁的整体稳定，一般加强受压翼缘，这样腹板受压区高度 h_c 小于 $h_0/2$，腹板边缘压应力小于边缘拉应力，这时计算临界应力 σ_{cr} 时，屈曲系数 k

应大于 23.9，在实际计算中，仍取 23.9，而把腹板计算高度 h_0 用 $2h_c$ 代替。因而当梁受压翼缘扭转受到约束时，公式化简为：

当梁受压翼缘扭转受到约束时

$$\lambda_b = \frac{2h_c/t_w}{177}\sqrt{\frac{f_y}{235}} \tag{4.5.14}$$

当梁受压翼缘扭转未受到约束时

$$\lambda_b = \frac{2h_c/t_w}{153}\sqrt{\frac{f_y}{235}} \tag{4.5.15}$$

根据通用高厚比 λ 的范围不同，弯曲临界应力的计算公式如下

当 $\lambda_b \leqslant 0.85$ 时 $\qquad \sigma_{cr} = f$ \hfill (4.5.16)

当 $0.85 < \lambda_b \leqslant 1.25$ 时 $\quad \sigma_{cr} = [1 - 0.75(\lambda_b - 0.85)]f$ \hfill (4.5.17)

当 $\lambda_b > 1.25$ 时 $\qquad \sigma_{cr} = 1.1f/\lambda_b^2$ \hfill (4.5.18)

式中 f——钢材的抗弯强度设计值。

式(4.5.16)～式(4.5.18) 分别属于塑性、弹塑性和弹性范围，各范围之间的界限确定原则为：对于既无几何缺陷又无残余应力的理想弹塑性板，并不存在弹塑性过渡区，塑性范围和弹性范围的分界点是 $\lambda_b = 1.0$，σ_{cr} 此时等于 f_y。

实际工程中板件存在缺陷，在 λ_b 未达到 1 之前 σ_{cr} 开始下降。《标准》中取 $\lambda_b = 0.85$，即腹板边缘应力达到强度设计值时高厚比分别为 150（受压翼缘扭转受到约束）和 130（受压翼缘扭转未受到约束）。

计算梁整体稳定时，当稳定系数 φ_b 大于 0.6 时，需做非弹性修正，相应的 λ_b 为 $(1/0.6)^{1/2} = 1.29$。考虑残余应力对腹板稳定的不利影响小于对梁整体稳定的影响，取 $\lambda_b = 1.25$。临界应力和腹板通用高厚比的关系曲线如图 4.5.5 所示。

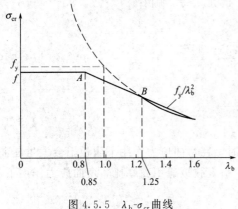

图 4.5.5 λ_b-σ_{cr} 曲线

（二）剪应力作用

在剪应力作用下，腹板在 45°方向产生主应力，主拉应力和主压应力在数值上都等于剪应力。在主压应力作用下，腹板屈曲形式如图 4.5.6 所示，产生大约 45°方向倾斜的凸凹波形。剪应力作用下理想平板的弹性屈曲临界应力为

$$\sigma_{cr} = \frac{\chi k \pi^2 E}{12(1-\nu^2)}\left(\frac{t_w}{h_0}\right)^2 \tag{4.5.19}$$

四边简支受剪腹板的屈曲系数和腹板区格的长宽比 a/h 有关。

当 $a/h_0 \leqslant 1.0$ 时 $\quad k = 4 + 534(h_0/a)^2 \tag{4.5.20}$

当 $a/h_0 > 1.0$ 时 $\quad k = 534 + 4(h_0/a)^2 \tag{4.5.21}$

式中 a——腹板横向加劲肋的间距。

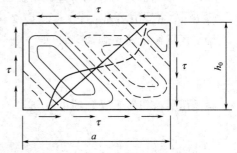

图 4.5.6 剪应力作用下板屈曲形式

当腹板不设横向加劲肋时，取 $k=5.34$。若要求 $\tau_{cr} \geqslant f_{vy}$，可得高厚比限值

$$\frac{h_0}{t_w} \leqslant 94.9 \sqrt{\frac{235}{f_y}} \tag{4.5.22}$$

即在剪应力作用下，弹性工作范围内，只要满足式(4.5.22)腹板就不会发生屈曲。

实际上，弹性工作阶段只适用于临界应力 τ_{cr} 不大于剪切比例极限 τ_p 的情况。对于梁腹板，考虑其残余应力影响较小，可取 $\tau_p=0.8f_v$。若令 $\tau_{cr} \geqslant \tau_p$，则

$$\frac{h_0}{t_w} \leqslant 75.9 \sqrt{\frac{235}{f_y}} \tag{4.5.23}$$

即腹板高厚比满足式(4.5.23)时，在剪应力作用下腹板不会发生屈曲。

考虑腹板几何缺陷和材料非弹性性能的影响，引入腹板通用高厚比，剪应力作用下腹板屈曲临界应力的计算式如下。

用于剪应力作用下的腹板通用高厚比

$$\lambda_s = \sqrt{\frac{f_{vy}}{\tau_{cr}}} \tag{4.5.24}$$

式中　f_{vy}——钢材的剪切屈服强度；

　　　τ_{cr}——理想平板受剪时的弹性临界应力。

将 $E=2.06 \times 10 \text{N/mm}^2$，$\nu=0.3$，$\chi=1.23$ 代入式(4.5.24)，则

$$\lambda_s = \frac{h_0/t_w}{41\sqrt{k}} \sqrt{\frac{f_y}{235}} \tag{4.5.25}$$

根据通用高厚比的范围不同，剪切临界应力的计算公式如下

当 $\lambda_s \leqslant 0.8$ $\qquad\qquad\qquad\quad \tau_{cr}=f_v$ $\qquad\qquad\qquad\qquad$ (4.5.26)

当 $0.8 \leqslant \lambda_s \leqslant 1.2$ 时 $\qquad\quad \tau_{cr}=[1-0.59(\lambda_s-0.8)]f_v$ $\qquad\quad$ (4.5.27)

当 $\lambda_s > 1.2$ $\qquad\qquad\qquad\quad \tau_{cr}=1.1f_v/\lambda_s^2$ $\qquad\qquad\qquad\qquad$ (4.5.28)

式中　f_v——钢材的抗剪强度设计值。

塑性和弹性界限分别取 $\lambda_s=0.8$ 和 $\lambda_s=1.2$。

（三）局部压应力作用

在局部压应力作用下，腹板的屈曲形式如图4.5.7所示，产生一个靠近横向压应力作用边缘的鼓曲面，局部压应力作用下理想平板的弹性屈曲临界应力为

$$\sigma_{c,cr}=18.6k\chi\left(\frac{t_w}{h_0}\right)^2 \times 10^4 \tag{4.5.29}$$

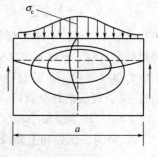

图 4.5.7　局部压应力作用下
腹板屈曲形式

承受局部压力的腹板，翼缘对其的嵌固系数

$$\chi=1.81-0.255h_0/a \tag{4.5.30}$$

和上式嵌固系数相配合的屈曲系数如下

当 $0.5 \leqslant a/h_0 \leqslant 1.5$ 时

$$k=\frac{7.4}{a/h_0}+\frac{4.5}{(a/h_0)^2} \tag{4.5.31}$$

当 $1.5 < a/h_0 \leqslant 2.0$ 时

$$k = \frac{11}{a/h_0} - \frac{0.9}{(a/h_0)^2} \tag{4.5.32}$$

考虑腹板的几何缺陷和材料非弹性性能的影响，引入腹板通用高厚比，局部压应力作用下腹板屈曲临界应力计算如下。

用于局部压应力作用下的腹板通用高厚比

$$\lambda_c = \sqrt{\frac{f_y}{\sigma_{c,cr}}} \tag{4.5.33}$$

式中　$\sigma_{c,cr}$——理想平板受局部压力时的弹性临界应力。

将 $B = 206 \times 10\text{Nmm}$，$\nu = 0.3$，代入式(4.5.33)，得

$$\lambda_c = \frac{h_0/t_w}{28\sqrt{\chi_c k_c}}\sqrt{\frac{f_y}{235}} \tag{4.5.34}$$

计算 $\chi_c k_c$。比较复杂，进行简化后代入式(4.5.34)，则 λ_c 的表达式如下：

当 $0.5 \leqslant a/h_0 \leqslant 1.5$ 时

$$\lambda_c = \frac{h_0/t_w}{28\sqrt{10.9 + 13.4(1.83 - a/h_0)^3}}\sqrt{\frac{f_y}{235}} \tag{4.5.35}$$

当 $1.5 < a/h_0 \leqslant 2.0$ 时

$$\lambda_c = \frac{h_0/t_w}{28\sqrt{18.9 - 5a/h_0}}\sqrt{\frac{f_y}{235}} \tag{4.5.36}$$

根据通用高厚比 λ_c 的范围不同，计算临界应力的公式如下

当 $\lambda_c \leqslant 0.9$ 时 $\qquad\qquad\qquad \sigma_{c,cr} = f \tag{4.5.37}$

当 $0.9 < \lambda_c \leqslant 1.2$ 时 $\qquad \sigma_{c,cr} = [1 - 0.79(\lambda_c - 0.9)]f \tag{4.5.38}$

当 $\lambda_c > 1.2$ 时 $\qquad\qquad\qquad \sigma_{c,cr} = 1.1f/\lambda_c^2 \tag{4.5.39}$

(四) 梁腹板加劲肋的设置原则

不考虑腹板屈曲后强度时，组合梁腹板宜按下列规定配置加劲肋。

① 当 $h_0/t \leqslant 80\sqrt{235}$ 时，对有局部压应力（$\sigma_c \neq 0$）的梁，应按构造配置横向加劲肋；但对无局部压应力（$\sigma_c = 0$）的梁，可不配置加劲肋。

② 当 $h_0/t > 80\sqrt{235}$ 时，应配置横向加劲肋。其中，当 $h_0/t > 170\sqrt{235}$，（受压翼缘扭转受到约束，如连有刚性铺板、制动板或焊有钢轨）时或 $h_0/t > 150\sqrt{23}$（受压翼缘扭转未受到约束）时，或按计算需要时，应在弯曲应力较大区格的受压区增加配置纵加劲肋。局部压应力很大的梁，必要时尚宜在受压区配置短加劲肋。任何情况下，h_0/t 均不应超过250，此处 h_0 为腹板的计算高度，t_w 为腹板的厚度。对单轴对称梁，当确定是否要配置纵向加劲肋时，h_0 应取为腹板受压区高度 h_c 的2倍。

③ 梁的支座处和上翼缘受有较大固定集中荷载处，宜设置支承加劲肋。

(五) 腹板在几种应力联合作用时的屈曲

弯曲应力、剪应力和局部压应力共同作用下，计算腹板的局部稳定时，应首先按上述原则布置加劲肋，然后进行局部稳定计算，若不满足要求，应调整加劲肋间距，重新验算。

1. 配置横向加劲肋的腹板

在两横向加劲肋之间的板段，可能同时承受弯曲应力 σ、剪应力 r 和局部压应力 $\sigma_{c,cr}$ 的

共同作用，当这些应力的组合达到某一值时，腹板将由平板稳定状态转变为微曲的平衡状态。

仅配置横向加劲肋的腹板（图 4.5.8），区格的局部稳定应按下式计算（取抗力分项 $\gamma_R=1.0$）

$$\left(\frac{\sigma}{\sigma_{cr}}\right)^2+\left(\frac{\tau}{\tau_{cr}}\right)^2+\frac{\sigma_c}{\sigma_{c,cr}}\leqslant 1 \tag{4.5.40}$$

式中　　σ——计算区格，平均弯矩作用下，腹板计算高度边缘的弯曲压应力；

τ——计算区格，平均剪力作用下，腹板截面剪应力；

σ_c——腹板计算高度边缘的局部压应力，计算时取 $\psi=1.0$；

σ_{cr}、τ_{cr}、$\sigma_{c,cr}$——σ、τ、σ_c 单独作用下的临界应力。

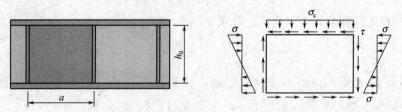

图 4.5.8 配置横向加劲肋的腹板

2. 同时配置横向加劲肋和纵向加劲肋的腹板

同时配置横向加劲肋和纵向加劲肋的腹板，一般纵向加劲肋设置在距离腹板上边缘的 $(1/5\sim1/4)h$ 处，把腹板划分为上、下两个区格（图 4.5.9）。

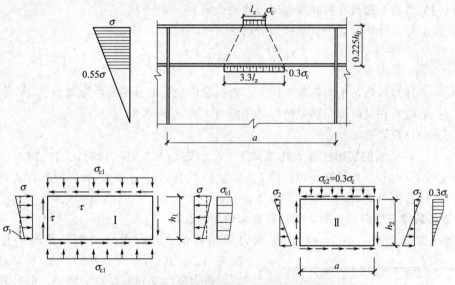

图 4.5.9 受压翼缘和纵向加劲肋之间区格

（1）上区格：上区格为狭长板幅，区格高度取平均值 $0.25h$。

在弯曲应力作用下，非均匀受压，应力由 σ 变到 0.55σ，其屈曲系数为 $k=5.13$。

① 当梁的受压翼缘扭转受到约束时，嵌固系数 $\chi=1.4$，相应的通用高厚比

$$\lambda_{b1}=\frac{h_1/t_w}{75}\sqrt{\frac{f_y}{235}} \tag{4.5.41}$$

② 当梁的受压翼缘扭转未受到约束时，取嵌固系数 $\chi = 1.0$，则

$$\lambda_{b1} = \frac{h_1/t_w}{64}\sqrt{\frac{f_y}{235}} \tag{4.5.42}$$

式中　h_1——纵向加劲肋至腹板计算高度受压边缘的距离。

横向集中荷载作用下，区格上边缘作用局部压应力 σ_c，下边缘作用局部压应力 $0.3\sigma_c$。

① 当梁的受压翼缘扭转受到约束时

$$\lambda_{c1} = \frac{h_1/t_w}{56}\sqrt{\frac{f_y}{235}} \tag{4.5.43}$$

② 当梁的受压翼缘扭转未受到约束时

$$\lambda_{c1} = \frac{h_1/t_w}{40}\sqrt{\frac{f_y}{235}} \tag{4.5.44}$$

上区格的稳定计算公式为（取抗力分项 $\gamma_R = 1.0$）

$$\frac{\sigma}{\sigma_{cr1}} + \left(\frac{\sigma_c}{\sigma_{c,cr1}}\right)^2 + \left(\frac{\tau}{\tau_{cr1}}\right)^2 \leqslant 1 \tag{4.5.45}$$

式中，σ_{cr1} 按式（4.5.16）～式（4.5.18）计算，但应将 λ_b 改为 λ_{b1} 代替；τ_{cr1} 按式（4.5.26）～式（4.5.28）计算，但应将 h_0 改为 h_1 代替；$\sigma_{c,cr1}$ 按式（4.5.16）～式（4.5.18）计算，但应将 λ_b 改为 λ_{c1} 代替。

（2）下区格：下区格在弯矩作用下的屈曲系数 $k = 47.6$。

相应的通用高厚比

$$\lambda_{b2} = \frac{h_2/t_w}{194}\sqrt{\frac{f_y}{235}} \tag{4.5.46}$$

其中，纵向加劲肋至腹板计算高度受压边缘的距离 $h_2 = h_0 - h_1$。

下区格的稳定计算公式为（取抗力分项 $\gamma_R = 1.0$）

$$\left(\frac{\sigma_2}{\sigma_{cr2}}\right)^2 + \left(\frac{\tau}{\tau_{cr2}}\right)^2 + \frac{\sigma_{c2}}{\sigma_{c,cr2}} \leqslant 1 \tag{4.5.47}$$

式中　σ_2——计算区格，平均弯矩作用下，腹板纵向加劲肋处的弯曲压应力；

　　　σ_{c2}——腹板在纵向加劲肋处的局部压应力，取 $\sigma_{c2} = 0.3\sigma_c$；

　　　τ——计算同前。

σ_{cr2}，τ_{cr2}，$\sigma_{c,cr2}$ 的实用计算表达式如下：σ_{cr2} 按式（4.5.16）计算，但应将 λ_b 改为 λ_{b2} 代替；τ_{cr2} 按式（4.5.26）计算，但应将 h_0 改为 h_2 代替；$\sigma_{c,cr2}$ 按式（4.5.37）计算，但应将 h_0 改为 h_2 代替：当 $a/h_2 > 2$ 时，取 $a/h_2 = 2$。

3. 受压翼缘与纵向加劲肋之间配置短加劲肋的区格

配置短加劲肋后，不影响弯曲压应力的临界值，和配置纵向加劲肋时一样，按式（4.5.41）、式（4.5.42）和式（4.5.16）计算。临界剪应力虽然受到加劲肋的影响，但计算方法不变按式（4.5.25）～式（4.5.28）计算，计算时用 h_1 和 a_1 代替 h 和 a，a_1 为短加劲肋间距。

配置短加劲肋影响最大的为局部压应力的临界值。未配置短加劲肋时，腹板上区格为狭长板幅，在局部压力作用下性能接近两边支承板。配置短加劲肋后（图4.5.10），成为四边支承板，

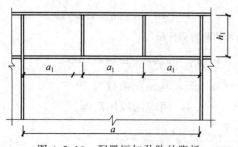

图 4.5.10　配置短加劲肋的腹板

稳定承载力提高，并和比值 a_1/h_1 有关。

当 $a_1/h_1 \leqslant 1.2$ 时：

a. 当梁的受压翼缘扭转受到约束时

$$\lambda_{c1} = \frac{a_1/t_w}{87} \sqrt{\frac{f_y}{235}} \qquad (4.5.48)$$

b. 当梁的受压翼缘扭转未受到约束时

$$\lambda_{c1} = \frac{a_1/t_w}{73} \sqrt{\frac{f_y}{235}} \qquad (4.5.49)$$

当 $a_1/h_1 > 1.2$ 时：上式右侧乘以 $1/\sqrt{0.4 + 0.5a_1/h_1}$。

受压翼缘与纵向加劲肋之间配置短加劲肋区格的局部稳定的计算

$$\frac{\sigma}{\sigma_{cr1}} + \left(\frac{\sigma_c}{\sigma_{c,cr1}}\right)^2 + \left(\frac{\tau}{\tau_{cr1}}\right)^2 \leqslant 1 \qquad (4.5.50)$$

其中，σ_{cr1} 按式（4.5.16）计算，但应将 λ_{b1} 替代 λ_b；τ_{cr1} 按式（4.5.26）计算，但应将 h_1、a_1 改为 h_0、a 代替；$\sigma_{c,cr1}$ 按式（4.5.16）计算，但应将 λ_{c1} 改为 λ_b 代替。

三、加劲肋的构造和截面尺寸

焊接梁一般采用钢板制成的加劲肋，并在腹板两侧成对布置（图 4.5.11），也可单侧布置。但支承加劲肋不应单侧布置。

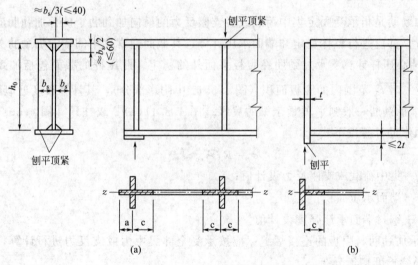

图 4.5.11 加劲肋构造

横向加劲肋的间距 a 应满足：$0.5h_0 \leqslant a \leqslant 2h_0$；当 $\sigma_c = 0$，$h_0/t_w \leqslant 100\sqrt{235/f_y}$ 时，纵向加劲肋至腹板计算高度边缘的距离可在 $0.5h_0 \leqslant a \leqslant 2.5h_0$ 范围内。

加劲肋应有足够的刚度才能作为腹板的可靠支承，所以对加劲肋的截面尺寸和截面惯性矩应有一定要求。

双侧布置的钢板横向加劲肋的外伸宽度应满足下式（单位：mm）

$$b_s \geqslant \frac{h_0}{30} + 40 \qquad (4.5.51)$$

加劲肋的厚度

$$t_s \geqslant \frac{b_s}{15} \tag{4.5.52}$$

当腹板同时用横向加劲肋和纵向加劲肋加强时，应在其相交处切断纵向加劲肋而使横向加劲肋保持连续。此时，横向加劲肋的截面尺寸除应符合上述规定外，其截面惯性矩（对 z 轴，图 4.5.11），尚应满足下列要求

$$I_z \geqslant 3h_0 t_w^3 \tag{4.5.53}$$

纵向加劲肋的截面惯性矩，应满足下列公式的要求

当 $a/h_0 \leqslant 0.85$ 时

$$I_y \geqslant 1.5 h_0 t_w^3 \tag{4.5.54}$$

当 $a/h_0 > 0.85$ 时

$$I_y \geqslant \left(2.5 - 0.45 \frac{a}{h_0}\right)\left(\frac{a}{h_0}\right)^2 h_0 t_w^3 \tag{4.5.55}$$

对大型梁，可采用以肢尖焊于腹板的角钢加劲肋，其截面惯性矩不得小于相应钢板加劲肋的惯性矩。计算加劲肋截面惯性矩的 y 轴和 z 轴轴线：双侧加劲肋时取为腹板中心线。

为了避免焊缝交叉，减小焊接应力，在加劲肋端部应切去宽约 $b_s/3$ 高约 $b_s/2$ 的斜角（图 4.5.11）。

四、支承加劲肋的计算

支承加劲肋是指承受固定集中荷载或者支座反力的横向加劲肋。此种加劲肋应在腹板两侧成对设置，并应进行整体稳定和端面承压计算，其截面通常比中间横向加劲肋大。

① 按轴心压杆计算支承加劲肋在腹板平面外的稳定。此压杆的截面包括加劲肋以及每侧各 $15t_w\sqrt{235/f_y}$ 范围内的腹板面积（图 4.5.11 中阴影部分），其计算长度近似取为 h_0。

② 支承加劲肋一般刨平顶紧于梁的翼缘 [图 4.5.11(a)] 或柱顶 [图 4.5.11(b)]，其端面承压强度的计算按下式

$$\sigma_c = R/A_{ce} \leqslant f_{ce} \tag{4.5.56}$$

式中　R——集中荷载或支座反力设计值；

　　　A_{ce}——端面承压面积；

　　　f_{ce}——钢材端面承压强度设计值。

③ 支承加劲肋与腹板的连接焊缝，应按承受全部集中力或支反力进行计算，计算时假定应力沿焊缝长度均匀分布。

第六节　型钢梁的设计

一、设计步骤

（一）截面选择

型钢梁的截面选择比较简单，只需根据计算所得到的梁中最大弯矩按下列公式求出需要的净截面模量

$$W_{nx} = \frac{M_x}{\gamma_x f} \qquad (4.6.1)$$

然后在型钢规格表（见附录 4）中选择截面模量接近 W_{nx} 的型钢做为试选截面。为节省钢材，设计时应避免在最大弯矩作用的截面上开栓钉孔，以免削弱截面。

（二）截面验算

1. 强度验算

强度验算包括：正应力、剪应力、局部压应力验算。

（1）正应力 运用材料力学知识找出梁截面最大弯矩及可能产生最大正应力处的弯矩（如变截面处和截面有较大削弱处），单向受弯时按公式(4.3.2)验算截面最大正应力 σ 是否满足要求。双向受弯时采用公式(4.3.3)验算。使用公式(4.3.2)及公式(4.3.3)时应注意 W_{nx} 及 W_{ny} 为验算截面处的净截面抵抗矩。

（2）剪应力 根据梁是单向受剪还是双向受剪采用公式(4.3.4)计算剪应力。对于型钢梁由于腹板较厚，一般均能满足上式要求，只在剪力较大处截面有较大削弱时方需进行剪应力计算。

（3）局部压应力 当梁上翼缘受有沿腹板平面作用的集中荷载且该荷载处又未设置支承加劲肋时，腹板计算高度上边缘的局部承压强度应该满足式(4.3.5)的要求。在梁支座处，当不设支承加劲肋时局部承压强度也应该满足式(4.3.5)的要求。应注意在跨中集中荷载处与支座处荷载在腹板计算高度边缘的分布长度计算公式不同。

（4）折算应力 在组合梁的腹板计算高度边缘处，若同时受有较大的正应力、剪应力和局部压应力，或同时受有较大的正应力和剪应力（如连续梁中部支座处或梁的翼缘截面改变处等），应按公式(4.3.8)验算折算应力。

2. 梁的刚度验算

众所周知，楼盖梁的挠度过大会给人们一种不安全感和不舒适感，同时也会使附着物如抹灰等脱落，影响使用。吊车梁的挠度过大会影响吊车的正常运行。因此除承载力满足要求外，尚应按式(4.3.10)验算梁的刚度，以保证梁的正常使用。使用要求不同的构件，最大挠度的限制值也是不同的，附录 2 给出了吊车梁、楼盖梁、屋盖梁、工作平台梁以及墙架梁的挠度容许值。

梁的挠度计算方法较多，可按材料力学和结构力学的方法计算，也可由结构静力计算手册取用，也可采用近似计算公式，对等截面简支梁

$$v = \frac{5}{384}\frac{q_k l^4}{EI_x} = \frac{5}{488}\frac{q_k l^4}{EI_x} \approx \frac{M_{kmax} l^2}{10 EI_x}$$

3. 整体稳定验算

首先判断该梁是否需要进行整体稳定验算。如需要则按照梁的截面类型选择适当的公式计算整体稳定系数。对于焊接工字钢和轧制 H 型钢简支梁可按公式(4.4.26)计算，轧制普通工字钢简支梁可查附录 6。轧制槽钢简支梁按公式(4.4.30)计算。不论哪种情况算得的稳定系数 φ_b 大于 0.6 时，都应采用公式(4.4.29)算得相应的 φ'_b 代替 φ_b 值。

二、设计实例

【例 4-2】 如图 4.6.1 所示某车间工作平台的平面布置图，平台上无动力荷载，其恒载

标准值为 $3000\text{N}/\text{m}^2$，活载标准值为 $4500\text{N}/\text{m}^2$，钢材为 Q235，恒载分项系数为 1.3，活载分项系数为 1.5，平台板为刚性，可保证次梁的整体稳定。试设计工字钢次梁截面。

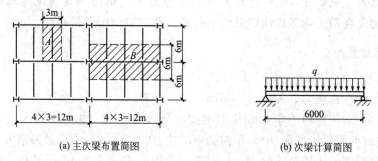

(a) 主次梁布置简图   (b) 次梁计算简图

图 4.6.1　某车间工作平台图

解　梁上的荷载标准值为

$$q_k = 3000 + 4500 = 7500\text{N}/\text{m}^2$$

荷载设计值为

$$q_d = 1.3 \times 3000 + 1.5 \times 4500 = 10650\text{N}/\text{m}^2$$

次梁 A 单位长度上的荷载设计值

$$q = 10650 \times 3 = 31950\text{N}/\text{m}$$

跨中最大弯矩为

$$M_{max} = \frac{1}{8}ql^2 = \frac{1}{8} \times 31950 \times 6^2 = 143775\text{N} \cdot \text{m}$$

支座处最大剪力为

$$V_{max} = \frac{1}{2}ql = \frac{1}{2} \times 31950 \times 6 = 95850\text{N}$$

梁所需要的净截面抵抗矩为

$$W_{nx} = \frac{M_x}{\gamma_x f} = \frac{143775 \times 10^2}{1.05 \times 215 \times 10^2} = 637\text{cm}^3$$

查附录 4，选 I32a，单位长度的质量为 52.7kg/m，梁自重为 $52.7 \times 9.8 = 517\text{N}/\text{m}$，$I_x = 11080\text{cm}^4$，$W_x = 692\text{cm}^3$，$I_x/S = 27.5\text{cm}$，$t_w = 9.5\text{mm}$。

下面验算所选型钢。

梁自重产生的弯矩为

$$M_g = \frac{1}{8} \times 517 \times 1.2 \times 6^2 = 2792\text{N} \cdot \text{m}$$

总弯矩为

$$M_x = 143775 + 2792 = 146567\text{N} \cdot \text{m}$$

弯曲正应力为

$$\sigma = \frac{M_x}{\gamma_x W_{nx}} = \frac{146567 \times 10^3}{1.05 \times 692 \times 10^3} = 201.7\text{N}/\text{mm}^2 < f = 215\text{N}/\text{mm}^2$$

支座处最大剪应力

$$\tau = \frac{VS}{It_w} = \frac{95850 + 517 \times 1.2 \times 3}{27.5 \times 10 \times 9.5} = 37.4\text{N}/\text{mm}^2 < f_v = 125\text{N}/\text{mm}^2$$

可见，型钢由于其腹板较厚，剪应力一般不起控制作用。因此，对型钢梁只有在截面有较大削弱时，才必须验算剪应力。

验算梁跨中挠度时，荷载标准值为

$$q = 7500 \times 3 + 517 = 23017\text{N/m}$$

则挠度

$$v = \frac{5}{384}\frac{ql^4}{EI} = \frac{5 \times 23017 \times 6000^4}{384 \times 2.06 \times 10^5 \times 11080 \times 10^4} = 17\text{mm} \approx \frac{l}{353} < \frac{l}{250}$$

满足要求。

第七节 组合梁的设计

一、设计步骤

组合梁的设计主要包括截面选择和截面验算。

(一) 截面选择

组合梁截面的选择包括：梁高估算、腹板尺寸和翼缘尺寸的确定。

(1) 梁高估算 确定梁的高度应考虑建筑要求、梁的刚度和梁的经济条件。梁的建筑高度要求决定了梁的最大高度 h_{max}，而建筑要求取决于使用要求。梁的刚度要求决定了梁的最小高度 h_{min}。在组成截面时，为了满足需要的截面模量，可以有多种方案。梁既可以是高而窄，也可以是矮而宽。前者翼缘用钢量少，而腹板用钢量多，后者则相反，合理方案是使总用钢量最少。根据这一原则确定的梁高叫经济高度 h_e。有了以上三种高度，就可以选择梁高了。合理梁高是介于最大高度与最小高度之间，尽可能接近经济高度。

① 容许最大高度 h_{max}。梁的建筑高度要求和净空要求决定了梁的最大高度 h_{max}。

② 容许最小高度 h_{min}。一般由刚度条件确定，以简支梁为例。

$$v = \frac{5}{384}\frac{q_k l^4}{EI_x} = \frac{5l^2}{48}\frac{M_k}{EI_x} = \frac{10M_k l^2}{48EW_x h} = \frac{10\sigma_k l^2}{48Eh} \tag{4.7.1}$$

取 $\delta = \gamma_s \delta_k = f$，$\gamma_s$ 为荷载平均分项系数，可近似取 1.3。

$$v = \frac{10fl^2}{48 \times 1.3Eh} \leqslant [v] \tag{4.7.2}$$

$$h_{min} \geqslant \frac{5f}{31.2E}\frac{l^2}{[v]} \tag{4.7.3}$$

③ 梁的经济高度 h_e。一般最经济的截面高度应使梁的用钢量最少，设计时可根据经验公式来估算（单位：cm）

$$h_e \approx 7\sqrt[3]{W_x} - 30 \tag{4.7.4}$$

式中，$W_x = M_x/\gamma_x f$ 或 $W_x = M_x/\varphi_x f$。

综上所述，梁的高度应满足：$h_{min} \leqslant h \leqslant h_{max}$ 且 $h \approx h_e$。

(2) 腹板尺寸的确定 一般梁翼缘板厚度较小，腹板的高度比梁截面高度减小得不多，取值略小于梁高尺寸即可，同时数值上尽量取为 50mm 的整数倍。

梁的腹板主要作用是抵抗剪力，可根据梁承受的最大剪力来确定腹板厚度 t_w。

$$t_w \geqslant 1.2V_{max}/(h_w f_v) \tag{4.7.5}$$

一般按上式求出的 t_w 较小，可按经验公式计算

$$t_w = \sqrt{h_w}/3.5 \tag{4.7.6}$$

构造要求：$t_w \geqslant 6mm$ 且 $h_0/t_w \leqslant 250\sqrt{235/f_y}$

（3）翼缘尺寸确定　翼缘尺寸由 W_x 及腹板截面面积确定

$$W_{nx} = \frac{M_x}{\gamma_x f}$$

$$I_x = \frac{h}{2}W_{nx} \tag{4.7.7}$$

腹板惯性矩为

$$I_t = I_x - I_w \approx 2bt\left(\frac{h_0}{2}\right)^2 \tag{4.7.8}$$

翼缘惯性矩为

$$bt = \frac{2(I_x - I_w)}{h_0^2} \tag{4.7.9}$$

一般有 $\dfrac{h}{3} \leqslant b_f \leqslant \dfrac{h}{5}$，代入上式得 t。同时保证局部稳定。选择 b 和 t 时要符合钢板规格尺寸，一般 b 取 10mm 的倍数，t 取 2mm 的倍数，且不小于 8mm。

（二）截面验算

组合梁的验算主要包括：强度、刚度、整体稳定和局部稳定。

1. 强度验算

主要包括：正应力、剪应力、局部压应力和折算应力等。

（1）正应力　运用材料力学知识找出梁截面最大弯矩及可能产生最大正应力处的弯矩（如变截面处和截面有较大削弱处），单向受弯时按公式（4.3.2）验算截面最大正应力 σ 是否满足要求。双向受弯时采用公式（4.3.3）验算。使用公式（4.3.2）及公式（4.3.3）时应注意 W_{nx} 及 W_{ny} 为验算截面处的净截面抵抗矩。

（2）剪应力　根据梁是单向受剪还是双向受剪采用公式（4.3.4）计算剪应力。对于型钢梁由于腹板较厚，一般均能满足上式要求，只在剪力较大处截面有较大削弱时方需进行剪应力计算。

（3）局部压应力　当梁上翼缘受有沿腹板平面作用的集中荷载且该荷载处又未设置支承加劲肋时，腹板计算高度上边缘的局部承压强度应该满足式（4.3.5）的要求。在梁支座处，当不设支承加劲肋时局部承压强度也应该满足式（4.3.5）的要求。应注意在跨中集中荷载处与支座处荷载在腹板计算高度边缘的分布长度计算公式不同。

（4）折算应力　在组合梁的腹板计算高度边缘处，若同时受有较大的正应力、剪应力和局部压应力，或同时受有较大的正应力和剪应力（如连续梁中部支座处或梁的翼缘截面改变处等），应按公式（4.3.8）验算折算应力。

2. 梁的刚度验算

除承载力满足要求外，尚应按式（4.3.10）验算梁的刚度，以保证梁的正常使用。使用要求不同的构件，最大挠度的限制值也是不同的。

3. 整体稳定验算

首先判断该梁是否需要进行整体稳定验算。如需要则按照梁的截面类型选择适当的公式计算整体稳定系数。对于焊接工字钢和轧制 H 型钢简支梁可按公式（4.4.26）计算，轧制普通工字钢简支梁可查附录。轧制槽钢简支梁按公式(4.4.30)计算。不论哪种情况算得的稳定系数 φ_b 大于 0.6 时，都应采用公式(4.4.29)算得相应的 φ_b' 代替 φ_b 值。

4. 局部稳定验算

对于焊接组合梁，翼缘可通过限制板件宽厚比保证其不发生局部失稳。腹板则较为复杂些，一种方法是通过设置加劲肋的方法保证其不发生局部失稳，设置加劲肋的原则及局部稳定验算见本章第 5 节内容；另一种方法是允许腹板发生局部失稳，利用其屈曲后承载力，《标准》建议对于承受静力荷载和间接承受动力荷载的梁宜考虑利用屈曲后强度。

二、设计实例

【例 4-3】 图 4.7.1 所示工作平台主梁的计算简图，次梁传来的集中荷载标准值为 $F_k=$ 253kN，设计值为 329kN，钢材为 Q235B，焊条 E43 型。设计此主梁。

解 根据经验，假设此主梁自重标准值 3kN/m，设计值为 $1.3 \times 3 = 3.9$ kN/m。

支座处最大剪力为 $V_1 = R = 329 \times 2.5 + \dfrac{1}{2} \times 3.9 \times 15 = 851.75$ kN

跨中最大弯矩为 $M_x = 851.75 \times 7.5 - 329 \times (5 + 2.5) - \dfrac{1}{2} \times 3.9 \times 7.5^2 = 3811$ kN·m

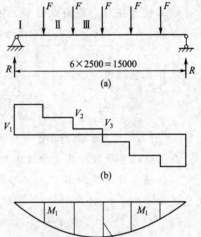

图 4.7.1 例 4-3 图

采用焊接组合梁，估计翼缘板厚 $t_f \geqslant 16$ mm，则抗弯强度设计值 $f = 205$ N/mm²，需要截面抵抗矩为

$$W_x \geqslant \frac{M_x}{\gamma_x f} = \frac{3811 \times 10^6}{1.05 \times 205} = 17705 \times 10^3 \text{ mm}^3$$

(1) 初选截面 按刚度条件，$[v]/l = 1/400$，得

$$h_{\min} = \frac{f}{1.34 \times 10^6} \frac{l^2}{[v]} = \frac{205}{1.34 \times 10^6} \times 400 \times 15000 = 918 \text{mm}$$

按经济条件，得梁的经济高度

$$h_e = 7 \sqrt[3]{W_x} - 30 = 7^3 \times \sqrt{17705} - 30 = 152.4 \text{cm}$$

综合考虑后，取梁腹板高度 $h_w = 1500$ mm。

腹板厚度 t_w 应满足抗剪要求，即

$$t_w \geqslant 1.2 \frac{V_{\max}}{h_w f_v} = 1.2 \times \frac{851.75 \times 10^3}{1500 \times 125} = 4.5 \text{mm}$$

得

$$t_w = \sqrt{h_w}/3.5 = \sqrt{1500}/3.5 = 11.1 \text{mm}$$

若不考虑腹板屈曲后强度，取 $t_w = 10$ mm。

每个翼缘所需截面积

$$A_f = \frac{W_x}{h_w} - \frac{t_w h_w}{6} = \frac{17705 \times 10^3}{1500} - \frac{10 \times 1500}{6} = 9303 \text{mm}^2$$

翼缘宽度 $b_f = h/5 \sim h/3 = 300 \sim 500$ mm，取 $b = 400$ mm；翼缘厚度 $t_f = A_f/b_f = 9303/400 = 23.26$ mm，取 $t_f = 24$ mm。

翼缘板外伸宽度与厚度之比 $195/24＝8.1＜13\sqrt{235/f_y}＝13$，满足局部稳定要求。

（2）强度验算　截面尺寸如图 4.7.2 所示，则

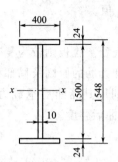

$$I_x＝\frac{1}{12}\times(40\times154.8^3－39\times150^3)＝1396179\text{cm}^4$$

$$W_x＝2I_x/h＝\frac{2\times1396179}{154.8}＝18038.5\text{cm}^3$$

$$A＝150\times1＋2\times40\times2.4＝342\text{cm}^2$$

梁自重（钢材质量密度为 7850kg/m³，重力密度为 77kN/m³）为

$$g_k＝0.0342\times77＝2.6\text{kN/m}$$

图 4.7.2　梁截面尺寸　　考虑腹板加劲肋等增加的重量，原假设的梁自重 3kN/m 比较合适。

验算抗弯强度（截面无削弱，$W_{nx}＝W_x$）

$$\sigma＝\frac{M_x}{\gamma_x W_{nx}}＝\frac{3811\times10^6}{1.05\times18038.5\times10^3}＝201.2\text{N/mm}^2＜f＝205\text{N/mm}^2$$

验算抗剪强度

$$\tau＝\frac{V_{max}S}{I_x t_w}＝\frac{851.75\times10^3}{1396179\times10^4\times10}\times(400\times24\times762＋750\times10\times375)$$

$$＝61.8\text{N/mm}^2＜f_v＝125\text{N/mm}^2$$

在主梁的支承处以及支承次梁处均配置支承加劲肋，故不验算局部承压强度（即 $\sigma_c＝0$）。

（3）梁整体稳定计算　　次梁可视为主梁受压翼缘的侧向支承，主梁受压翼缘自由长度与宽度之比 $l_1/b_1＝250/40＝6.3＜16$，故不需要验算主梁的整体稳定性。

（4）刚度验算　　挠度容许值为 $[v]＝l/400$（全部荷载标准值作用）或 $[v]＝l/500$（仅有可变荷载标准值作用）。

全部荷载标准值在梁跨中产生的最大弯矩

$$M_k＝655\times7.5－253(5＋2.5)－3\times7.5^2/2＝2930.6\text{kN·m}$$

得

$$\frac{v}{l}\approx\frac{M_k l}{10EI_x}＝\frac{2930.6\times10^6\times1500}{10\times206000\times1396179\times10^4}＝\frac{1}{654}＜\frac{[v]}{l}＝\frac{1}{400}$$

由上式可知仅有可变荷载作用时的梁挠度一定也满足要求。

【例 4-4】　试设计图 4.7.3 所示工作平台梁格中的主梁。采用焊接组合梁。计算简图中 F 的标准值取为 120kN，设计值取为 151kN。材料为 Q235-B 钢，焊条采用 E43 型，手工焊。设计内容包括截面选择、腹板加劲肋的配置和计算。

解　（1）截面选择　　确定梁高应考虑三方面的要求，即建筑高度限制的最大梁高 h_{max}、刚度条件决定的最小梁高 h_{min} 及经济梁高 h_e。

主梁的支座反力（不包括主梁自重）

$$R＝2.5F＝2.5\times151＝378\text{kN}$$

最大剪力设计值 $V_{max}＝2F＝2\times151＝302\text{kN}$

最大弯矩设计值 $M_{max}＝302\times7.5－151(4.5＋1.5)＝1359\text{kN·m}$

需要截面模量

$$W_{req}＝\frac{M_{max}}{\gamma_x f}＝\frac{1359\times10^6}{1.05\times215}＝6020000\text{mm}^3＝6020\text{cm}^3$$

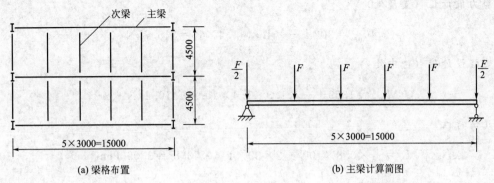

(a) 梁格布置　　　　　　　　(b) 主梁计算简图

图 4.7.3　工作平台

根据刚度要求确定梁高：

按 $[v]/l=1/400$ 得

$$h_{\min} \geqslant \frac{1}{15.7} = \frac{15000}{15.7} = 955\text{mm}$$

梁的经济高度

$$h_e = 7\sqrt[3]{W_x} - 300 = 7 \times \sqrt[3]{6020000} - 300 = 973\text{mm}$$

取腹板高度 $h_w = 1000\text{mm}$

腹板厚度

$$t_w \geqslant 1.2\frac{V_{\max}}{h_w f_v} = 1.2 \times \frac{302 \times 10^3}{1000 \times 125} = 2.9\text{mm}$$

$$t_w = \frac{\sqrt{h_w}}{3.5} = \frac{\sqrt{1000}}{3.5} = 9\text{mm}$$

取 $t_w = 8\text{mm}$。

需要的翼缘面积

$$A_1 = \frac{W_x}{h_w} - \frac{1}{6}t_w h_w = \frac{6020 \times 10^3}{1000} - \frac{1}{6} \times 8 \times 1000 = 4687\text{mm}^2$$

$$b = \left(\frac{1}{3} \sim \frac{1}{5}\right)h = \left(\frac{1}{3} \sim \frac{1}{5}\right)1032 = 344 \sim 206\text{mm}$$

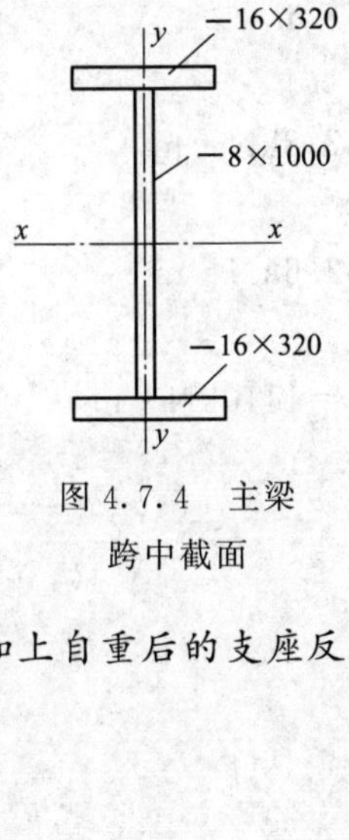

取翼缘宽度 320mm，厚度 16mm。

$A_1 = 320 \times 16 = 5120\text{mm}^2 > 4687\text{mm}^2$

梁截面简图如图 4.7.4 所示。

翼缘外伸宽度与其厚度之比为 $156/16 = 9.75 < 13\sqrt{235/f_y} = 13 \times \sqrt{235/235} = 13$。可按截面部分发展塑性变形进行强度计算。

（2）跨中截面验算

$$A = 2 \times 32 \times 1.6 + 100 \times 0.8 = 182\text{cm}^2$$

图 4.7.4　主梁跨中截面

梁自重

$$g_k = 0.0182 \times 76.98 = 1.4\text{kN/m}$$

加上自重后的支座反力设计值

$$R = 378 + \frac{1}{2} \times 1.3 \times 1.4 \times 15 = 391.7\text{kN}$$

最大剪力设计值（支座处）

$$V_{max} = 302 + \frac{1}{2} \times 1.3 \times 1.4 \times 15 = 315.7\text{kN}$$

最大弯矩设计值（跨中处）

$$M_{max} = 1359 + \frac{1}{8} \times 1.3 \times 1.4 \times 15^2 = 1410.2\text{kN} \cdot \text{m}$$

截面几何特性

$$I_x = \frac{1}{12} \times 0.8 \times 100^3 + 2 \times 32 \times 1.6 \times 50.8^2 = 330900\text{cm}^4$$

$$W_x = \frac{330900}{51.6} = 6413\text{cm}^3$$

抗弯强度验算

$$\frac{M_x}{\gamma_x W_x} = \frac{1410.2 \times 10^6}{1.05 \times 6413 \times 10^3} = 209.4\text{N/mm}^2 < f = 215\text{N/mm}^2 \quad \text{（满足）}$$

整体稳定验算：$l_1/b = 300/32 = 9.4$，小于 16（按跨中有侧向支承点的梁）。故不须验算整体稳定。

（3）腹板加劲肋设计

① 加劲肋的布置。

$$\frac{h_0}{t_w} = \frac{1000}{8} = 125 > 80 \times \sqrt{\frac{235}{f_y}} = 80 \times \sqrt{\frac{235}{235}} = 80 < 170\sqrt{\frac{235}{f_y}} = 170$$

故仅须配置横向加劲肋。取加劲肋为等间距布置，$a = 1500\text{mm} > 0.5h_0 = 0.5 \times 1000 = 500\text{mm}$，且小于 $2h_0 = 2 \times 1000 = 2000\text{mm}$，即将腹板分成 10 个区格 [图 4.7.5(a)]。位于次梁下的横向加劲肋可兼作支承加劲肋。

② 各区格腹板的局部稳定计算。

a. 各区格的平均弯矩 [按各区格中央的弯矩，图 4.7.5(b)]。

$$M_{\text{I}} = 315.7 \times 0.75 - \frac{1}{2} \times 1.3 \times 1.4 \times 0.75^2 = 236.3\text{kN} \cdot \text{m}$$

$$M_{\text{II}} = 315.7 \times 2.25 - \frac{1}{2} \times 1.3 \times 1.4 \times 2.25^2 = 705.7\text{kN} \cdot \text{m}$$

$$M_{\text{III}} = 315.7 \times 3.75 - 151 \times 0.75 - \frac{1}{2} \times 1.3 \times 1.4 \times 3.75^2 = 1057.8\text{kN} \cdot \text{m}$$

$$M_{\text{IV}} = 315.7 \times 5.25 - 151 \times 2.25 - \frac{1}{2} \times 1.3 \times 1.4 \times 5.25^2 = 1292.6\text{kN} \cdot \text{m}$$

$$M_{\text{V}} = 315.7 \times 6.75 - 151 \times (3.75 + 0.75) - \frac{1}{2} \times 1.3 \times 1.4 \times 6.75^2 = 1410\text{kN} \cdot \text{m}$$

b. 各区格平均弯矩产生的腹板计算高度边缘的弯曲压应力。

$$\sigma_{\text{I}} = \frac{M_{\text{I}}}{W_1} \frac{h_0}{h} = \frac{236.3 \times 10^6}{6413 \times 10^3} \times \frac{1000}{1032} = 35.7\text{N/mm}^2$$

$$\sigma_{\text{II}} = \frac{M_{\text{II}}}{W_1} \frac{h_0}{h} = \frac{705.7 \times 10^6}{6413 \times 10^3} \times \frac{1000}{1032} = 106.6\text{N/mm}^2$$

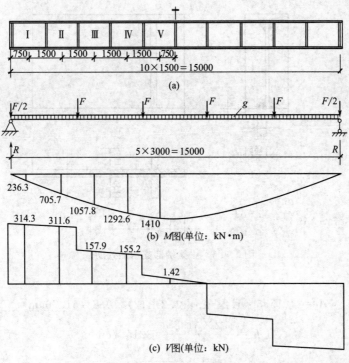

图 4.7.5 主梁腹板加劲肋

$$\sigma_{\text{III}} = \frac{M_{\text{III}}}{W_x} \frac{h_0}{h} = \frac{1057.8 \times 10^6}{6413 \times 10^3} \times \frac{1000}{1032} = 159.8 \text{N/mm}^2$$

$$\sigma_{\text{IV}} = \frac{M_{\text{IV}}}{W_x} \frac{h_0}{h} = \frac{1292.6 \times 10^6}{6413 \times 10^3} \times \frac{1000}{1032} = 195.3 \text{N/mm}^2$$

$$\sigma_{\text{V}} = \frac{M_{\text{V}}}{W_x} \frac{h_0}{h} = \frac{1410 \times 10^6}{6413 \times 10^3} \times \frac{1000}{1032} = 213 \text{N/mm}^2$$

c. 各区格的临界弯曲压应力。因梁的上翼缘连有次梁，可约束受压翼缘扭转，故用于受弯计算的腹板通用高厚比

$$\lambda_b = \frac{2h_c/t_w}{177} \sqrt{\frac{f_y}{235}} = \frac{1000/8}{177} \times \sqrt{\frac{235}{235}} = 0.71 < 0.85$$

$$\sigma_{cr} = f = 215 \text{N/mm}^2$$

d. 各区格的平均剪力 [按各区格中央的剪力，图 4.7.5(c)]。

$$V_{\text{I}} = 315.7 - 1.3 \times 1.4 \times 0.75 = 314.3 \text{kN}$$

$$V_{\text{II}} = 315.7 - 1.3 \times 1.4 \times 2.25 = 311.6 \text{kN}$$

$$V_{\text{III}} = 315.7 - 151 - 1.3 \times 1.4 \times 3.75 = 157.9 \text{kN}$$

$$V_{\text{IV}} = 315.7 - 151 - 1.3 \times 1.4 \times 5.25 = 155.2 \text{kN}$$

$$V_{\text{V}} = 315.7 - 2 \times 151 - 1.3 \times 1.4 \times 6.75 = 1.42 \text{kN}$$

（4）端部支承加劲肋设计 支承加劲肋的形式如图 4.7.6 所示，尺寸为 $2-12 \times 155 \times 1000$。

① 腹板平面外的整体稳定。按支承加劲肋和加劲肋两侧腹板（一侧至端部、一侧为 $15t_w \sqrt{235/f_y} = 15 \times 8 \times \sqrt{235/235} = 120 \text{mm}$）组成的十字形截面轴心压杆计算（图 4.7.6

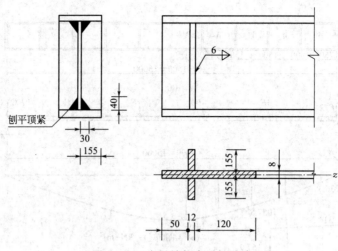

图 4.7.6　主梁端部支承加劲肋

中阴影部分）。

$$A = 2 \times 15.5 \times 1.2 + (5 + 1.2 + 12) \times 0.8 = 51.76 \text{cm}^2$$

$$I_z = \frac{1.2 \times 31.8^3}{12} = 3215.7 \text{cm}^4$$

$$i_z = \sqrt{\frac{I_z}{A}} = \sqrt{\frac{3215.7}{51.76}} = 7.9 \text{cm}$$

$$\lambda = \frac{100}{7.9} = 12.7$$

查附录 6，$\varphi = 0.988$（十字形截面按 b 类截面）

$$\frac{R}{\varphi A} = \frac{391.7 \times 10^3}{0.988 \times 51.76 \times 10^2} = 76.6 \text{N/mm}^2 < f = 215 \text{N/mm}^2 （满足）$$

② 端面承压强度。

$$\sigma_{ce} = \frac{R}{A_{ce}} = \frac{391.7 \times 10^3}{(155 - 30) \times 12 \times 2} = 130.6 \text{N/mm}^2 < f_{ce} = 325 \text{N/mm}^2 （满足）$$

③ 支承加劲肋与腹板的连接焊缝。取 $h_f = 6 \text{mm} > h_{f\min} = 1.5\sqrt{t_{\max}} = 1.5 \times \sqrt{1.2} = 5.2 \text{mm}$ $< 1.2 t_{\min} = 1.2 \times 8 = 9.6 \text{mm}$

$$\tau_f = \frac{N}{4 \times 0.7 h_f l_w} = \frac{391.7 \times 10^3}{4 \times 0.7 \times 6 \times (1000 - 2 \times 40 - 2 \times 6)} = 25.7 \text{N/mm}^2 < f_f^w = 160 \text{N/mm}^2$$

习题

1. 某简支钢梁跨度 $l = 6$m，跨中无侧向支承点，截面如习题 1 图所示。承受均布荷载设计值 $q = 180$kN/m，跨度中点处还承受一个集中荷载设计值 $P = 400$kN。两种荷载均作用在梁的上翼缘板上。钢材为 Q345 钢。

2. 试设计如习题 2 图所示工作平台梁格中的次梁，采用 H 型钢截面。已知梁上铺 80mm 厚预制钢筋混凝土板和 30mm 厚素混凝土面层，预制板与次梁连接牢靠。活荷载标

准值 $6kN/m^2$（静力荷载），钢材 Q235-B。

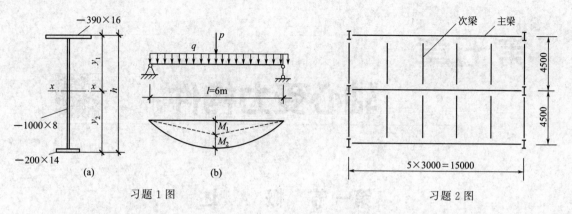

习题 1 图　　　　　　　　　　习题 2 图

3. 某焊接工字形等截面简支梁，跨度 $l=15m$，在支座及跨中三分点处各有一水平侧向支承，截面如习题 3 图所示。钢材为 Q345 钢，$f_y=345N/mm^2$。承受均布永久荷载标准值为 $12.5kN/m$，均布可变荷载标准值为 $27.5kN/m$，均作用在梁的上翼缘板。求此梁的整体稳定系数并验算梁的整体稳定性。

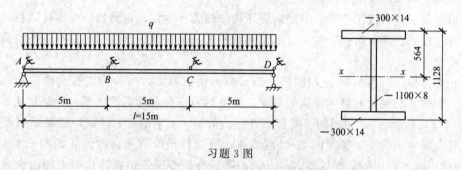

习题 3 图

4. 一双轴对称工字形截面构件，两端简支，除两端外无侧向支承，跨中作用一集中荷载 $F=480kN$，如习题 4 图所示。如以保证构件的整体稳定为控制条件，求构件的最大长度 l 的上限。设钢材的屈服点为 $235N/mm^2$（计算本题时不考虑分项系数）。

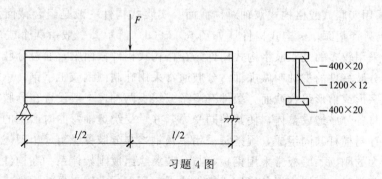

习题 4 图

第五章

轴心受力构件

码 5.1
思维导图

第一节 概　述

　　轴心受力构件是指承受通过构件截面形心轴线的轴向力作用的构件，当这种轴向力为拉力时，称为轴心受拉构件，简称轴心拉杆。当这种轴向力为压力时，称为轴心受压构件，简称轴心压杆。轴心受力构件广泛地应用于屋架、托架、塔架、网架和网壳等各种类型的平面或空间格构式体系以及支撑系统中。

　　支承屋盖、楼盖或工作平台的竖向受压构件通常称为柱，包括轴心受压柱。柱通常由柱头、柱身和柱脚三部分组成，柱头支承上部结构并将其荷载传给柱身，柱脚则把荷载由柱身传给基础。

　　轴心受力构件（包括轴心受压柱），按其截面组成形式，可分为实腹式构件和格构式构件两种。实腹式构件具有整体连通的截面，常见的有三种截面形式。第一种是热轧型钢截面［如图 5.1.1(a) 所示］，如圆钢、圆管、方管、角钢、工字钢、T 型钢、宽翼缘 H 型钢和槽钢等，其中最常用的是工字钢或 H 型钢截面；第二种是冷弯型钢截面［如图 5.1.1(b) 所示］，如卷边和不卷边的角钢或槽钢与方管；第三种是型钢或钢板连接而成的组合截面［如图 5.1.1(c) 所示］。在普通桁架中，受拉或受压杆件常采用两个等边或不等边角钢组成的 T 形截面或十字形截面，也可采用单角钢、圆管、方管、工字钢或 T 型钢等截面。轻型桁架的杆件则采用小角钢、圆钢或冷弯薄壁型钢等截面。受力较大的轴心受力构件（如轴心受压柱），通常采用实腹式或格构式双轴对称截面。实腹式构件一般是组合截面，有时也采用轧制 H 型钢或圆管截面。格构式构件［如图 5.1.1(d) 所示］一般由两个或多个分肢用缀件联系组成，采用较多的是双肢格构式构件。在格构式构件截面中，通过分肢腹板的主轴叫做实轴，通过分肢缀件的主轴叫做虚轴。分肢通常采用轧制槽钢或工字钢，承受荷载较大时可采用焊接工字形或槽形组合截面。缀件有缀条或缀板两种，一般设置在分肢翼缘两侧平面内，其作用是将各分肢连成整体，使其共同受力，并承受绕虚轴弯曲时产生的剪力。缀条由斜杆组成或斜杆与横杆共同组成，缀条常采用单角钢，与分肢翼缘组成桁架体系，使承受横向剪力时有较大的刚度。缀板常采用钢板，与分肢翼缘组成刚架体系。在构件产生绕虚轴弯曲且承受横向剪力时，刚度比缀条格构式构件略低，所以通常用于受拉构件或压力较小的受压构件。实腹式构件比格构式构件构造简单，制造方便，整体受力和抗剪性能好，但截面尺寸较大时钢材用量较多；而格构式构件容易实现两主轴方向的等稳定性，刚度较大，抗扭性能较好，用料较省。

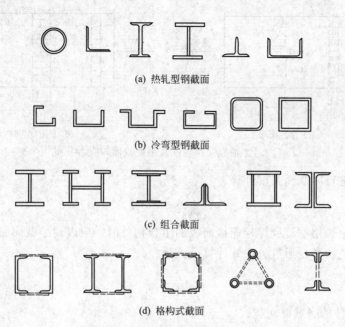

(a) 热轧型钢截面

(b) 冷弯型钢截面

(c) 组合截面

(d) 格构式截面

图 5.1.1　轴心受力构件的截面类型

第二节　轴心受力构件的强度和刚度

一、轴心受力构件的强度计算

从钢材的应力-应变关系可知，当轴心受力构件的截面平均应力达到钢材的抗拉强度 f_u 时，构件达到强度极限承载力。但当构件的平均应力达到钢材的屈服强度 f_y 时，由于构件塑性变形的发展，将使构件的变形过大以致达到不适于继续承载的状态。因此，轴心受力构件是以截面的平均应力达到钢材的屈服强度作为强度计算准则的。

（一）轴心受拉构件的强度

对无孔洞等削弱的轴心受力构件，以全截面平均应力达到屈服强度为强度极限状态，应按下式进行毛截面强度计算

$$\sigma = \frac{N}{A} \leqslant f \tag{5.2.1}$$

式中　N——构件的轴心力设计值；

　　　　f——钢材抗拉强度设计值或抗压强度设计值；

　　　　A——构件的毛截面面积。

对有孔洞等削弱的轴心受力构件，在孔洞处截面上的应力分布是不均匀的，靠近孔边处将产生应力集中现象。在弹性阶段，孔壁边缘的最大应力 σ_{max} 可能达到构件毛截面平均应力 σ_0 的 3～4 倍 [图 5.2.1(a)]。若轴心力继续增加，当孔壁边缘的最大应力达到材料的屈服强度以后，应力不再继续增加而截面发展塑性变形，应力渐趋均匀。到达极限状态时，净截面上的应力为均匀屈服应力。

因此，对于有孔洞削弱的轴心受力构件，以其净截面的平均应力达到屈服强度为强度极

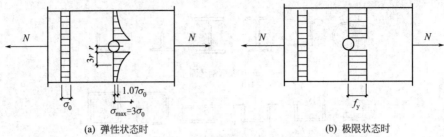

(a) 弹性状态时   (b) 极限状态时

图 5.2.1　轴心受拉构件孔洞处截面的应力分布

限状态，按下式进行净截面强度计算

$$\sigma = \frac{N}{A_n} \leqslant 0.7 f_u \qquad (5.2.2)$$

当构件为沿全长用铆钉或螺栓连接而成的组合构件时，应以"净截面屈服"作为其承载力极限状态，以免构件变形过大，其计算公式为

$$\sigma = \frac{N}{A_n} \leqslant f \qquad (5.2.3)$$

式中　A_n——构件的净截面面积。

（二）轴心受压构件的强度

轴心受压构件的承载能力大多由其稳定条件决定，截面强度计算一般不起控制作用。若构件截面没有孔洞削弱，可不必计算其截面强度。当有孔洞削弱时，若孔洞压实（实孔，如螺栓孔或铆钉孔），截面无削弱，则可仅按毛截面式(5.2.1)计算；若孔洞为没有紧固件的虚孔，则还应对孔心所在截面按净截面式(5.2.2)计算。

（三）端部部分连接杆件的计算

平板受拉构件在端部仅用侧面角焊缝连接时［如图 5.2.2(a) 所示］，板在 $A—A$ 截面上的应力分布是不均匀的，但只要角焊缝足够长，则通过应力重分布可以达到全截面屈服的极限状态。但当单根 T 形截面受拉构件在端部采用翼缘两侧角焊缝和节点板相连接时［如图 5.2.2(b) 所示］，此时由于腹板没有与节点板连接，其内力需要通过剪切变形传至翼缘（剪切滞后效应），再传递到连接焊缝，在 $A—A$ 截面的应力分布不均匀现象十分明显，截面并非全部有效，在达到全截面屈服之前就会出现裂缝，进而发生强度破坏。

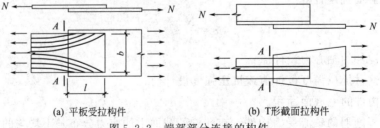

(a) 平板受拉构件   (b) T形截面拉构件

图 5.2.2　端部部分连接的构件

因此，《标准》规定轴心受拉构件和轴心受压构件，当其组成板件在节点或拼接处为非全部直接传力时，对危险截面面积应进行折减，乘以如表 5.2.1 所示的有效截面系数 η（<1）。计算公式为

$$\frac{N}{\eta A} \leqslant f \qquad (5.2.4)$$

有效截面系数 η 见表5.2.1。

表 5.2.1 轴心受力构件节点或拼接处危险截面的有效截面系数

构件截面形式	连接形式	η	图 例
角钢	单边连接	0.85	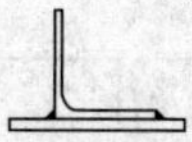
工字形、H 形	翼缘连接	0.90	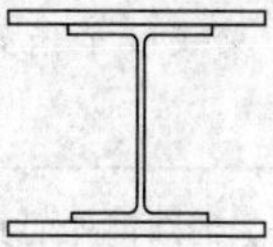
	腹板连接	0.70	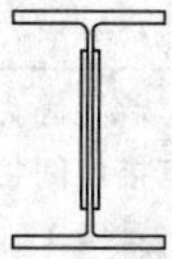

二、轴心受力构件的刚度计算

按正常使用极限状态的要求，轴心受力构件均应具有一定的刚度。轴心受力构件的刚度通常用长细比来衡量，长细比愈小，表示构件刚度愈大，反之则刚度愈小。

当轴心受力构件刚度不足时，在自重作用下容易产生过大的挠度，在动力荷载作用下容易产生振动，在运输和安装过程中容易产生弯曲。因此，设计时应对轴心受力构件的长细比进行控制。构件的容许长细比 $[\lambda]$，是按构件的受力性质、构件类别和荷载性质确定的。对于受压构件，长细比更为重要。受压构件因刚度不足，一旦发生弯曲变形后，因变形而增加的附加弯矩影响远比受拉构件严重，长细比过大，会使稳定承载力降低太多，而其容许长细比 λ 限制应更严；直接承受动力荷载的受拉构件也比承受静力荷载或间接承受动力荷载的受拉构件不利，其容许长细比 $[\lambda]$ 限制也较严；构件的容许长细比 $[\lambda]$，按表5.2.2、表5.2.3采用。轴心受力构件对主轴 x 轴、y 轴的长细比 λ_x 和 λ_y 应满足下式要求

$$\lambda_x = \frac{l_{0x}}{i_x} < [\lambda] \tag{5.2.5}$$

$$\lambda_y = \frac{l_{0y}}{i_y} < [\lambda] \tag{5.2.6}$$

式中 l_{0x}、l_{0y}——构件对主轴 x 轴、y 轴的计算长度；

i_x、i_y——截面对主轴 x 轴、y 轴的回转半径。

表 5.2.2 受压构件的容许长细比

构件名称	容许长细比
轴心受压柱、桁架和天窗架中的压杆	150
柱的缀条、吊车梁或吊车桁架以下的柱间支撑	150
支撑	200
用以减小受压构件计算长度的杆件	200

注：1. 桁架（包括空间桁架）的受压腹杆，当其内力等于或小于承载能力的50%时，容许长细比值可取为200。

2. 计算单角钢受压构件的长细比时，应采用角钢的最小回转半径；但在计算单角钢交叉受压杆件平面外的长细比时应采用与角钢肢边平行轴的回转半径。

3. 跨度等于或大于60m的桁架，其受压弦杆和端压杆的长细比宜取为100，其他受压腹杆可取为150（承受静力荷载）或120（承受动力荷载）。

表 5.2.3　受拉构件的容许长细比

构件名称	承受静力荷载或间接承受动力荷载的结构			直接承受动力荷载的结构
	一般建筑结构	对腹杆提供平面外支点的弦杆	有重级工作制起重机的厂房	
桁架的构件	350	250	250	250
吊车梁或吊车桁架以下柱间支撑	300	—	200	—
除张紧的圆钢外的其他拉杆、支撑、系杆等	400	—	350	—

注：1. 承受静力荷载的结构中，可仅计算受拉构件在竖向平面内的长细比。

2. 在直接或间接承受动力荷载的结构中，单角钢受拉构件长细比的计算方法与表 5.2.2 的注 2 相同。

3. 中、重级工作制吊车桁架下弦杆的长细比不宜超过 200。

4. 在设有夹钳吊车或刚性料耙吊车的厂房中，支撑（表中第 2 项除外）的长细比不宜超过 300。

5. 受拉构件在永久荷载与风荷载组合作用下受压时，其长细比不宜超过 250。

6. 跨度等于或大于 60m 的桁架，其受拉弦杆和腹杆的长细比不宜超过 300（承受静力荷载）或 250（承受动力荷载）。

构件计算长度 l（或 l_0）取决于其两端支承情况，桁架和框架构件的计算长度与其两端相连构件的刚度有关。

设计轴心受拉构件时，应根据结构用途、构件受力大小和材料供应情况选用合理的截面形式，并对所选截面进行强度和刚度计算。设计轴心受压构件时，除使截面满足强度和刚度要求外尚应满足构件整体稳定和局部稳定要求。实际上，只有长细比很小及有孔洞削弱的轴心受压构件，才可能发生强度破坏。一般情况下，由整体稳定控制其承载力。轴心受压构件丧失整体稳定常常是突发性的，容易造成严重后果，应予以特别重视。

码 5.2
失稳视频

第三节　轴心受压构件的整体稳定

一、轴心受压构件的整体失稳现象

理想的轴心受压构件，当轴心压力 N 较小时，构件只产生轴向压缩变形，保持直线平衡状态。此时如有干扰力使构件产生微小弯曲，则当干扰力移去后，构件将恢复到原来的直线平衡状态。当轴心压力 N 逐渐增加到一定大小，如有干扰力使构件发生微弯，但当干扰力移去后，构件仍保持微弯状态而不能恢复到原来的直线平衡状态，但轴心压力 N 再稍微增加，则弯曲变形迅速增大而使构件丧失承载能力，这种现象称为构件的弯曲屈曲或弯曲失稳 [图 5.3.1(a)]。此时的轴心压力称为临界力 N_{cr}，相应的截面应力称为临界应力 σ_{cr}；σ_{cr} 常低于钢材屈服强度，即构件在到达强度极限状态前就会丧失整体稳定。

对某些抗扭刚度较差的轴心受压构件（如十字形截面），当轴心压力 N 达到临界值时，稳定平衡状态不再保持而发生微扭转。当 N 再稍微增加，则扭转变形迅速增大而使构件丧失承载能力，这种现象称为扭转屈曲或扭转失稳 [图 5.3.1(b)]。

截面为单轴对称（如 T 形截面）的轴心受压构件绕对称轴失稳时，由于截面形心与

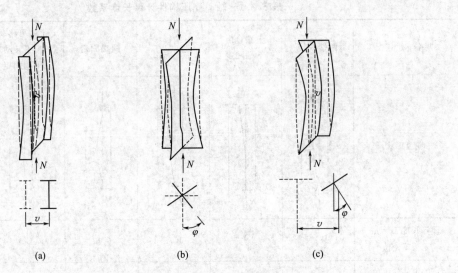

图 5.3.1 轴心受压构件的屈曲形态

截面剪切中心不重合，而在发生弯曲变形的同时必然伴随有扭转变形，故称为弯扭屈曲或弯扭失稳 [图 5.3.1(c)]。同理，截面没有对称轴的轴心受压构件，其屈曲形态也属弯扭屈曲。

　　钢结构中常用截面的轴心受压构件，由于其板件较厚，构件的抗扭刚度也相对较大，失稳时主要发生弯曲屈曲；单轴对称截面的构件绕对称轴弯扭屈曲时，当采用考虑扭转效应的换算长细比后，也可按弯曲屈曲计算。因此弯曲屈曲是确定轴心受压构件稳定承载力的主要依据。

二、理想轴心受压构件的屈曲

（一）弹性弯曲屈曲

　　图 5.3.2(a) 为两端铰接的理想等截面构件，当轴心压力 N 达到临界值时，处于屈曲的微弯弹性弯曲屈曲状态。在弹性微弯状态下，由内外力矩平衡条件，可建立平衡微分方程，求解后可得到著名的欧拉临界力公式为

$$N_{cr}=\frac{\pi^2 EI}{l_0^2}=\frac{\pi^2 EA}{\lambda^2} \tag{5.3.1}$$

欧拉临界应力为

$$\sigma_{cr}=\frac{\pi^2 E}{\lambda^2} \tag{5.3.2}$$

$$\lambda=\frac{\mu l}{i} \tag{5.3.3}$$

式中　l_0——构件的计算长度或有效长度，$l_0=\mu l$；
　　　　l——构件的几何长度，称为构件的计算长度系数。

　　构件的几种典型支承情况及相应的 μ 值列于表 5.3.1 中，考虑理想条件难于完全实现，表中给出了用于实际设计的建议值。

表 5.3.1　轴心受压构件计算长度系数

两端支承情况	两端铰接	上端自由 下端固定	上端铰接 下端固定	两端固定	上端可移动 但不转动 下端固定	上端可移动 但不转动 下端铰接
屈曲形状	l $l_0=l$	l $l_0=2l$	$l_0=0.7l$	$l_0=0.5l$	$l_0=l$	$l_0=2l$
计算长度 $l_0=\mu l$ μ 为理论值	1.0l	2.0l	0.7l	0.5l	1.0l	2.0l
μ 的设计建议值	1	2	0.8	0.65	1.2	2

在欧拉临界力公式的推导中，假定材料无限弹性、符合虎克定律（弹性模量 E 为常量），因此当截面应力超过钢材的比例极限后，欧拉临界力公式不再适用，式(5.3.3)需满足 $\left(\lambda \geqslant \lambda_p = \pi \sqrt{\dfrac{E}{f_p}}\right)$。对于长细比较小（$\lambda \leqslant \lambda_p$）的轴心受压构件，截面应力在屈曲前已超过钢材的比例极限，构件处于弹塑性阶段，应按弹塑性屈曲计算其临界力。

（二）弹塑性弯曲屈曲

杆件的临界应力 σ_{cr} 超过了材料的比例极限 f_p，进入弹塑性阶段后，一般采用两种理论来计算杆件的弹塑性临界力，即双模量理论和切线模量理论。采用切线模量理论更接近试验结果。

切线模量理论假设：①当轴心压力达到临界压力 N 时，杆件仍保持顺直，但微弯时，轴心力增加了 ΔN；②虽然 ΔN 很小，但所增加的平均压应力恰好等于截面凸侧所产生的弯曲拉应力。因此认为全截面都是应变和应力增加，没有退降区，如图 5.3.2(b) 所示，这就使切线模量 E_t 适用于全截面临界力。

临界力　　　　$$N_{cr} = \frac{\pi^2 E_t I}{l^2}$$　　　　(5.3.4)

临界应力　　　　$$\sigma_{cr} = \frac{\pi^2 E_t}{\lambda^2}$$　　　　(5.3.5)

从形式上看，切线模量临界应力公式和欧拉临界应力公式仅 E_t 与 E 不同。但在使用上却有很大

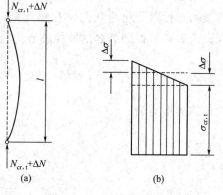

图 5.3.2　切线模量理论

的区别。采用欧拉公式可直接由长细比 λ 求得临界应力 σ_{cr}，但切线模量公式则不能，因为切线模量 E_t 与临界应力 σ_{cr} 互为函数。可通过短柱试验先测得钢材的平均 σ-ε 关系曲线 [图 5.3.3(a)]，从而得到钢材的 σ-E_t 关系式或关系曲线 [图 5.3.3(b)]。对 σ-E_t 关系已知的轴心受压构件，可先给定 σ_{cr}，再从试验所得的 σ-E_t 关系曲线得出相应的 E_t，然后由切

线模量公式求出长细比 λ。由此得到 σ_{cr}-λ 关系曲线。临界应力 σ_{cr} 与长细比 λ 的关系曲线可作为轴心受压构件设计依据，称为柱子曲线。

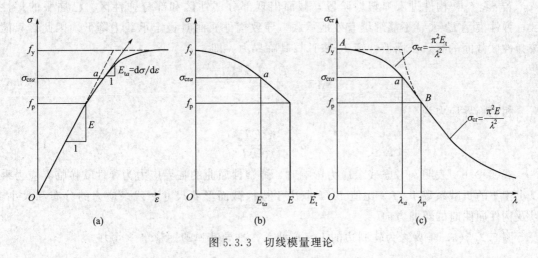

图 5.3.3 切线模量理论

三、初始缺陷对轴心受压构件弯曲屈曲的影响

以上介绍的是理想轴心受压构件屈曲临界力的计算方法，实际工程中，构件不可避免地存在残余应力、初弯曲、初偏心等初始缺陷，从而导致轴心受压构件稳定承载力的降低，必须加以考虑。

（一）残余应力的影响

构件中残余应力的产生主要是由钢材热轧以及板边火焰切割、焊接和校正调直等加工制造过程中不均匀的高温加热和冷却所引起的。

图 5.3.4(a) 所示的 H 型钢，在热轧后的冷却过程中，腹板中部也比其两端冷却较快。后冷却部分的收缩受到先冷却部分的约束产生了残余拉应力，而先冷却部分则产生了与之平衡的残余压应力。

图 5.3.4(b) 所示翼缘为火焰切割边的工字形截面，翼缘端部和翼缘与腹板连接处都产生残余拉应力，而后者经常达到钢材屈服点。

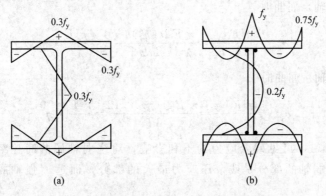

图 5.3.4 截面残余应力简化

热轧型钢中残余应力在截面上的分布和大小与截面形状、尺寸比例、初始温度、冷却条

件以及钢材性质有关。焊接构件中残余应力在截面上的分布和大小，除与这些因素有关外，还与焊缝大小、焊接工艺和翼缘板边缘制作方法（焰切、剪切或轧制）有关。

若 $\sigma \geqslant f_p$，构件进入弹塑性阶段，截面出现部分塑性区和部分弹性区。已屈服的塑性区，弹性模量 $E=0$，不能继续有效地承载，导致构件屈曲时稳定承载力降低。因此，只能按弹性区截面的有效截面惯性矩 I_e 来计算其临界力，即

$$N_{cr} = \frac{\pi^2 E I_e}{l^2} = \frac{\pi^2 E I}{l^2} \frac{I_e}{I} \tag{5.3.6}$$

相应临界应力为

$$\sigma_{cr} = \frac{\pi^2 E}{\lambda^2} \frac{I_e}{I} \tag{5.3.7}$$

式(5.3.6)表明，考虑残余应力影响时，弹塑性屈曲的临界应力为弹性欧拉临界应力乘以小于 1 的折减系数 I_e/I。比值 I_e/I 取决于构件截面形状尺寸、残余应力的分布和大小，以及构件屈曲时的弯曲方向。

图 5.3.5(a) 是翼缘为轧制边的工字形截面，推导其弹塑性稳定承载力。

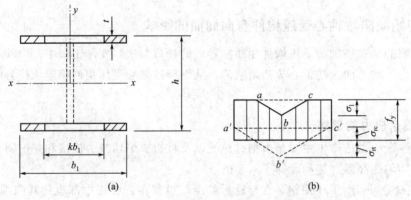

图 5.3.5　翼缘为轧制边的工字形截面

当 $\sigma > f_p$ 时，由于残余应力的影响，翼缘四角先屈服，假定截面弹性部分的翼缘宽度为 b，令 $\eta = b_e/b = b_e t/bt = A_e/A$，$A_e$ 为截面弹性部分的面积，则绕 x 轴（忽略腹板面积）和 y 轴的有效弹性模量分别如下。

对 x-x 轴（强轴）屈曲时

$$\sigma_{crx} = \frac{\pi^2 E}{\lambda_x^2} \frac{I_{ex}}{I_x} = \frac{\pi^2 E}{\lambda_x^2} \frac{2t(\eta b)h^2/4}{2tbh^2/4} = \frac{\pi^2 E}{\lambda_x^2} \cdot \eta \tag{5.3.8}$$

对 y-y 轴（强轴）屈曲时

$$\sigma_{cry} = \frac{\pi^2 E}{\lambda_y^2} \frac{I_{ey}}{I_y} = \frac{\pi^2 E}{\lambda_y^2} \frac{2t(\eta b)^3/12}{2tb^3/12} = \frac{\pi^2 E}{\lambda_y^2} \cdot \eta^3 \tag{5.3.9}$$

受压构件因 $\eta < 1$，可见残余应力的不利影响，对绕弱轴屈曲时比绕强轴屈曲时严重得多。原因是远离弱轴的部分是残余压应力最大的部分，而远离强轴的部分则兼有残余压应力。

因为系数 η 随 σ_{cr} 变化，所以求解式(5.3.8)或式(5.3.9)时，尚需建立另一个 η 与 σ_{cr} 的关系式来联立求解，此关系式可根据内外力平衡来确定。联立求解后，可画出柱子曲线如

图 5.3.6 所示。在 $\lambda \geqslant \lambda_{\mathrm{p}}$ 的弹性范围与欧拉曲线相同，在 $\lambda \leqslant \lambda_{\mathrm{p}}$ 绕强轴的临界力高于绕弱轴的临界力。

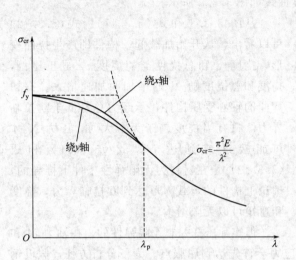

图 5.3.6 考虑残余应力影响的柱子曲线

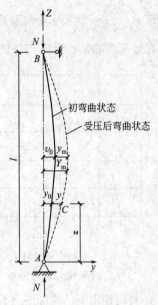

图 5.3.7 有初弯曲的轴心受压构件

（二）初弯曲的影响

实际轴心受压构件在制造、运输和安装过程中，不可避免地会产生微小的初弯曲。有几何缺陷的轴心受压构件，其侧向挠度从加载开始就会不断增加，因此构件除轴心力作用外，还存在因构件弯曲产生的弯矩，从而降低了构件的稳定承载力。

图 5.3.7 所示两端铰接、有初弯曲的构件在未受力前就呈弯曲状态，其中 y_0 为任意点 C 处的初挠度。当构件承受轴心压力 N 时，挠度将增长为 $y_0 + y$，并同时存在附加弯矩 $N(y_0 + y)$。

假设初弯曲形状为半波正弦曲线 $y_0 = v_0 \sin \dfrac{\pi x}{l}$（式中 v_0 为构件中央初始挠度值），在弹性弯曲状态下，由内外力矩平衡条件，可建立平衡微分方程，在 C 截面处的平衡微分方程为

$$EIy'' + N(y_0 + y) = 0 \tag{5.3.10}$$

求解后可得到挠度 y 和总挠度 Y 的曲线分别为

$$y = \frac{\alpha}{1-\alpha} v_0 \sin \frac{\pi z}{l} \tag{5.3.11}$$

$$Y = y_0 + y = \frac{1}{1-\alpha} v_0 \sin \frac{\pi z}{l} \tag{5.3.12}$$

初弯曲状态受压后构件中点挠度为

$$v = v_0 + \frac{N v_0}{N_{\mathrm{E}} - N} = \frac{N_{\mathrm{E}} v_0}{N_{\mathrm{E}} - N} = \frac{v_0}{1 - N/N_{\mathrm{E}}} \tag{5.3.13}$$

其中，$\alpha = N/N_{\mathrm{E}}$，$N_{\mathrm{E}} = \dfrac{\pi^2 E}{\lambda^2}$

则中点的弯矩为

$$M_m = NY_m = \frac{Nv_0}{1-\alpha} \tag{5.3.14}$$

其中，$\dfrac{1}{1-\alpha}$ 为弯矩放大系数。

有初弯曲的轴心受压构件的荷载-总挠度曲线如图 5.3.8 所示。

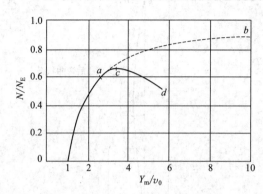

图 5.3.8　有初弯曲的轴心受压构件
的荷载-总挠度曲线

从图 5.3.8 和式(5.3.11)、式(5.3.12)可以看出，从开始加载起，构件即产生挠曲变形，挠度 y 和总挠度与初挠度 v_0 成正比例，挠度和总挠度随 N 的增加而加速增大。有初弯曲的轴心受压构件，承载力总是低于欧拉临界力，只有当挠度趋于无穷大时，压力 N 才可能接近或到达 N。式(5.3.11)和式(5.3.12)是在材料为无限弹性条件下推导的，理论上构件的承载力可达到欧拉临界力，挠度和弯矩可以无限增大。

但实际压杆并非无限弹性的，在轴力 N 和弯矩 M 共同作用下，构件中点截面的最大压应力会首先达到屈服点。为了分析方便，假设钢材为完全弹塑性材料。当挠度发展到一定程度时，构件中点截面最大受压边缘纤维的应力应满足

$$\frac{N}{A} + \frac{Nv}{W} = \frac{N}{A} + \frac{Nv_0}{W} \frac{N_E}{N_E - N} = f_y \tag{5.3.15}$$

$$\frac{N}{A}\left(1 + v_0 \frac{A}{W} \frac{\sigma_E}{\sigma_E - \sigma}\right) = f_y \tag{5.3.16}$$

$$\sigma\left(1 + \varepsilon_0 \frac{\sigma_E}{\sigma_E - \sigma}\right) = f_y \tag{5.3.17}$$

式中　ε_0——初弯曲率，$\varepsilon_0 = v_0 A/W$；

　　　W——截面模量。

上式的解，即为以截面边缘屈服作为准则的临界应力

$$\sigma_{cr} = \frac{f_y + (1+\varepsilon_0)\sigma_E}{2} - \sqrt{\left[\frac{f_y + (1+\varepsilon_0)\sigma_E}{2}\right]^2 - f_y \sigma_E} \tag{5.3.18}$$

式(5.3.18)叫做佩利公式，由边缘屈服准则导出，实际上为考虑压力二阶效应的强度计算公式。

目前我国《冷弯薄壁型钢结构技术规范》(GB 50018)仍采用该法验算轴心受压构件的稳定问题。取初弯曲最大允许值是 $v_0 = l/1000$，则初弯曲为

$$\varepsilon_0 = \frac{l}{1000} \frac{A}{W} = \frac{\lambda}{1000} \frac{i}{\rho} \tag{5.3.19}$$

不同的截面及其对应轴，i/ρ 各不相同，因此由式(5.3.16)确定各种截面的柱子曲线就不同，如图 5.3.9 所示。

(三) 构件初偏心的影响

由于构件尺寸的偏差和安装误差，会使作用力产生初偏心。图 5.3.10 为两端均有最不利的相同初偏心距 e_0 的铰接柱，可建立平衡微分方程

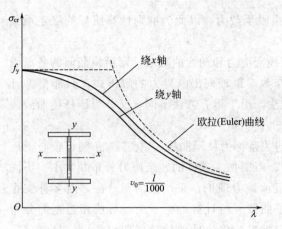

图 5.3.9 考虑初弯曲时的柱子曲线

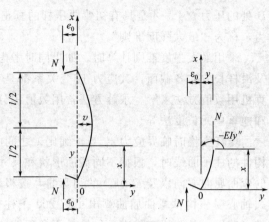

图 5.3.10 有初偏心的轴心受压构件

$$EIy'' + N(y + e_0) = 0 \tag{5.3.20}$$

$$y'' + k^2 y = -k^2 e_0 \tag{5.3.21}$$

$$k^2 = N/EI$$

求解后可得到挠度曲线为

$$y = e_0 \tan\left(\frac{KL}{2}\right) \sin kz + e_0 \cos kz - e_0$$

$$\tag{5.3.22}$$

中点挠度为

$$v = y_m = e_0\left[\sec\left(\frac{\pi}{2}\sqrt{\frac{N}{N_E}}\right) - 1\right] \tag{5.3.23}$$

有初偏心的轴心受压构件的荷载-挠度曲线如图 5.3.11 所示。从图中可以看出，初偏心对轴心受压构件的影响与初弯曲影响类似，为了简单起见可合并采用一种缺陷代表两种缺陷的影响。

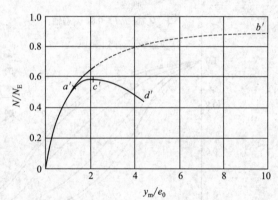

图 5.3.11 有初偏心轴心受压构件的荷载-挠度曲线

四、实际轴心受压构件的稳定承载力计算方法

实际轴心受压构件的各种缺陷总是同时存在的，但因初弯曲和初偏心的影响类似，且同时出现最大值的概率较小，一般取初弯曲作为几何缺陷代表。因此在理论分析中，只考虑残余应力和初弯曲两个最主要的影响因素。

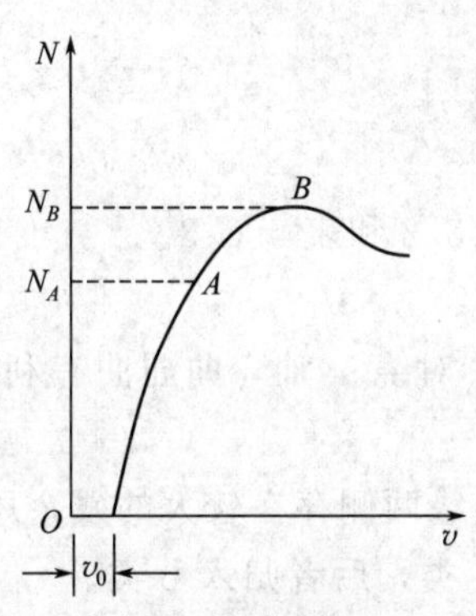

对理想的轴心受压构件，杆件屈曲时才产生挠度。但具有初弯曲（或初偏心）的压杆，经压力作用就产生挠度，其压力-挠度曲线如图 5.3.12 中的曲线。

图中的 A 点表示压杆跨中截面边缘屈服，边缘屈服准则就以 N_A 作为最大承载力。但对于 N 极限状态设计，压力还可增加，只是压力超过 N_A 后，构件进入弹塑性阶段，随着截面塑性区的不断扩展，v 值增加得更快，到达 B 点之后，压杆的抵抗能力开始小于外力的作用，不能维持稳定平衡。曲线的最高点

图 5.3.12 轴心压杆的压力-挠度曲线

B 处的压力 N_B，才是具有初弯曲压杆的真正极限承载力，以此为准则计算压杆的稳定承载力，称为"最大强度准则"。

采用最大强度准则计算时，如果同时考虑残余应力和初弯曲缺陷，则沿横截面的各点以及沿杆长方向各截面，其应力-应变关系都是变数，很难列出临界力的解析式，只能借助计算机用数值方法求解。求解方法常用数值积分法。由于运算方法不同，又分为压杆挠曲线法和逆算单元长度法等。

压杆失稳时临界应力 σ_{cr} 与长细比 λ 之间的关系称为柱子曲线。《标准》在制订轴心受压构件的柱子曲线时，根据不同截面形状和尺寸、不同加工条件的残余应力分布及大小、不同的弯曲屈曲方向以及 $l/1000$ 的初弯曲，按极限承载力理论，采用数值积分法，对多种实腹式轴心受压构件弯曲屈曲算出了近 200 条柱子曲线。所计算的柱子曲线形成相当宽的分布带，若用一条曲线来代表，显然是不合理的。《标准》将这些曲线分成四组，也就是将分布带分成四个窄带，给出 a、b、c、d 四条柱子曲线，如图 5.3.13 所示。在 $A = 40 \sim 120$ 的常用范围，柱子曲线 a 约比曲线 b 高出 $4\% \sim 15\%$，而曲线 e 比曲线 b 约低 $7\% \sim 13\%$。曲线 d 则更低，主要用于厚板截面。

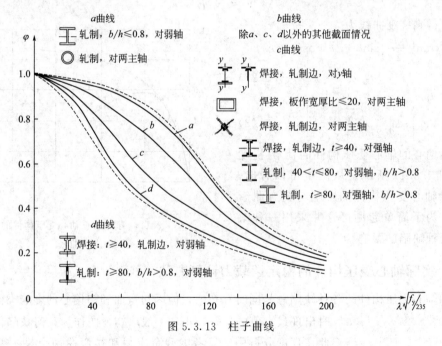

图 5.3.13　柱子曲线

曲线中 $\varphi = \dfrac{\sigma_{cr}}{f_y}$，称为轴心受压构件的整体稳定系数。

归属于 a、b、c、d 四条曲线的轴心受压构件截面分类见表 5.3.2 和表 5.3.3。

一般的截面属于 b 类。

翼缘轧制工字钢的整个翼缘截面上的残余应力以拉应力为主，对绕 x 轴弯曲屈曲有利，属于 a 类。

对翼缘为轧制或剪切边或焰切后刨边的焊接工字形截面，其翼缘两侧存在较大的残余压应力，绕 y 轴失稳比 x 轴失稳时承载能力降低较多，故前者归入 c 类，后者归入 b 类。

当翼缘为焰切边时，翼缘两端部存在残余拉应力，可使绕 y 轴失稳的承载力比翼缘为轧制边或剪切边的有所提高，所以绕 x 轴和绕 y 轴两种情况都属 b 类。

格构式轴心受压构件绕虚轴的稳定计算，不宜采用考虑截面塑性发展的极限承载力理论，而采用边缘屈服准则确定的 φ 值与曲线 b 接近，故属于 b 类。

由于厚板（翼缘）的残余应力不仅沿板件宽度方向变化而且沿厚度方向变化也较大；板的外表面往往是残余压应力，且厚板质量较差都会对稳定承载力带来较大的不利影响。我国《高层民用建筑钢结构技术规程》给出了厚板截面的分类建议：对某些较有利情况按 b 类，某些不利情况按 c 类，某些更不利情况则按 d 类，见表 5.3.3。

五、轴心受压构件的整体稳定计算

轴心受压构件的整体稳定计算应满足

$$\sigma = \frac{N}{A} \leqslant \frac{\sigma_{cr}}{\gamma_R} = \frac{\sigma_{cr}}{f_y} \frac{f_y}{\gamma_R} = \varphi f \tag{5.3.24}$$

《标准》对轴心受压构件的整体稳定计算采用下列形式

$$\frac{N}{\varphi A f} \leqslant 1.0 \tag{5.3.25}$$

式中　σ_{cr}——构件的极值点失稳临界应力；

　　　γ_R——抗力分项系数；

　　　N——轴心压力设计值；

　　　A——构件的毛截面面积；

　　　f——钢材的抗压强度设计值，按附表 3-1 采用；

　　　φ——轴心受压构件的整体稳定系数，可根据表 5.3.2 和表 5.3.3 的截面分类和构件的长细比，按附录 6 的附表 6.1～附表 6.4 查出。

表 5.3.2　轴心受压构件的截面分类（板厚 $t < 40\text{mm}$）

截面形式		对 x 轴	对 y 轴
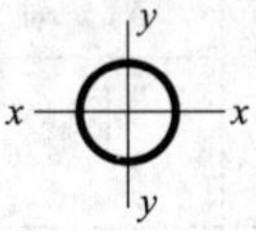 轧制（圆形）		a 类	a 类
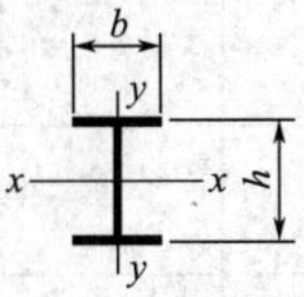 轧制（工字形）	$b/h \leqslant 0.8$	a 类	b 类
	$b/h > 0.8$	a* 类	b* 类
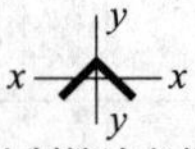 轧制等边角钢		a* 类	a* 类
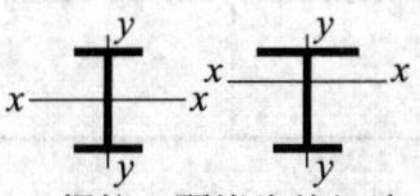 焊接、翼缘为焰切边 / 焊接（圆形）	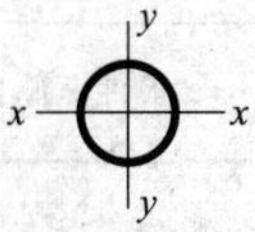	b 类	b 类
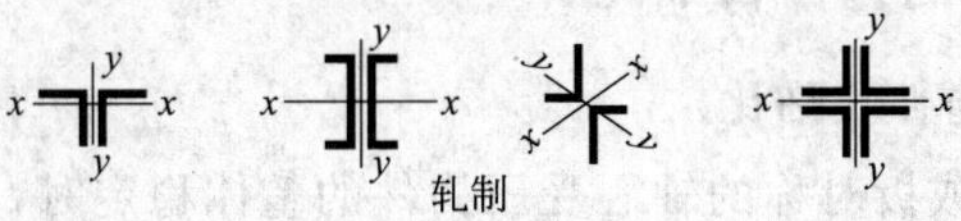 轧制			

续表

截 面 形 式		对 x 轴	对 y 轴
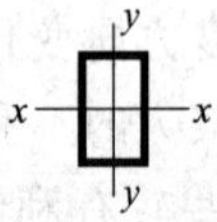 轧制、焊接(板件宽厚比＞20)	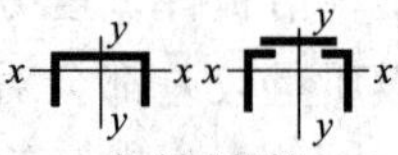 轧制或焊接		
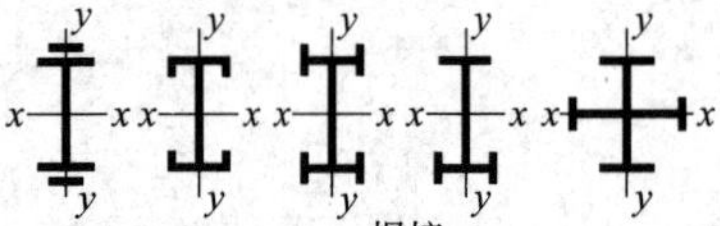 焊接	 轧制截面和翼缘为焰切边的焊接截面	b 类	b 类
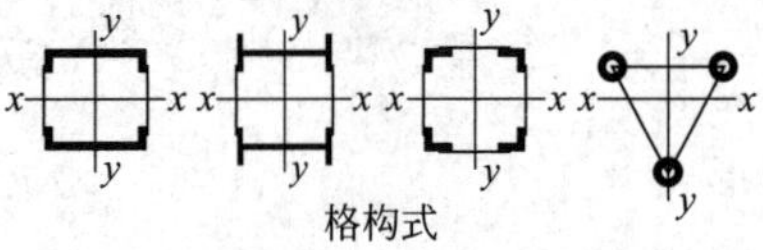 格构式	 焊接，板件边缘焰切		
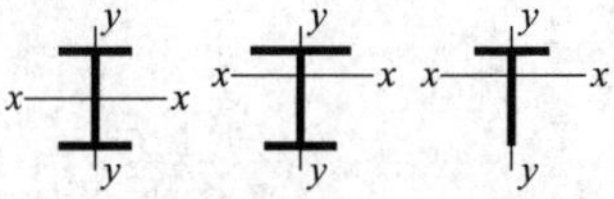 焊接，翼缘为轧制或剪切边		b 类	c 类
 焊接，板件边缘轧制或剪切	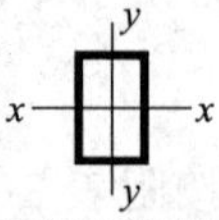 轧制、焊接(板件宽厚比≤20)	c 类	c 类

注：1. a* 类含义为 Q235 钢取 b 类，Q345、Q390、Q420 和 Q460 钢取 a 类；b* 类含义为 Q235 钢取 c 类，Q345、Q390、Q420 和 Q460 钢取 b 类。

2. 无对称轴且剪心和形心不重合的截面，其截面分类可按有对称轴的类似截面确定，如不等边角钢采用等边角钢的类别；当无类似截面时，可取 c 类。

表 5.3.3 轴心受压构件的截面分类（板厚 $t \geqslant 40\text{mm}$）

截 面 形 式		对 x 轴	对 y 轴
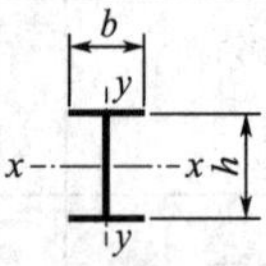 轧制工字形或H形截面	$t<80\text{mm}$	b 类	c 类
	$t \geqslant 80\text{mm}$	c 类	d 类
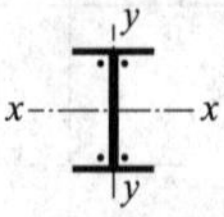 焊接工字形截面	翼缘为焰切边	b 类	b 类
	翼缘为轧制或剪切边	c 类	d 类
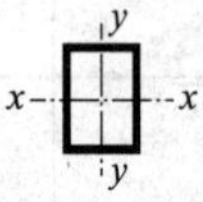 焊接箱形截面	板件宽厚比＞20	b 类	b 类
	板件宽厚比≤20	c 类	c 类

六、轴心受压构件整体稳定计算的构件长细比

（一）截面为双轴对称或极对称的构件长细比

《标准》规定，计算截面为双轴对称或极对称的轴心受压构件的整体稳定时，构件长细

比应按照下列规定确定

$$\lambda_x = l_{0x}/i_x$$
$$\lambda_y = l_{0y}/i_y$$

式中　l_{0x}、l_{0y}——构件对主轴 x 轴、y 轴的计算长度；

　　　i_x、i_y——构件毛截面对主轴 x 轴、y 轴的回转半径。

对双轴对称十字形截面构件，采用弯曲屈曲临界力计算扭转屈曲问题。

设

$$N_z = \left(\frac{\pi^2 E I_\omega}{l_\omega^2} + G I_t\right)\frac{1}{i_0^2} = \frac{\pi^2 E}{\lambda_z^2} A \tag{5.3.26}$$

则

$$\lambda_z = \sqrt{\frac{A i_0^2}{I_\omega/l_\omega^2 + G I_t/(\pi^2 E)}} = \sqrt{\frac{A i_0^2}{I_\omega/l_\omega^2 + I_t/25.7}} \tag{5.3.27}$$

式中　i_0——截面对剪心的极回转半径，对双轴对称截面 $i_0^2 = i_x^2 + i_y^2$；

　　　l_ω——扭转屈曲的计算长度，对两端铰接、端部截面可自由翘曲或两端嵌固、端部截面翘曲受到完全约束的构件，$l_\omega = l_{0y}$。

对常用的十字形双轴对称截面，换算长细比的计算式中 I_ω/l_ω^2 非常小，通常可忽略不计，则 λ_z 可进行化简

$$\lambda_z = \sqrt{\frac{25.7 A i_0^2}{I_t}} = \sqrt{\frac{25.7(I_x + I_y)}{4 b t^3/3}} = 5.07 b/t \tag{5.3.28}$$

《标准》规定，双轴对称十字形截面杆件，λ_x 或 λ_y 取值不得小于 $5.07 b/t$。

（二）截面为单轴对称的构件

以上讨论轴心受压构件的整体稳定时，假定构件失稳时只发生弯曲而没有扭转，即所谓弯曲屈曲。

对于单轴对称截面，除绕非对称轴 x 轴发生弯曲屈曲外，也有可能发生绕对称轴 y 轴的弯扭屈曲［图 5.3.14(c)］。这是因为当构件绕 y 轴发生弯曲屈曲时，轴力 N 由于截面的转动会产生作用于形心处沿 x 轴方向的水平剪力 V，该剪力不通过剪心 S，将发生绕 S 的扭矩。可按前述相似的方法求得构件绕对称轴的弯扭屈曲临界应力 N 和弯曲屈曲临界力 N 及扭转屈曲临界力 N 之间的关系如下

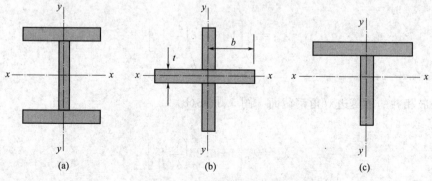

图 5.3.14　常见截面分类

$$(N_{Ey} - N)(N_z - N) - N^2\left(\frac{a_0}{i_0}\right)^2 = 0 \tag{5.3.29}$$

$$i_0^2 = e_0^2 + i_x^2 + i_y^2$$

令 $N=\dfrac{\pi^2 EA}{\lambda_{yz}^2}$, $N_{Ey}=\dfrac{\pi^2 EA}{\lambda_y^2}$, $N_z=\dfrac{\pi^2 EA}{\lambda_z^2}$

可得弯扭屈曲的换算长 λ_{yz}

$$\lambda_{yz}=\frac{1}{\sqrt{2}}\left[(\lambda_y^2+\lambda_z^2)+\sqrt{(\lambda_y^2+\lambda_z^2)^2-4(1-e_0^2/i_0^2)\lambda_y^2\lambda_z^2}\right]^{\frac{1}{2}} \tag{5.3.30}$$

$$\lambda_z^2=i_0^2 A/(I_t/25.7+I_\omega/l_\omega^2) \tag{5.3.31}$$

式中 e_0——截面剪心在对称轴上的坐标;

       i_0——对于剪心的极回转半径。

《标准》规定,计算截面为单轴对称的轴心受压构件的整体稳定时,绕非对称轴的长细比 λ_x,仍按式(5.2.5)计算,但绕对称轴 y 轴应取计及扭转效应的换算长细比 λ_{yz} 代替。

对于常用的等边单角钢轴心受压构件当绕两主轴弯曲的计算长度相等时,可不计算弯扭屈曲。

双角钢组合 T 形截面(图 5.3.15),《标准》中提出简化公式计算换算长细比 λ_{yz}。

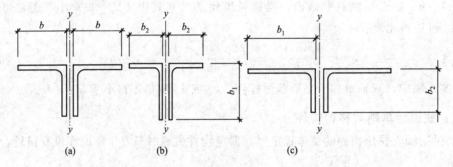

图 5.3.15 双角钢组合 T 形截面

b—等边角钢肢宽度;b_1—不等边角钢长肢宽度;b_2—不等边角钢短肢宽度

① 等边双角钢截面 [图 5.3.15(a)]。

当 $\lambda_y \geqslant \lambda_z$ 时

$$\lambda_{yz}=\lambda_y\left[1+0.16\left(\frac{\lambda_z}{\lambda_y}\right)^2\right] \tag{5.3.32}$$

当 $\lambda_y < \lambda_z$ 时

$$\lambda_{yz}=\lambda_z\left[1+0.16\left(\frac{\lambda_y}{\lambda_z}\right)^2\right] \tag{5.3.33}$$

$$\lambda_z=3.9\frac{b}{t} \tag{5.3.34}$$

② 长肢相并的不等边双角钢截面 [图 5.3.15(b)]。

当 $\lambda_y \geqslant \lambda_z$ 时

$$\lambda_{yz}=\lambda_y\left[1+0.25\left(\frac{\lambda_z}{\lambda_y}\right)^2\right] \tag{5.3.35}$$

当 $\lambda_y < \lambda_z$ 时

$$\lambda_{yz}=\lambda_z\left[1+0.25\left(\frac{\lambda_y}{\lambda_z}\right)^2\right] \tag{5.3.36}$$

$$\lambda_z=5.1\frac{b_2}{t} \tag{5.3.37}$$

③ 短肢相并的不等边双角钢截面 [图 5.3.15(c)]。

当 $\lambda_y \geqslant \lambda_z$ 时

$$\lambda_{yz} = \lambda_y \left[1 + 0.06 \left(\frac{\lambda_z}{\lambda_y} \right)^2 \right] \tag{5.3.38}$$

当 $\lambda_y < \lambda_z$ 时

$$\lambda_{yz} = \lambda_z \left[1 + 0.06 \left(\frac{\lambda_y}{\lambda_z} \right)^2 \right] \tag{5.3.39}$$

$$\lambda_z = 3.7 \frac{b_1}{t} \tag{5.3.40}$$

（三）截面无对称轴构件

截面无对称轴且剪心和形心不重合的构件，应采用下列换算长细比

$$\lambda_{xyz} = \pi \sqrt{\frac{EA}{N_{xyz}}} \tag{5.3.41}$$

$$(N_x - N_{xyz})(N_y - N_{xyz})(N_z - N_{xyz}) - N_{xyz}^2 (N_x - N_{xyz}) \left(\frac{y_s}{i_0} \right)^2 - N_{xyz}^2 (N_y - N_{xyz}) \left(\frac{x_s}{i_0} \right)^2 = 0 \tag{5.3.42}$$

$$i_0^2 = i_x^2 + i_y^2 + x_s^2 + y_s^2 \tag{5.3.43}$$

$$N_x = \frac{\pi^2 EA}{\lambda_x^2} \tag{5.3.44}$$

$$N_y = \frac{\pi^2 EA}{\lambda_y^2} \tag{5.3.45}$$

$$N_z = \frac{1}{i_0^2} \left(\frac{\pi^2 EI_\omega}{l_\omega^2} + GI_t \right) \tag{5.3.46}$$

式中　　N_{xyz}——弹性完善杆的弯扭屈曲临界力，由式(5.3.42)确定，N；

　　x_s、y_s——截面剪心的坐标，mm；

　　　i_0——截面对剪心的极回转半径，mm；

N_x、N_y、N_z——分别为绕 x 轴、y 轴和 z 轴的弯曲屈曲临界力和扭转屈曲临界力，N；

　　E、G——分别为钢材弹性模量和剪变模量，N/mm²。

　　不等边角钢（图 5.3.16）轴心受压构件的换算长细比可按下列简化公式确定

当 $\lambda_v \geqslant \lambda_z$ 时

$$\lambda_{xyz} = \lambda_v \left[1 + 0.25 \left(\frac{\lambda_z}{\lambda_v} \right)^2 \right] \tag{5.3.47}$$

当 $\lambda_v < \lambda_z$ 时

$$\lambda_{xyz} = \lambda_z \left[1 + 0.25 \left(\frac{\lambda_v}{\lambda_z} \right)^2 \right] \tag{5.3.48}$$

$$\lambda_z = 4.21 \frac{b_1}{t} \tag{5.3.49}$$

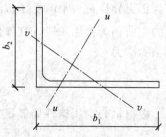

图 5.3.16　不等边角钢

v—角钢的弱轴；

b_1—角钢长肢宽度

无任何对称轴且又非极对称的截面（单面连接的不等边单角钢除外）不宜用作轴心受压构件。

第四节　轴心受压构件的局部稳定

一、均匀受压板件的屈曲

实腹式轴心受压构件一般由若干矩形平面板件组成，在轴心压力作用下，这些板件都均匀承受压力（图 5.4.1）。在外压力作用下，截面的某些部分（板件）在达到强度承载力之前，不能继续维持平面平衡状态而产生凸曲现象，称为局部失稳。局部失稳会降低构件的承载力。如果这些板件的平面尺寸很大，而厚度又相对很薄（宽厚比较大）时，在均匀压力作用下，板件有可能在达到强度承载力之前先失去局部稳定。

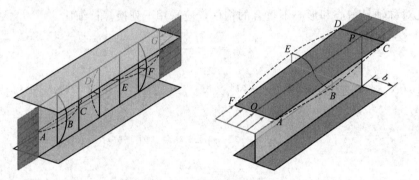

图 5.4.1　板件受力示意图

根据弹性力学所学矩形薄板屈曲方程

$$D\left(\frac{\partial^4 w}{\partial x^4}+2\frac{\partial^4 w}{\partial x^2 \partial y^2}+\frac{\partial^4 w}{\partial y^4}\right)+N_x\frac{\partial^2 w}{\partial x^2}=0 \tag{5.4.1}$$

考虑板件间相互约束作用的单个矩形板件的临界应力公式为

$$N_{cr}=\chi\frac{\pi^2 D}{b^2}k \tag{5.4.2}$$

$$\sigma_{cr}=\frac{N_{cr}}{1\times t}=\frac{\chi\pi^2 Dk}{b^2 t}=\frac{\chi k\pi^2 E}{12(1-v^2)}\left(\frac{t}{b}\right)^2 \tag{5.4.3}$$

当轴心受压构件中板件的临界应力超过比例极限，进入弹塑性受力阶段时，可认为板件变为正交异性板。单向受压板沿受力方向的弹性模量 E 降为切线模量 $E_t=\eta E$，但与压力垂直的方向仍为弹性阶段，其弹性模量仍为 E。这时可用 $E\sqrt{\eta}$ 代替 E，按下列近似公式计算其临界应力

$$\sigma_{cr}=\frac{\sqrt{\eta}\chi k\pi^2 E}{12(1-v^2)}\left(\frac{t}{b}\right)^2 \tag{5.4.4}$$

根据轴心受压构件局部稳定的试验资料，取弹性模量修正系数 η 为

$$\eta=0.1013\lambda^2\left(1-0.0248\lambda^2\frac{f_y}{E}\right)\frac{f_y}{E} \tag{5.4.5}$$

式中　λ——构件两方向长细比的较大值。

二、轴心受压构件局部稳定的计算方法

保证实腹式轴心受压构件的局部稳定通常采用限制其板件宽（高）厚比的办法来现。确

定板件宽（高）厚比限值所采用的原则有两种：一种是使构件应力达到屈服前其板件不发生局部屈曲，即局部屈曲临界应力不低于屈服应力；另一种是使构件整体屈曲前其板件不发生局部屈曲，即局部屈曲临界应力不低于整体屈曲临界应力，常称作等稳定性准则。后一准则与构件长细比有关，对中等或较长构件似乎更合理，《标准》规定轴心受压构件宽（高）厚比限值时，主要采用后一准则。

$$\frac{\sqrt{\eta}\chi k\pi^2 E}{12(1-v^2)}\left(\frac{t}{b}\right)^2 \geqslant \varphi f_y \tag{5.4.6}$$

轧制型钢（工字钢、H型钢、槽钢、T型钢、角钢等）的翼缘和腹板都能满足局部稳定要求，可不作验算。

对焊接组合截面构件，一般采用限制板件宽（高）厚比的办法来保证局部稳定。

1. 工字形截面

由于工字形截面［图5.4.2(a)］的翼缘可视为三边简支一边自由的均匀受压板，取屈曲系数 $k=0.425$，弹性嵌固系数 $\chi=1.0$，而腹板可视为四边支承板，此时屈曲系数 $k=4$。当腹板发生屈曲时，翼缘板作为腹板的支承，对腹板起一定的弹性嵌固作用，可取弹性嵌固系数 $\chi=1.3$。为了便于应用，当 $\lambda=30\sim100$ 时，《标准》采用了下列简化的直线式表达

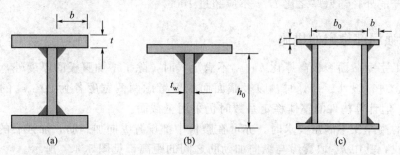

图5.4.2 轴心受压构件板件宽厚比

$$\frac{b}{t}\leqslant(10+0.1\lambda)\sqrt{\frac{235}{f_y}} \tag{5.4.7}$$

$$\frac{h_0}{t_w}\leqslant(25+0.5\lambda)\sqrt{\frac{235}{f_y}} \tag{5.4.8}$$

式中 λ——构件两方向长细比的较大值。

对 λ 很小的构件，国外多按短柱考虑，使局部临界应力达到屈服应力，甚至有考虑应变强化影响的。当 λ 较大时，弹塑性阶段的公式不再通用，并且板件宽厚比也不宜过大。因此，参考国外资料，《标准》规定：当 $\lambda\leqslant30$ 时，取 $\lambda=30$；当 $\lambda\geqslant100$ 时，取 $\lambda=100$。

2. T形截面

T形截面［图5.4.2(b)］轴心受压构件的翼缘板悬伸部分的宽厚比 b/t 限值与工字形截面一样，按式(5.4.7)计算。T形截面的腹板也是三边支承一边自由的板，但其宽厚比比翼缘大得多，它的屈曲受到翼缘一定程度的弹性嵌固作用，故腹板的宽厚比限值可适当放宽；又考虑到焊接T形截面几何缺陷和残余压应力都比热轧T型钢大，采用了相对低一些的限值。即

热轧T型钢

$$\frac{h_0}{t_w}\leqslant(15+0.2\lambda)\sqrt{\frac{235}{f_y}} \tag{5.4.9}$$

焊接T型钢

$$\frac{h_0}{t_w} \leqslant (13 + 0.17\lambda)\sqrt{\frac{235}{f_y}} \qquad (5.4.10)$$

3. 箱形截面

箱形截面轴心受压构件的翼缘和腹板均为四边支承板 [图5.4.2(c)]，但翼缘和腹板单侧焊缝连接，嵌固程度较低，可取 $\chi = 1$。《标准》借用箱形梁的宽厚比限值规定，即采用局部屈曲临界应力不低于屈服应力的准则，得到的宽厚比限值

$$\frac{h_0}{t_w} \leqslant 40\sqrt{\frac{235}{f_y}} \qquad (5.4.11)$$

4. 等边角钢轴心受压构件

肢件宽厚比限值为：

当 $\lambda \leqslant 80\varepsilon_k$ 时 $\qquad\qquad\qquad w/t \leqslant 15\varepsilon_k$

当 $\lambda > 80\varepsilon_k$ 时 $\qquad\qquad\qquad w/t \leqslant 5\varepsilon_k + 0.125\lambda$

式中 w、t——分别为角钢的平板宽度和厚度，简要计算时 w 可取为 $b - 2t$，b 为角钢宽度；

λ——按角钢绕非对称主轴回转半径计算的长细比。

5. 圆管

圆管压杆的外径与壁厚之比 D/t 不应超过 $100\varepsilon_k^2$。

三、加强局部稳定的措施

当所选工字型截面腹板高厚比 h_0/t_w 不满足式时，除了增加腹板的厚度外，还可采用有效截面的概念进行设计。计算时，腹板截面面积仅考虑两侧宽度各为 $20t_w\varepsilon_k$ 的部分，如图5.4.3所示，但计算构件的整体稳定系数时仍采用全截面。

当腹板的高厚比不满足要求时，亦可在腹板中部设置纵向加劲肋，加强后的腹板验算高厚比仍用上式，其中 h_0 取翼缘与纵向加劲肋之间的距离，见图5.4.4所示。

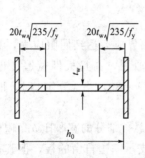

图5.4.3 腹板屈曲后的有效截面

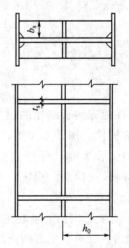

图5.4.4 实腹柱腹板的加劲肋

第五节 实腹式轴心受压构件的截面设计

当了避免弯扭失稳，实腹式轴心受压构件一般采用双轴对称截面。

一、截面设计原则

为了获得经济与合理的设计效果，选择实腹式轴心受压构件的截面时，应考虑以下几个方面。

① 等稳定性。使构件两个主轴方向的稳定承载力相同，即使 $\varphi_x = \varphi_y$，以达到经济的效果。

② 宽肢薄壁。在满足板件宽（高）厚比限值的条件下，截面面积的分布应尽量展开，以增加截面的惯性矩和回转半径，提高构件的整体稳定性和刚度。

③ 连接方便。便于与其他构件进行连接等。

④ 制造省工。尽可能加工方便，取材容易。

二、截面选择

选择轴心受压主要构件截面时，首先应根据上述设计原则、轴力大小和两个主轴方向的计算长度等综合考虑，初步确定截面尺寸，再进行强度、刚度、整体稳定和局部稳定验算。具体步骤如下。

① 确定所需要的截面积。假定构件的长细比 $\lambda = 50 \sim 100$，根据长细比、截面分类和钢材级别可查得整体稳定系数 φ 值，则所需要的截面面积为

$$A_{req} = \frac{N}{\varphi f} \tag{5.5.1}$$

② 确定两个主轴所需要的回转半径。

$$i_x = \frac{l_{0x}}{\lambda}; \quad i_y = \frac{l_{0y}}{\lambda}$$

对于型钢截面，根据所需要的截面积 A 和所需要的回转半径 i_x、i_y，选择型钢的型号（附录4）。

当型钢截面不满足要求时，可以采用组合截面。这时需先初步确定截面的轮廓尺寸，根据两个主轴回转半径与截面高度 h、宽度 b 之间的近似关系（附录7）即

$$h \approx \frac{i_{xreq}}{\alpha_1}; \quad b \approx \frac{i_{yreq}}{\alpha_2} \tag{5.5.2}$$

求出所需截面的轮廓尺寸 h 和 b。

③ 确定截面各板件尺寸。对于焊接组合截面，根据所需的 A、h、b，并考虑局部稳定和构造要求初步估算截面尺寸。由于假定的 A 值不一定恰当，完全按照所需要的 A、h、b 配置的截面可能会使板件厚度太大或太小，这时可适当调整 h 或 b，h 和 b 宜取 10mm 的倍数，t 和 t_w 宜取 2mm 的倍数且应符合钢板规格。

三、截面验算

按照上述步骤初选截面后，进行刚度、整体稳定和局部稳定验算。对于热轧型钢截面，因板件的宽厚比较大，可不进行局部稳定的验算。如有孔洞削弱，还应进行强度验算。如验算结果不完全满足要求，应调整截面尺寸后重新验算，直到满足要求为止。

四、构造要求

对于实腹式柱，当腹板的高厚比 $h_0/t_w > 80$ 时，为提高柱的抗扭刚度，防止腹板在运

输和施工中发生过大的变形，应设横向加劲肋，横向加劲肋间距≤$3h_0$；横向加劲肋的外伸宽度 $b_s \geqslant h_0/30+40\text{mm}$；横向加劲肋的厚度 $t_s \geqslant b_s/15$。

构件较长时应设置中间横隔，横隔的间距不得大于构件截面较大宽度的9倍或8m。对于组合截面，其翼缘与腹板间的焊缝受力较小，可不计算，按构造选定焊脚尺寸即可。

【例5-1】 图5.5.1所示为一管道支架，其支柱的轴心压力（包括自重）设计值 $N=1400\text{kN}$，柱两端铰接，钢材为Q345钢，截面无孔洞削弱。试以下列三种形式设计此支柱的截面：①轧制普通工字钢；②轧制H型钢；③焊接工字形截面，翼缘板为焰切。

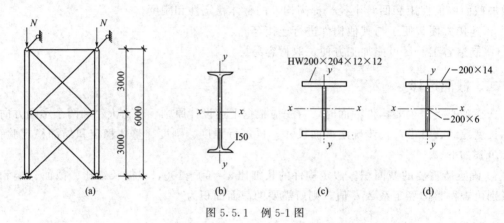

图5.5.1 例5-1图

解 设截面的强轴为 x 轴，弱轴为 y 轴，柱在两个方向的计算长度分别为：$l_{0x}=600\text{cm}$，$l_{0y}=300\text{cm}$。

（1）轧制工字钢 [图5.5.1(b)]

① 试选截面。假定 $\lambda=100$，对于 $b/h \leqslant 0.8$ 的轧制工字钢，当绕 x 轴屈曲时属于a类截面，绕 y 轴屈曲时属于b类截面，由附表6.2查得 $\varphi_{\min}=\varphi=0.431$。当计算点钢材厚度 $t<16\text{mm}$ 时，取 310N/mm^2。则所需截面面积和回转半径为

$$A_{\text{req}}=\frac{N}{\varphi_{\min}f}=\frac{1400\times10^3}{0.431\times310\times10^2}=104.78\text{cm}^2$$

$$i_{\text{xreq}}=\frac{l_{0x}}{\lambda}=\frac{600}{100}=6\text{cm};i_{\text{yreq}}=\frac{l_{0y}}{\lambda}=\frac{300}{100}=3\text{cm}$$

由附录4中不可能选出同时满足 A_{req}、i_{xreq}、i_{yreq} 的型号，可以 A_{req}、i_{yreq} 为主，适当考虑 i_{xreq}，现试选I50a，其中：$A=119\text{cm}^2$，$i_x=19.7\text{cm}$，$i_y=3.07\text{cm}$。

② 截面验算。因截面无孔洞削弱，可不验算强度。又因轧制工字钢的翼缘和腹板均较厚，可不验算局部稳定，只需进行刚度和整体稳定验算。

$$\lambda_x=\frac{l_{0x}}{i_x}=\frac{600}{19.7}=30.46<[\lambda]=150;$$

$$\lambda_y=\frac{l_{0y}}{i_y}=\frac{300}{3.07}=97.72<[\lambda]=150,满足刚度要求。$$

比较长细比，根据 λ_y 查表得 $\varphi_{\min}=\varphi_y=0.445$。

$$\frac{N}{\varphi A}=\frac{1400\times10^3}{0.445\times119\times10^2}=265\text{N/mm}^2<f=295\text{N/mm}^2，满足整体稳定要求。$$

（2）轧制H型钢 [图5.5.1(c)]

① 试选截面。由于轧制 H 型钢可以选用宽翼缘的形式，截面宽度较大，因此长细比的假设值可适当减小，假设 $\lambda = 70$。对宽翼缘 H 型钢，因 $b/h > 0.8$，所以不论对 x 轴或 y 轴都属于 b 类截面，由 $\lambda = 70$，查表得 $\varphi = 0.656$。所需截面面积和回转半径分别为

$$A_{req} = \frac{N}{\varphi f} = \frac{1400 \times 10^3}{0.656 \times 310 \times 10^2} = 68.84 \text{cm}^2$$

$$i_{xreq} = \frac{l_{0x}}{\lambda} = \frac{600}{70} = 8.57 \text{cm}$$

$$i_{yreq} = \frac{l_{0y}}{\lambda} = \frac{300}{70} = 4.29 \text{cm}$$

查 H 型钢表 HW200×204×12×12，$A = 72.28 \text{cm}^2$，$i_x = 8.35 \text{cm}$，$i_y = 4.85 \text{cm}$，翼缘厚度 $t = 12 \text{mm}$，取 $f = 310 \text{N/mm}^2$。

② 截面验算。因截面无孔洞削弱，可不验算强度。又因为热轧型钢，亦可不验算局部稳定，只需进行刚度和整体稳定验算。

$$\lambda_x = \frac{l_{0x}}{i_x} = \frac{600}{8.35} = 71.9 < [\lambda] = 150$$

$$\lambda_y = \frac{l_{0y}}{i_y} = \frac{300}{4.85} = 61.9 < [\lambda] = 150$$

由 $\lambda_x = 71.9$ 查附表 6.2，得 $\varphi = 0.640$

$$\frac{N}{\varphi A} = \frac{1400 \times 10^3}{0.640 \times 72.28 \times 10^2} = 302.6 \text{N/mm}^2 < f = 310 \text{N/mm}^2$$

(3) 焊接工字形截面 [图 5.5.1(d)]

① 根据前述所需截面的 $i_x = 8.57 \text{cm}$ 和 $i_y = 4.29 \text{cm}$，同时查阅附录 7 知，焊接工字形组合截面的 $\alpha_1 = 0.43$，$\alpha_2 = 0.24$，代入 $h \approx \frac{i_{xreq}}{\alpha_1}$；$b \approx \frac{i_{yreq}}{\alpha_2}$，得 $h \approx 20 \text{cm}$，$b \approx 18 \text{cm}$。

试选截面：翼缘 2－200×14，腹板 1－200×6，其截面面积：

$$A = 2 \times 20 \times 1.4 + 20 \times 0.6 = 68 \text{cm}^2$$

$$I_x = \frac{1}{12} \times (20 \times 22.8^3 - 19.4 \times 20^3) = 6821 \text{cm}^4$$

$$I_y = 2 \times \frac{1}{12} \times 1.4 \times 20^3 = 1867 \text{cm}^4$$

$$i_x = \sqrt{\frac{6821}{68}} = 10.02 \text{cm}$$

$$i_y = \sqrt{\frac{1867}{68}} = 5.24 \text{cm}$$

② 刚度和整体稳定验算。

$$\lambda_x = \frac{l_{0x}}{i_x} = \frac{600}{10.02} = 59.88 < [\lambda] = 150$$

$$\lambda_y = \frac{l_{0y}}{i_y} = \frac{300}{5.24} = 57.25 < [\lambda] = 150$$

因绕 x 轴和 y 轴都属于 b 类截面，由 $\lambda = 59.88$ 查附表 6.2，得 $\varphi = 0.735$

$$\frac{N}{\varphi A} = \frac{1400 \times 10^3}{0.735 \times 68 \times 10^2} = 280 \text{N/mm}^2 < f = 310 \text{N/mm}^2$$

③ 局部稳定验算。

翼缘外伸部分：$\dfrac{b}{t}=\dfrac{9.7}{1.4}=6.93<(10+0.1\lambda_{\max})\sqrt{\dfrac{235}{f_y}}=(10+0.1\times59.88)\times\sqrt{\dfrac{235}{345}}=13.20$，满足。

腹板：$\dfrac{h_0}{t_\omega}=\dfrac{20}{0.6}=33.33<(25+0.5\lambda_{\max})\sqrt{\dfrac{235}{f_y}}=(25+0.5\times59.88)\times\sqrt{\dfrac{235}{345}}=45.34$，满足。

截面无孔洞削弱，不必验算强度。

【例5-2】 试计算如图5.5.2所示两种焊接工字钢截面（截面面积相等）轴心受压柱所能承受的最大轴心压力设计值和局部稳定，并作比较说明。柱高10m，两端铰接，翼缘为焰切边，钢材为Q235。

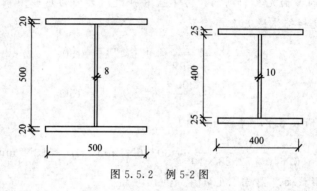

图5.5.2 例5-2图

解 （1）截面一

$$f=205\text{N/mm}^2$$

$$A=2\times500\times20+500\times8=24000\text{mm}^2$$

$$I_x=\frac{1}{12}\times(500\times540^3-492\times500^3)=1436000000\text{mm}^4$$

$$I_y=\frac{1}{12}\times(2\times20\times500^3+500\times8^3)=416688000\text{mm}^4$$

$$i_x=\sqrt{\frac{1436000000}{24000}}=244.61\text{mm},\ i_y=\sqrt{\frac{416688000}{24000}}=131.76\text{mm}$$

$$\lambda_x=\frac{l_{0x}}{i_x}=\frac{10000}{244.61}=40.88<[\lambda]=150$$

$$\lambda_y=\frac{l_{0y}}{i_y}=\frac{10000}{131.76}=75.89<[\lambda]=150$$

即刚度满足要求。

整体稳定验算，已知截面翼缘为焰切边，对x轴、y轴分别为a、b类截面。

$\lambda_x<\lambda_y$，由$\lambda_y=75.89$查表得$\varphi_y=0.715$

$$N=A\varphi_y f=24000\times0.715\times205=3516\text{kN}$$

局部稳定验算

翼缘　$\dfrac{b'}{t}=\dfrac{500-8}{2\times20}=12.3<(10+0.1\lambda_{\max})\sqrt{\dfrac{235}{f_y}}=17.59$

腹板 $\dfrac{h_0}{t_w}=\dfrac{500}{8}=62.5<(25+0.5\lambda_{max})\sqrt{\dfrac{235}{f_y}}=62.95$

轴心受压所能承受的最大轴心压力设计值为 $N=3516\mathrm{kN}$。

（2）截面二

$$f=205\mathrm{N/mm}^2$$

$$A=2\times400\times25+400\times10=24000\mathrm{mm}^2$$

$$I_x=\frac{1}{12}\times(400\times450^3-390\times400^3)=957500000\mathrm{mm}^4$$

$$I_y=\frac{1}{12}\times(2\times25\times400^3+400\times10^3)=266700000\mathrm{mm}^4$$

$$i_x=\sqrt{\frac{957500000}{24000}}=199.74\mathrm{mm},i_y=\sqrt{\frac{266700000}{24000}}=105.42\mathrm{mm}$$

$$\lambda_x=\frac{l_{0x}}{i_x}=\frac{10000}{199.74}=50.07<[\lambda]=150$$

$$\lambda_y=\frac{l_{0y}}{i_y}=\frac{10000}{105.42}=94.9<[\lambda]=150$$

即刚度满足要求。

整体稳定验算，已知截面翼缘为焰切边，对 x 轴、y 轴分别为 a、b 类截面。

$\lambda_x<\lambda_y$，由 $\lambda_y=94.9$ 查表得 $\varphi_y=0.589$

$$N=A\varphi_y f=24000\times0.589\times205=2897\mathrm{kN}$$

局部稳定验算

翼缘 $\dfrac{b'}{t}=\dfrac{400-10}{2\times25}=7.8<(10+0.1\lambda_{max})\sqrt{\dfrac{235}{f_y}}=19.49$

腹板 $\dfrac{h_0}{t_w}=\dfrac{400}{10}=40<(25+0.5\lambda_{max})\sqrt{\dfrac{235}{f_y}}=72.43$

轴心受压所能承受的最大轴心压力设计值为 $N=2897\mathrm{kN}$。

从上述结果看，两种构件截面面积相等，但是截面一所能承受的最大轴心力设计值高于截面二，体现了"宽肢薄壁"的设计理念。

第六节　格构式轴心受压构件

一、格构式轴心受压构件绕实轴的整体稳定

格构式受压构件也称为格构式柱，其分肢通常采用槽钢和工字钢，构件截面具有对称轴（图 5.6.1）。当构件轴心受压丧失整体稳定时，不大可能发生扭转屈曲和弯扭屈曲，往往发生绕截面主轴的弯曲屈曲。因此计算格构式轴心受压构件的整体稳定时，只需计算绕截面实轴和虚轴抵抗弯曲屈曲的能力。

格构式轴心受压构件绕实轴的弯曲屈曲情况与实腹式轴心受压构件没有区别，因此其整体稳定计算也相同，可以采用式（5.3.25）按 b 类截面进行计算。

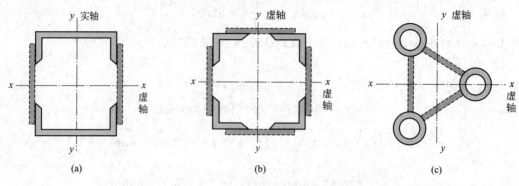

图 5.6.1　格构式截面类型

二、格构式轴心受压构件绕虚轴的整体稳定

实腹式轴心受压构件在弯曲屈曲时，剪切变形影响很小，对构件临界力的降低不到 1%，可以忽略不计。格构式轴心受压构件绕虚轴弯曲屈曲时，由于两个分肢不是实体相连，连接两分肢的缀件的抗剪刚度比实腹式构件的腹板弱，构件在微弯平衡状态下，除弯曲变形外，还需考虑构件剪切变形影响的临界应力的影响，因此稳定承载力有所降低。根据弹性稳定理论分析，格构式轴心压杆

$$N_{cr} = \frac{\pi^2 EI}{l^2} \frac{1}{1+\frac{\pi^2 EI}{l^2}\gamma_1} \tag{5.6.1}$$

$$N_{cr} = \frac{\pi^2 EA}{\lambda^2} \frac{1}{1+\frac{\pi^2 EA}{\lambda^2}\gamma_1} = \frac{\pi^2 EA}{\lambda_0^2} \tag{5.6.2}$$

$$\lambda_0 = \sqrt{\lambda^2 + \pi^2 EA\gamma_1} \tag{5.6.3}$$

$$\gamma_1 = \beta/(GA)$$

式中　γ_1——构件在单位剪力沿垂直于虚轴方向作用下的剪切角，简称单位剪切角；

　　　λ_0——换算长细比。

绕 x 轴（虚轴）弯曲屈曲时，因缀材的剪切刚度较小，剪切变形大，γ_1 则不能被忽略，因此

$$N_{crx} = \frac{\pi^2 EA}{\lambda_x^2} \frac{1}{1+\frac{\pi^2 EA}{\lambda_x^2}\gamma_1} = \frac{\pi^2 EA}{\lambda_{0x}^2} \tag{5.6.4}$$

化简后得

$$\lambda_{0x} = \sqrt{\lambda_x^2 + \pi^2 EA\gamma_1} \tag{5.6.5}$$

由于不同的缀材体系剪切刚度不同，γ_1 亦不同，所以换算长细比计算就不相同。通常有两种缀材体系，即缀条式和缀板式体系，其换算长细比计算如下。

（1）双肢缀条柱　当为缀条柱时，可求得单位剪切角为

$$\gamma_1 = \frac{1}{EA\sin^2\alpha\cos\alpha} \tag{5.6.6}$$

设一个节间两侧斜缀条毛截面面积之和为 A_1；整个构件的毛截面面积为 A，则

$$\lambda_{0x} = \sqrt{\lambda_x^2 + \frac{\pi^2}{\sin^2\alpha\cos\alpha}\frac{A}{A_1}} \qquad (5.6.7)$$

由于 $\pi^2/(\sin^2\alpha\cos\alpha)$ 与 α 的关系对于一般构件，在 $40°\sim70°$ 之间，数值变化不大，经简化取为常数 27，所以《标准》给定的 λ_{0x} 的计算公式为

$$\lambda_{0x} = \sqrt{\lambda_x^2 + 27\frac{A}{A_1}} \qquad (5.6.8)$$

（2）双肢缀板柱　假定：缀板与肢件刚接组成一多层刚架；弯曲变形的反弯点位于各节间的中点；只考虑剪力作用下的弯曲变形。

当为缀条柱时，单位剪切角为

$$\gamma_1 = \frac{l_1^2}{24EI_1}\left(1 + 2\frac{I_1/l_1}{I_b/a}\right) \qquad (5.6.9)$$

将 γ_1 代入式(5.6.5)，并引入分肢和缀板的线刚度 $k_1 = I_1/l_1$、$k_b = I_b/a$，得

$$\lambda_{0x} = \sqrt{\lambda_x^2 + \frac{\pi^2 A l_1^2}{24 I_1}\left(1 + 2\frac{k_1}{k_b}\right)} \qquad (5.6.10)$$

$$\lambda_{0x} = \sqrt{\lambda_x^2 + \frac{\pi^2}{12}\left(1 + 2\frac{k_1}{k_b}\right)\lambda_1^2} \qquad (5.6.11)$$

由于《标准》规定 $k_b/k_1 \geqslant 6$，这时 $\dfrac{\pi^2}{12}\left(1 + 2\dfrac{k_1}{k_b}\right) \approx 1$，所以《标准》规定双肢缀板柱的换算长细比按下式计算

$$\lambda_{0x} = \sqrt{\lambda_x^2 + \lambda_1^2} \qquad (5.6.12)$$

对于四肢和三肢组合的格构式轴心受压构件，可得出类似的换算长细比计算公式，详见《标准》。

三、格构式轴心受压构件分肢的稳定和强度计算

格构式轴心受压构件的分肢既是组成整体截面的一部分，在缀件节点之间又是一个单独的实腹式受压构件。所以，对格构式构件除需作为整体计算其强度、刚度和稳定外，还应计算各分肢的强度、刚度和稳定，且应保证各分肢失稳不先于格构式构件整体失稳。由于初弯曲等缺陷的影响，格构式轴心受压构件受力时呈弯曲变形，故各分肢内力并不同，其强度或稳定计算是相当复杂的。为简化起见，经对各类型实际构件取初弯曲 1/500 进行计算和综合分析，《标准》规定分肢的长细比满足下列条件时可不计算分肢的强度、刚度和稳定性。

当缀件为缀条时：$\lambda_1 \leqslant 0.7\lambda_{max}$；

当缀件为缀板时：$\lambda_1 \leqslant 0.5\lambda_{max}$ 且不大于 40。

λ_{max} 为构件两方向较大值，对虚轴取换算长细比。当 $\lambda < 50$ 时，取 $\lambda = 50$。

四、格构式轴心受压构件分肢的局部稳定

格构式轴心受压构件的分肢承受压力，应进行板件的局部稳定计算。分肢常采用轧制型钢，其翼缘和腹板一般都能满足局部稳定要求。当分肢采用焊接组合截面时，其翼缘和腹板

宽厚比应按式(5.4.7)、式(5.4.8)进行验算，以满足局部稳定要求。

五、格构式轴心受压构件的缀件设计

(一) 格构式轴心受压构件的剪力

构件在微弯状态下，假设其挠曲线为正弦曲线，跨中最大挠度为 v，则沿杆长任一点的挠度为

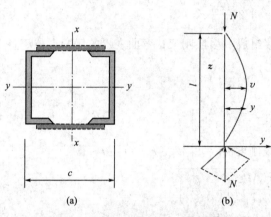

图 5.6.2 格构式轴压构件弯矩和剪力

$$y = v\sin\frac{\pi z}{l} \qquad (5.6.13)$$

如图 5.6.2 所示。

截面弯矩为

$$M = Ny = Nv\sin\frac{\pi z}{l} \qquad (5.6.14)$$

所以截面剪力

$$V = \frac{\mathrm{d}M}{\mathrm{d}z} = Nv\frac{\pi}{l}\cos\frac{\pi z}{l} \qquad (5.6.15)$$

显然，$z=0$ 和 $z=1$ 时

$$V_{\max} = \frac{\pi}{l}Nv \qquad (5.6.16)$$

由边缘屈服准则

$$\frac{N}{A} + \frac{Nv}{I_x}\frac{c}{2} = f_y \qquad (5.6.17)$$

令 $I_x = Ai_x^2$，$\dfrac{N}{A} = \phi f_y$

$$V_{\max} = \frac{N}{85\varphi}\sqrt{\frac{f_y}{235}} \qquad (5.6.18)$$

令 $N/\varphi = Af$

$$V = \frac{Af}{85}\sqrt{\frac{f_y}{235}} \qquad (5.6.19)$$

在设计时，假定横向剪力沿长度方向保持不变，且横向剪力由各缀材面分担。

(二) 缀条设计

当缀件采用缀条时，格构式构件的每个缀件面如同缀条与构件分肢组成的平行弦桁架体系，缀条可看作桁架的腹杆，其内力可按铰接桁架进行分析。如图 5.6.3 的斜缀条的内力为

$$N_1 = \frac{V_1}{n\cos\theta} \qquad (5.6.20)$$

式中　V_1——每面缀条所受的剪力；

θ——斜缀条与构件轴线间的夹角。

由于构件弯曲变形方向可能变化，因此剪力方向可以正或负，斜缀条可能受拉或受压，设计时应按最不利情况作为轴心受压构件计算。单角钢缀条通常与构件分肢单面连接，故在受力时实际上存在偏心。作为轴心受力构件计算其强度、稳定

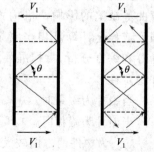

单缀条　　双缀条

图 5.6.3 缀条内力计算

和连接时，应考虑相应的强度设计值乘折减系数以考虑偏心受力的影响。

　　缀条的轴线与分肢的轴线应尽可能交于一点，设有横缀条时，还可加设节点板。有时为了保证必要的焊缝长度，节点处缀条轴线交汇点可稍向外移至分肢形心轴线以外，但不应超出分肢翼缘的外侧。为了减小斜缀条两端受力角焊缝的搭接长度，缀条与分肢可采用三面围焊相连。

（三）缀板设计

　　当缀件采用缀板时，格构式构件的每个缀件面如同缀板与构件分肢组成的单跨多层平面刚架体系。假定受力弯曲时，反弯点分布在各段分肢和缀板的中点。取如图 5.6.4 所示的隔离体，根据内力平衡可得每个缀板剪力 V_{b1} 和缀板与分肢连接处的弯矩 M_{b1}

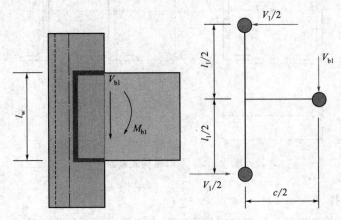

图 5.6.4　缀板内力计算

$$V_{b1} = \frac{V_1 l_1}{c} \tag{5.6.21}$$

$$M_{b1} = V_{b1} \frac{c}{2} = \frac{V_1 l_1}{2} \tag{5.6.22}$$

式中　l_1——两相邻缀板轴线间的距离，需根据分肢稳定和强度条件确定；

　　　c——分肢轴线间的距离；

　　V_{b1}——缀板与肢件连接处的设计剪力；

　　M_{b1}——缀板与肢件连接处的设计弯矩。

　　根据 M 和可验算缀板的弯曲强度、剪切强度以及缀板与分肢的连接强度。由于角焊缝强度设计值低于缀板强度设计值，故只需计算缀板与分肢的角焊缝连接强度，缀板的尺寸由刚度条件确定。

　　为了保证缀板的刚度，《标准》规定在同一截面处各缀板的线刚度之和不得小于构件较大分肢线刚度的 6 倍，即 $\sum (I_b/c)/(I_1/l_1) \geqslant 6$，式中 I_b、I_1 分别为缀板和分肢的截面惯性矩。若取缀板的宽度 $h_b \geqslant 2c/3$，厚度 $t_b \geqslant c/40$ 且不小于 6mm，强度和刚度都能满足。端缀板宜适当加宽。

六、格构式轴心受压构件的横隔和构件连接构造

　　为了提高格构式构件的抗扭刚度，保证运输和安装过程中截面几何形状不变，以及传递

必要的内力，在受有较大水平力处和每个运送单元的两端，应设置横隔，构件较长时还应设置中间横隔。横隔的间距不得大于构件截面较大宽度的 9 倍或 8m。

七、格构式轴心受压构件的截面设计

对于大型柱宜用缀条柱，中小型柱两种缀材均可。现以双肢格构式轴心受压构件（图 5.6.5）为例来说明其设计问题。主要包括截面选择和截面验算两部分。

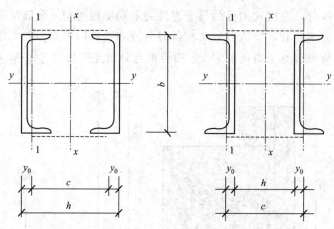

图 5.6.5 双肢格构式截面

（一）截面选择

截面选择分为两个步骤：首先按实轴稳定要求选择截面两分肢的尺寸，其次按绕虚轴与实轴等稳定条件确定分肢间距。

（1）按实轴（设为 y 轴）稳定条件选择截面尺寸 假定绕实轴长细比 $\lambda = 50 \sim 100$，根据 λ 及钢号和截面类别查得整体稳定系数 φ 值，按公式(5.2.1)求所需截面面积 A，再求绕实轴所需要的回转半径 i_x 和 i_y，按附录 4 根据所需初选分肢型钢截面（若分肢为组合截面，则按附录 7 的截面高度和宽度与两个主轴回转半径的关系确定组合截面尺寸）。

（2）按虚轴（设为 x 轴）与实轴等稳定原则确定两分肢间距 根据换算长细比 $\lambda_{0x} = \lambda_y$，可求得所需要的 λ_x。

对缀条格构式构件

$$\lambda_{0x} = \sqrt{\lambda_x^2 + 27 \frac{A}{A_1}} = \lambda_y \tag{5.6.23}$$

则

$$\lambda_x = \sqrt{\lambda_y^2 - 27 \frac{A}{A_1}} \tag{5.6.24}$$

对缀板格构式构件

$$\lambda_{0x} = \sqrt{\lambda_x^2 + \lambda_1^2} = \lambda_y \tag{5.6.25}$$

则

$$\lambda_x = \sqrt{\lambda_y^2 - \lambda_1^2} \tag{5.6.26}$$

显然，通过以上两个公式求 λ_x，对缀条柱需先假定缀条截面积 A_1；可按 $A_1 = 0.1A$，对缀板柱需先假定分肢长细比 λ_1，可根据前述分肢的稳定性公式进行假定。

可求得：$i_x = \dfrac{l_{0x}}{\lambda_x}$

再根据附录 7 确定分肢间距：$h \approx \dfrac{i_x}{\alpha_1}$

（二）截面验算

按照上述步骤初选截面后，进行刚度、整体稳定和分肢稳定验算。

（三）缀件设计

根据选用的缀件形式进行设计。如验算结果不完全满足要求，应调整截面尺寸后重新验算，直到满足要求为止。

【例 5-3】 试设计一格构式轴心受压柱的截面，截面采用两热轧槽钢组成，翼缘肢尖向内。柱高 6m，两端铰接，承受压力设计值 $N = 1400$kN（静力荷载，包括柱自重）。钢材为 Q235，焊条为 E43 型，截面无削弱。缀材采用缀条。

解 （1）按绕实轴（$y-y$ 轴）的稳定要求，确定分肢截面尺寸（图 5.6.6）。

假定 $\lambda_y = 60$，由附表 6.2 查得 $\varphi = 0.807$。

所需截面面积 $A = \dfrac{N}{\varphi f} = \dfrac{1400 \times 10^3}{0.807 \times 215} = 8069 \text{mm}^2$

所需回转半径 $i_y = \dfrac{l_{0y}}{\lambda_y} = \dfrac{6000}{60} = 100 \text{mm}$

已知分肢采用一对槽钢翼缘向内，从附表 4.4 中试选 2[28a，$A = 2 \times 4002 = 8004 \text{mm}^2$，$i_y = 109.0$mm。其他截面特性：$i_1 = 23.3$mm，$z_0 = 20.9$mm，$I_1 = 2.179 \times 10^6 \text{mm}^4$。

验算绕实轴稳定

$$\lambda_y = \frac{l_{0y}}{i_y} = \frac{6000}{109.0} = 55.0 < [\lambda] = 150$$

查附表 6.2 得 $\varphi = 0.833$，于是

$$\frac{N}{\varphi A} = \frac{1400 \times 10^3}{0.833 \times 8004} = 210 \text{N/mm}^2 < f = 215 \text{N/mm}^2 \text{（满足要求）}$$

（2）按绕虚轴（$x-x$ 轴）稳定条件确定截面高度 b。

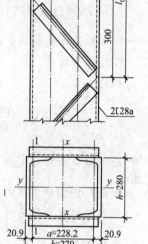

图 5.6.6 例题 5-3 图

柱内力 N 不大，缀条采用最小角钢，取 ∟45×5。两缀条面内斜缀条毛截面面积之和 $A_{1x} = 2 \times 429 = 858 \text{mm}^2$。

按等稳定原则 $\lambda_{0x} = \lambda$，得

$$\lambda_x = \sqrt{\lambda_y^2 - 27 \frac{A}{A_{1x}}} = \sqrt{55.0^2 - 27 \times \frac{8004}{858}} = 52.7$$

$$i_x = \frac{l_{0x}}{\lambda_x} = \frac{6000}{52.7} = 113.9 \text{mm}$$

$$a = 2\sqrt{i_x^2 - i_1^2} = 2 \times \sqrt{113.9^2 - 23.3^2} = 223.0 \text{mm}$$

$$b = a + 2z_0 = 223.0 + 2 \times 20.9 = 264.8 \text{mm}$$

采用 $b = 270$mm，实际 $a = 270 - 2 \times 20.9 = 228.2$mm

两槽钢翼缘间净距 $= 270 - 2 \times 82 = 106 \text{mm} > 100 \text{mm}$

验算虚轴稳定：

$$i_x = \sqrt{\left(\frac{a}{2}\right)^2 + i_1^2} = \sqrt{\left(\frac{228.2}{2}\right)^2 + 23.3^2} = 116.5\text{mm}$$

$$\lambda_x = \frac{l_{0x}}{i_x} = \frac{6000}{116.5} = 51.5$$

$$\lambda_{0x} = \sqrt{\lambda_x^2 + 27\frac{A}{A_{1x}}} = \sqrt{51.5^2 + 27 \times \frac{8004}{858}} = 53.9 < [\lambda] = 150$$

$$\varphi = 0.838$$

$$\frac{N}{\varphi A} = \frac{1400 \times 10^3}{0.838 \times 8004} = 208.7\text{N/mm}^2 < f = 215\text{N/mm}^2（满足要求）$$

$$\lambda_{max} = \lambda_y = 55.0, \ \lambda_1 \leqslant 0.7\lambda_{max} = 38.5$$

$$l_{01} = \lambda_1 i_1 = 38.5 \times 23.3 = 897\text{mm}$$

如采用人字式单斜杆缀条件系，$\theta = 40°$，交汇于分肢槽钢边线，则

$$l_{01} = 2 \times \frac{b}{\tan\theta} = 2 \times \frac{270}{\tan40°} = 644\text{mm}，采用 l_{01} = 600\text{mm}$$

$$\theta = \arctan\frac{270}{600/2} = 42°（满足要求）$$

不必验算分肢稳定和强度。槽钢为轧制型钢，也无需验算分肢局部稳定。

（3）缀条设计。

柱的剪力

$$V = \frac{Af}{85}\sqrt{\frac{f_y}{235}} = \frac{8004 \times 215}{85} \times 1 = 20.2 \times 10^3\text{N} = 20.2\text{kN}$$

每个缀板面剪力 $V_1 = \dfrac{V}{2} = \dfrac{20.2}{2} = 10.1\text{kN}$

缀条尺寸已初步确定∟45×5，$A = 429\text{mm}^2$，$i_{min} = 8.8\text{mm}$

采用人字形单缀条件系，$\theta = 42°$，分肢 $l_{01} = 600\text{mm}$

斜缀条长度

$$l_d = \frac{270}{\sin42°} = 403.6\text{mm}$$

① 缀条内力和稳定验算。

一根缀条内力

$$N_{d1} = \frac{V_1}{\sin\theta} = \frac{10.1}{\sin42°} = 15.1\text{kN}$$

缀条

$$\lambda_1 = \frac{l_d}{i_{min}} = \frac{403.6}{8.8} = 45.9 < [\lambda] = 150$$

b 类截面，$\varphi = 0.874$

单面连接等边单角钢按轴心受压计算稳定时，强度设计值折减系数

$$\eta = 0.6 + 0.0015\lambda = 0.6 + 0.0015 \times 45.9 = 0.669$$

$$\sigma = \frac{N_{d1}}{\eta(\varphi A)} = \frac{15.1 \times 10^3}{0.669 \times 0.874 \times 429} = 60.2\text{N/mm}^2 < f = 215\text{N/mm}^2（满足要求）$$

② 缀条连接。单面连接单角钢按轴心受力计算连接时，强度设计值折减系数 $\eta = 0.85$。

缀条焊缝采用角焊缝，肢背

$$l_{w1} = \frac{0.7N_{d1}}{0.85 \times 0.7h_f f_f^w} = \frac{0.7 \times 15.1 \times 10^3}{0.85 \times 0.7 \times 5 \times 160} = 22.2mm$$

按构造要求，肢背和肢尖焊缝均采用 5—50。

（4）横隔。柱截面最大宽度为 280mm，横隔间距≤9×0.28＝2.52m 和 8m。柱高 6m，上、下两端柱头、柱脚处以及中间三分点处设置钢板横隔，与斜缀条节点配合设置。

【例 5-4】 已知条件同例题 5-3，采用缀板柱。

解 （1）按绕实轴（$y-y$ 轴）稳定条件选择槽钢尺寸，选用 2[28a（图 5.6.7），$\lambda_y = 55.0$。

（2）按绕虚轴（$x-x$ 轴）的稳定确定分肢轴线间距 a（图 5.6.7）。

按等稳定原则 $\lambda_{0x} = \lambda_y$，求 λ_x 和 i_x。

$\lambda_y = 55.0$，分肢长细比 $\lambda_1 \leqslant 0.5\lambda_{max} = 0.5 \times 55 = 27.5$，取 $\lambda_1 = 25$。

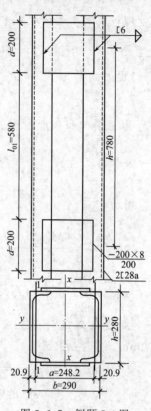

图 5.6.7 例题 5-4 图

$$\lambda_x = \sqrt{\lambda_y^2 - \lambda_1^2} = \sqrt{55.0^2 - 25^2} = 49.0$$

$$i_x = \frac{l_{0x}}{\lambda_x} = \frac{6000}{49.0} = 122.4mm$$

$$a = 2\sqrt{i_x^2 - i_1^2} = 2 \times \sqrt{122.4^2 - 23.3^2} = 240.3mm$$

$$b = a + 2z_0 = 240.3 + 2 \times 20.9 = 282.1mm$$

采用 $b = 290mm$，实际 $a = 290 - 2 \times 20.9 = 248.2mm$

两槽钢翼缘间净距 $= 290 - 2 \times 82 = 126mm > 100mm$

验算虚轴稳定

缀板间净距 $l_{01} = \lambda_1 i_1 = 25 \times 23.3 = 582.5mm$，采用 580mm。

$$\lambda_1 = \frac{580}{23.3} = 24.9$$

$$i_x = \sqrt{\left(\frac{a}{2}\right)^2 + i_1^2} = \sqrt{\left(\frac{248.2}{2}\right)^2 + 23.3^2} = 126.3mm$$

$$\lambda_x = \frac{6000}{126.3} = 47.5$$

$$\lambda_{0x} = \sqrt{\lambda_x^2 + \lambda_1^2} = \sqrt{47.5^2 + 24.9^2} = 53.6 < [\lambda] = 150$$

根据 λ_{0x}，由附表 6.2 查得 $\varphi = 0.840$，于是

$$\frac{N}{\varphi A} = \frac{1400 \times 10^3}{0.840 \times 8004} = 211.2N/mm^2 < f = 215N/mm^2（满足要求）$$

$$\lambda_{max} = 55.0，\lambda_1 = 24.9 < 0.5\lambda_{max} = 27.5（满足要求）$$

无需验算单肢整体稳定和强度。单肢采用型钢，也不必验算分肢局部稳定。

（3）缀板设计。

柱的剪力 $V = 20.2kN$，$V_1 = 10.1kN$

① 初选缀板尺寸。

纵向高度 $d \geqslant \dfrac{2}{3} a = \dfrac{2}{3} \times 248.2 = 165.5 \text{mm}$

厚度 $t_b \geqslant \dfrac{a}{40} = \dfrac{248.2}{40} = 6.2 \text{mm}$，取缀板为 -200×8。

相邻缀板中心距 $l_1 = l_{01} + d = 580 + 200 = 780 \text{mm}$

缀板线刚度之和与分肢线刚度比值

$$\frac{\dfrac{\sum I_b}{a}}{\dfrac{I_1}{l_1}} = \frac{\dfrac{2 \times 8 \times 200^3 / 12}{248.2}}{\dfrac{2.18 \times 10^6}{780}} = 15.4 > 6 \text{（满足要求）}$$

② 验算缀板强度。

弯矩 $\qquad M_b = \dfrac{V_1 l_1}{2} = \dfrac{10.1 \times 780}{2} = 3939 \text{kN} \cdot \text{mm}$

剪力 $\qquad V_b = \dfrac{V_1 l_1}{a} = \dfrac{10.1 \times 780}{248.2} = 31.7 \text{kN}$

$$\sigma = \frac{6 M_b}{t_b d^2} = \frac{6 \times 3939 \times 10^3}{8 \times 200^2} = 73.9 \text{N/mm}^2 < f = 215 \text{N/mm}^2 \text{（满足要求）}$$

$$\tau = 1.5 \frac{V_b}{t_b d} = 1.5 \times \frac{31.7 \times 10^3}{8 \times 200} = 29.7 \text{N/mm}^2 < f_v = 125 \text{N/mm}^2 \text{（满足要求）}$$

③ 缀板焊缝计算。采用三面围焊。计算时偏于安全地只取端部纵向焊缝，l_w 取 200mm，求焊脚尺寸 h_f。

$$\tau_f = \sqrt{\left(\frac{1}{\beta_f} \frac{M_b}{W_w}\right)^2 + \left(\frac{V_b}{A_w}\right)^2} = \sqrt{\frac{1}{1.5}\left(\frac{6 M_b}{0.7 h_f d^2}\right)^2 + \left(\frac{V_b}{0.7 h_f d}\right)^2}$$

$$= \sqrt{\frac{1}{1.5}\left(\frac{6 \times 3939 \times 10^3}{0.7 h_f \times 200^2}\right)^2 + \left(\frac{31.7 \times 10^3}{0.7 h_f \times 200}\right)^2}$$

$$= \frac{725.4}{h_f} \text{N/mm}^2 \leqslant f_f^w = 160 \text{N/mm}^2$$

$$h_f \geqslant 4.5 \text{mm}$$

最小 $\quad h_f = 1.5 \sqrt{t_2} = 1.5 \times \sqrt{12.5} = 5.3 \text{mm}$

最大 $\quad h_f = 8 - (1 \sim 2) = 7 \sim 6 \text{mm}$

取 $h_f = 6 \text{mm}$。

（4）横隔。采用钢板式横隔，厚 8mm，与缀板配合设置。间距 $\leqslant 9h = 2.61 \text{m}$ 和 8m；柱高 6m，柱端有柱头和柱脚，中间三分点处设两道横隔。

第七节　柱头与柱脚

柱的顶部与梁（或桁架）连接的部分称为柱头，其作用是通过柱头将上部结构的荷载传到柱身，梁与柱的连接节点设计必须遵循传力可靠、构造简单和便于安装的原则。柱下端与基础连接的部分称为柱脚，柱脚的作用是将柱身所受的力传递和分布到基础，并将柱固定于基础。

一、轴心受压柱的柱头

梁与轴心受压柱铰接时（如图 5.7.1），梁可支承于柱顶上，也可连于柱的侧面。梁支承在柱顶时，梁的支座反力通过柱顶板传给柱身。顶板与柱焊接。为便于安装定位，梁与顶板用普通螺栓连接。图 5.7.1(a) 的构造是将梁的反力通过支承加劲肋直接传给柱的翼缘。为便于安装，两相邻梁之间留一空隙，最后用夹板和构造螺栓连接。此连接方式构造简单，对梁长度尺寸的制作要求不高，缺点是当柱顶两侧梁的反力不等时将使柱偏心受压。图 5.7.1(b) 的构造是将梁的反力通过端部加劲肋的突缘传给柱。梁端加劲肋的底面应刨平顶紧于柱顶板。由于梁的反力大部分传给柱的腹板，因而腹板不能太薄且必须设置加劲肋加强。两相邻梁间可留一些空隙，安装时嵌入合适尺寸的填板并用普通螺栓连接。对格构式柱 [图 5.7.1(c)]，为保证传力均匀并托住顶板，应在两柱肢之间设置竖向隔板。

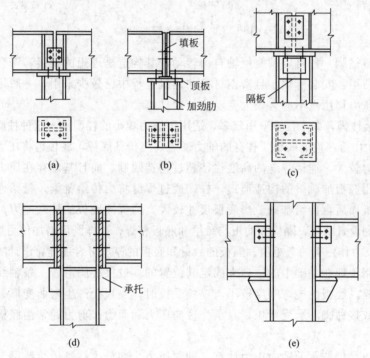

图 5.7.1 梁柱铰接连接

多层框架的中间梁柱连接中，横梁在柱侧相连。梁连接于柱侧面的铰接构造见图 5.7.1(d)、(e)。梁的反力由端加劲肋传给承托，承托可采用 T 形，也可用厚钢板制成。承托与柱翼缘间用角焊缝相连。承托的端面必须刨平并与梁的端加劲肋顶紧以便直接传递压力。为方便安装，梁端与柱间应留空隙加填板并设置构造螺栓。当两侧梁的支座反力相差较大时，应考虑偏心的影响。

二、轴心受压柱的柱脚

柱脚的构造应保证柱身的内力可靠地传给基础，并与基础牢固地连接。轴心受压柱的柱脚主要传递轴心压力，与基础的连接一般采用铰接。

几种常用铰接柱脚如图 5.7.2 所示。

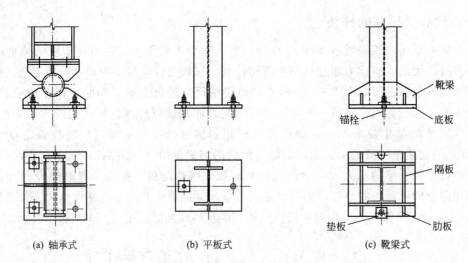

(a) 轴承式   (b) 平板式   (c) 靴梁式

图 5.7.2　铰接柱脚的形式

轴承式铰接柱脚，柱可以围绕枢轴自由转动，其构造是理想的铰接，符合计算简图，但这种柱脚制造费工，安装麻烦，且费钢材，在建筑工程中已较少采用，一般用于轴压杆件或者一端因要求压力作用点不应有较大变动的铰接柱脚。

平板式铰接柱脚，在工程中采用较多，适用于轴力较小的轻型柱。这种柱脚构造简单，在柱的端部焊一块中等厚度的底板，柱身的轴力通过焊缝传到底板，底板再将压力传到基础上。

当柱身轴力较大，连接焊缝的高度往往超过构造限制，而且基础存在压力不均，这种情况柱脚可以采用底板加靴梁的构造形式，柱端通过焊缝将力传给靴梁，靴梁通过与底板的连接焊缝传给底板而后再传给基础。当底板尺寸较大，为提高底板的抗弯能力，可在靴梁之间设置隔板，两侧设置肋板，隔板和肋板与靴梁和底板相焊，这样既可增加传力焊缝的长度，又可减小底板在反力作用下的弯矩值。隔板的数量和底板的厚度可合理优化设计减少钢材用量。

柱脚是利用预埋在基础中的锚栓来固定其位置的。铰接柱脚沿着一条轴线设立两个连接于底板上的锚栓，底板的抗弯刚度较小，锚栓受拉时，底板会产生弯曲变形，阻止柱端转动的抗力不大，铰接柱脚不承受弯矩，只承受轴向压力和剪力。剪力通常由底板与基础表面的摩擦力传递。

铰接柱脚通常仅按承受轴向压力计算，轴向压力一部分由柱身传给靴梁、肋板等，再传给底板，最后传给基础；另一部分是经柱身与底板间的连接焊缝传给底板，再传给基础。

铰接柱脚的计算包括底板、靴梁、肋板、隔板、连接焊缝和抗剪键等。

1. 底板的计算

（1）底板的平面尺寸　底板的平面尺寸取决于基础材料的抗压能力，如图 5.7.3 所示，基础对底板的压应力可近似认为是均匀分布的，这样所需要的底板净面积 A，应按下式确定

$$A_n \geqslant \frac{N}{f_c} \tag{5.7.1}$$

式中　f_c——基础混凝土的轴心抗压强度设计值，应考虑基础混凝土局部受压时的强度提高系数。

根据构造要求确定底板宽度

$$B = b_1 + 2t + 2c \tag{5.7.2}$$

式中　b_1——柱截面尺寸;

　　　t——靴梁厚度,通常为 $10 \sim 14$mm;

　　　c——底板悬臂部分的宽度。

　　求出底板宽度,则长度

$$L = \frac{A_n}{B} \tag{5.7.3}$$

　　(2) 底板的厚度　底板的厚度由板的抗弯强度决定。底板可视为一支承在靴梁、隔板和柱端的平板,它承受基础传来的均匀反力。靴梁、肋板、隔板和柱的端面均可视为底板的支承边,并将底板分隔成不同的区格,其中有四边支承、三边支承、两相邻边支承和一边支承等区格。在均匀分布的基础反力作用下,各区格板单位宽度上的最大弯矩如下。

　　① 四边支承区格。

$$M = \alpha q a^2 \tag{5.7.4}$$

式中　q——作用于底板单位面积上的压应力,$q = N/A_n$;

　　　a——四边支承区格的短边长度;

　　　α——系数,根据长边 b 与短边 a 之比按表 5.7.1 取用。

表 5.7.1　α 值

b/a	1.0	1.1	1.2	1.3	1.4	1.5	1.6	1.7	1.8	1.9	2.0	3.0	$\geqslant 4.0$
α	0.048	0.055	0.063	0.069	0.075	0.081	0.086	0.091	0.095	0.099	0.101	0.119	0.125

　　② 三边支承区格和两相邻边支承区格。

$$M = \beta q a_1^2 \tag{5.7.5}$$

式中　a_1——对三边支承区格为自由边长度,对两相邻边支承区格为对角线长度;

　　　β——系数,根据 b_1/a_1 值由表 5.7.2 查得(对三边支承区格 b_1 为垂直于自由边的宽度;对两相邻边支承区格,b_1 为内角顶点至对角线的垂直距离)。

表 5.7.2　β 值

b_1/a_1	0.3	0.4	0.5	0.6	0.7	0.8	0.9	1.0	1.1	$\geqslant 1.2$
β	0.026	0.042	0.056	0.072	0.085	0.092	0.104	0.111	0.120	0.125

　　当三边支承区格的 $b_1/a_1 < 0.3$ 时,可按悬臂长度为 b_1 的悬臂板计算。

　　③ 一边支承区格(即悬臂板)。

$$M = \frac{1}{2} q c^2 \tag{5.7.6}$$

式中　c——悬臂长度。

　　这几部分板承受的弯矩一般不相同,取各区格板的最大弯矩 M_{max} 按下式确定板的厚度

$$t \geqslant \sqrt{\frac{6M_{max}}{f}} \tag{5.7.7}$$

　　设计时应注意靴梁和隔板的布置应尽可能使各区格板的弯矩相近,以免所需的底板过厚。在这种情况下,应调整底板尺寸和重新划分区格。

　　底板的厚度通常为 $20 \sim 40$mm,最薄一般不得小于 14mm,以保证底板具有必要的刚度,从而满足基础反力是均布的假设。

2. 靴梁的计算

靴梁的高度由其与柱边连接所需的焊缝长度决定，此连接焊缝承受柱身传来的压力 N。靴梁的厚度比柱翼缘厚度略小。

靴梁按支承于柱边的双悬臂梁计算，根据所承受的最大弯矩和最大剪力值，验算靴梁的抗弯和抗剪强度。

3. 隔板与肋板的计算

为了支承底板，隔板应具有一定刚度，因此隔板的厚度不得小于其宽度 b 的 $1/50$，一般比靴梁略薄些，高度略小些。

隔板可视为支承于靴梁上的简支梁，荷载可按底板反力计算，按此荷载所产生的内力验算隔板与靴梁的连接焊缝以及隔板本身的强度。注意隔板内侧的焊缝不易施焊，计算时不能考虑受力。

肋板按悬臂梁计算。肋板与靴梁间的连接焊缝以及肋板本身的强度均应按其承受的弯矩和剪力进行计算。

【例 5-5】 一轴心受压实腹柱，轴心压力设计值为 $N=1250\text{kN}$，截面尺寸如图 5.7.3 所示，钢材为 Q235，试设计此实腹柱的柱头与柱脚。

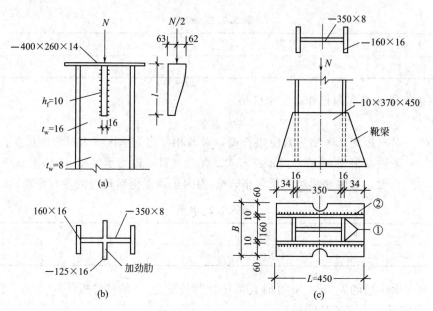

图 5.7.3　例题 5-5 图

解　（1）柱头设计　荷载 $N=1300\text{kN}$ 通过顶板端面承压传给两个加劲肋。需要的承压面积

$$A=\frac{N}{f_{ce}}=\frac{1250\times10^3}{325}=3846\text{mm}^2=38.5\text{cm}^2$$

故选用加劲肋宽 125mm，厚 16mm，$A=2\times12.5\times1.6=40\text{cm}^2$。

加劲肋各采用两条 $h_f=10\text{mm}$，$l=50\text{cm}$ 的角焊缝和柱腹板相连。每根加劲肋传力 $N/2=650\text{kN}$。

计算此焊缝强度

$$A_w=0.7h_f\sum l_w=2\times0.7\times1.0\times(50-2)=67.2\text{cm}^2$$

$$W_w = \frac{2}{6} \times 0.7 h_f l_w^2 = \frac{2}{6} \times 0.7 \times 1.0 \times 48^2 = 537.6 \text{cm}^3$$

$$\sqrt{\left(\frac{\sigma_f}{\beta_f}\right)^2 + \tau_f^2} = \sqrt{\left(\frac{N/2 \times 63}{1.22 W_w}\right)^2 + \left(\frac{N/2}{A_w}\right)^2}$$

$$= \sqrt{\left(\frac{650 \times 63 \times 10^3}{1.22 \times 493700}\right)^2 + \left(\frac{650 \times 10^3}{6440}\right)^2}$$

$$= \sqrt{68^2 + 101^2} = 115.1 \text{N/mm}^2 < f_f^w = 160 \text{N/mm}^2 \text{(满足要求)}$$

加劲肋厚度取决于端面承压要求，由于加劲肋厚度为 16mm，故需将柱头部分的腹板换成 $t_w = 16$mm 的板。

验算加劲肋本身强度，按悬臂梁计算。在和腹板连接处的截面为 16×500 的矩形截面，受剪力 $N/2 = 650$kN，弯矩 $M = 650 \times 6.3 = 4095$kN·cm，于是

$$\tau = 1.5 \times \frac{650 \times 10^3}{16 \times 500} = 121.9 \text{N/mm}^2 \approx f_v = 125 \text{N/mm}^2 \text{(满足要求)}$$

$$\sigma = \frac{M}{W} = \frac{4095 \times 10^4}{\frac{1}{6} \times 16 \times 500^2} = 61.4 \text{N/mm}^2 < f = 215 \text{N/mm}^2 \text{(满足要求)}$$

计算表明，加劲肋高度 50cm 决定于加劲肋的抗剪强度。

（2）柱脚设计

底板宽度 $\qquad\qquad\qquad B = 16 + 2(1 + 6) = 30$cm

假设基础混凝土标号为 C20，考虑基础混凝土局部受压强度提高系数的混凝土轴心抗压设计强度 $f_c = 11$N/mm²，则

$$L = \frac{N}{B f_c} = \frac{1250 \times 10^3}{300 \times 11} = 379 \text{mm}$$

考虑到锚栓处底板的槽口，取 $L = 450$mm。

轴心力 $N = 1250$kN 经四根角焊缝①传给靴梁，取 $h_f = 8$mm，角焊缝需要长度

$$l_w = \frac{N}{4 \times 0.7 h_f \times f_f^w} = \frac{1250 \times 10^3}{4 \times 0.7 \times 8 \times 160} = 349 \text{mm}$$

取靴梁高 38cm。

靴梁内力经角焊缝②传给底板，设焊缝高度 $h_f = 12$mm，则 $\sum l_w = 2 \times 426 = 852$mm

$$\sigma_f = \frac{N}{0.7 h_f \sum l_w} = \frac{1250 \times 10^3}{0.7 \times 12 \times 852} = 174.6 \text{N/mm}^2 < \beta_f f_f^w = 195.2 \text{N/mm}^2 \text{(满足要求)}$$

基础对底板压应力 $\quad q = \frac{N}{BL} = \frac{1250 \times 10^3}{300 \times 450} = 9.2 \text{N/mm}^2$

悬臂板 $\quad M = \frac{qc^2}{2} = \frac{9.2 \times 60^2}{2} = 16560 \text{N·mm}$

三边支承板 $\quad a_1 = 16$cm，$b_1 = 3.4$cm，$b_1/a_1 = 0.213 < 0.3$，按悬臂长为 b_1 的悬臂板计算，则

$$M = \frac{q b_1^2}{2} = \frac{9.2 \times 3.4^2}{2} = 53.2 \text{N·mm}$$

四边支承板 $\quad a = 7.6$cm，$b = 35$cm，$b/a = 4.605$，$a = 0.125$，则

$$M = a q a^2 = 0.125 \times 9.2 \times 80^2 = 7360 \text{N·mm}$$

$$t=\sqrt{\frac{6M_{max}}{f}}=\sqrt{\frac{6\times16560}{205}}=22.02\text{mm}$$

取 $t=24\text{mm}$。底板厚度为 24mm，$f=205\text{N/mm}^2$。

验算靴梁强度，按双悬伸梁计算，悬伸部分长 3.4cm，荷载 $\bar{q}=q\frac{B}{2}=0.92\times15=13.8\text{kN/cm}$，靴梁高 38cm，厚 1cm，受剪力 $V=\bar{q}\times3.4=13.8\times3.4=46.9\text{kN}$，弯矩 $M=\frac{1}{2}\bar{q}\times3.4^2=\frac{1}{2}\times13.8\times3.4^2=79.8\text{kN}\cdot\text{cm}$，于是

$$\tau=\frac{1.5V}{380\times10}=\frac{1.5\times46.9\times10^3}{380\times10}=18.5\text{N/mm}^2<f_v=125\text{N/mm}^2\text{（满足要求）}$$

$$\sigma=\frac{M}{W}=\frac{79.8\times10^4}{\frac{1}{6}\times10\times380^2}=3.3\text{N/mm}^2<f=215\text{N/mm}^2\text{（满足要求）}$$

靴梁跨中正弯矩部分由于底板参加工作，因而不进行强度验算。

 习题

1. 设计某轴心受压构件的截面尺寸。已知构件长 $l=10\text{m}$，两端铰接，承受的轴心压力设计值 $N=1000\text{kN}$（包括构件的自重）。采用焊接工字形截面，截面无削弱，翼缘板为火焰切割边，钢材用 Q235-B 钢。

2. 某工作平台的轴心受压柱，承受的轴心压力设计值 $N=2600\text{kN}$（包括柱身等构造自重），计算长度 $l_0=7.5\text{m}$。钢材采用 Q235-B 钢，焊条 E3 型，手工焊。柱截面无削弱。要求设计成由两个热轧普通工字钢组成的双肢缀条柱。

3. 试设计一双肢缀板柱截面，分肢采用槽钢，柱高 7.5m，上端铰接，下端固定。承受轴心压力 $N=1700\text{kN}$。钢材 Q235-B。截面无削弱。

4. 一轴心受压缀条柱，柱肢采用工字型钢，如习题 4 图所示。求轴压承载力设计值。计算长度 $l_{0x}=20\text{m}$，$l_{0y}=10\text{m}$（x 轴为虚轴），材料为 Q235，$f=205\text{N/mm}^2$。

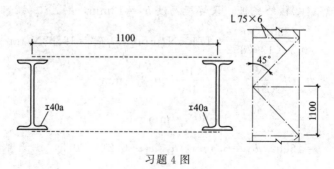

习题 4 图

第六章

拉弯与压弯构件

码 6.1
思维导图 ▶▶

第一节　拉弯和压弯构件的特点

同时承受轴向压力和弯矩的构件称为压弯构件，如图 6.1.1 所示。弯矩可能由偏心轴向力、端弯矩或横向荷载等作用产生。当弯矩作用在构件截面的一个主轴平面内时称为单向压弯（或拉弯）构件，作用在构件两主轴平面时称为双向压弯（或拉弯）构件。

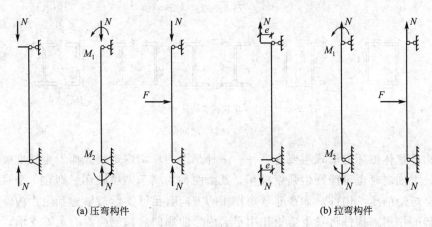

(a) 压弯构件　　　　　　　　　　　　　　(b) 拉弯构件

图 6.1.1　拉弯与压弯构件

钢结构中压弯和拉弯构件的应用十分广泛，例如有节间荷载作用的桁架上下弦杆（图 6.1.2）、受风荷载作用的墙架柱以及天窗架的侧立柱等。

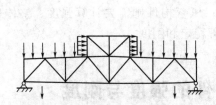

图 6.1.2　屋架中的拉、压弯构件

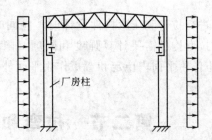

图 6.1.3　厂房框架柱

压弯构件广泛用于柱子，例如工业建筑中的厂房框架柱，不仅要承受上部结构传来的轴向压力，同时还承受弯矩和剪力，如图 6.1.3 所示。

与轴心受力构件相似，拉弯和压弯构件也可按其截面形式分为实腹式和格构式两种。常见的截面形式有热轧型钢截面、冷弯薄壁型钢截面、组合截面和格构式截面，如图 6.1.4 所示。

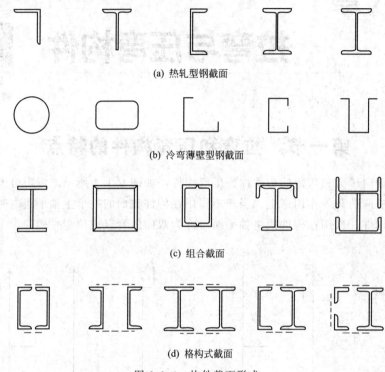

(a) 热轧型钢截面

(b) 冷弯薄壁型钢截面

(c) 组合截面

(d) 格构式截面

图 6.1.4　构件截面形式

压弯构件整体破坏的形式主要有三种。一种是因为杆端弯矩很大而发生强度破坏，杆截面局部有较大削弱时也可能产生强度破坏，其余两种均属于失稳破坏。即在一个对称轴的平面内作用有弯矩的压弯构件，如在非弯矩作用的方向有足够支承能够达到阻止构件发生侧向位移和扭转的作用，构件将发生弯矩作用平面内弯曲屈曲。如侧向没有足够支承，会发生平面外的弯扭失稳破坏，即在弯矩作用平面存在弯曲变形外，垂直于弯矩作用平面方向会突然产生弯曲变形，截面绕杆轴发生扭转。

由于压弯构件的组成板件有一部分受压，同轴心受压板件一样，压弯构件也存在局部屈曲问题。

进行拉弯和压弯构件设计时，应同时满足承载能力极限状态和正常使用极限状态的要求。拉弯构件需要计算强度和刚度（限制长细比）；压弯构件则需要计算强度、整体稳定（弯矩作用平面内稳定和弯矩作用平面外稳定）、局部稳定和刚度。

第二节　拉弯和压弯构件的强度与刚度

一、强度

在轴心压力和弯矩的共同作用下，工字形截面上应力的发展过程如图 6.2.1 所示。假设轴向力不变而弯矩不断增加，截面上应力的发展经历三个阶段：①边缘纤维的最大应力达屈服

[图 6.2.1(a)]；②部分截面发展塑性 [图 6.2.1(b)]；③全截面进入塑性 [图 6.2.1(c)]。

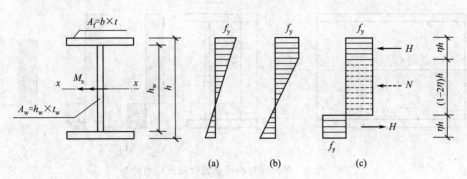

图 6.2.1 压弯构件的截面应力

计算拉弯和压弯构件的强度时，根据截面应力发展的不同程度，可取三种不同的强度设计准则。

（一）边缘纤维屈服准则

在构件的最大受力截面上，截面边缘处的最大应力达到屈服即认为达到了承载力极限状态，此时构件处于弹性工作阶段。即

$$\sigma = \frac{N}{A} + \frac{M_x}{W_x} \leqslant f_y \qquad (6.2.1)$$

可化简为

$$\frac{N}{Af_y} + \frac{M_x}{W_x f_y} \leqslant 1 \qquad (6.2.2)$$

令

$$N_p = Af_y, \quad M_{ex} = W_x f_y$$

则得到 N、M_x 的线性相关公式

$$\frac{N}{N_p} + \frac{M_x}{M_{ex}} \leqslant 1 \qquad (6.2.3)$$

（二）全截面屈服准则

采用这个准则，构件最大受力截面的全部受拉区和受压区的应力都达到屈服，此时截面在轴力和弯矩作用下形成塑性铰。

如图 6.2.2 表示双轴对称工字型截面压弯构件绕强轴 x 轴受弯时，全截面塑性时的应力分布。

将应力图分解为 M_x [图 6.2.2(b)] 和 N [图 6.2.2(c)] 两部分，由平衡条件得

$$N = f_y(1 - 2c)A_w \qquad (6.2.4)$$

$$M_x = f_y[(h_0 + t)A_f + c(1 - c)h_0 A_w] \qquad (6.2.5)$$

把 $A_w = h_0 t_w$ 和 $A_f = bt$ 代入上式消去 c 得 $\qquad (6.2.6)$

$$M_x = f_y\left[(h_0 + t)A_f + \frac{1}{4}A_w h_0\left(1 - \frac{N^2}{A_w^2 f_y^2}\right)\right] \qquad (6.2.7)$$

令

$$\gamma = A_f / A_w \qquad (6.2.8)$$

则

$$A = A_w(1 + 2\gamma) = \xi A_w \qquad (6.2.9)$$

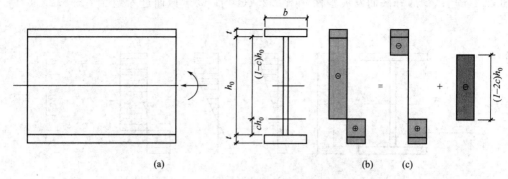

图 6.2.2 单向压弯构件全截面屈服应力分布

截面完全受拉屈服时

$$N_p = A f_y \tag{6.2.10}$$

截面完全受弯屈服时

$$M_{px} = \left[A_f(h_0+t) + \frac{1}{4} A_w h_0 \right] f_y = \frac{N_p}{\eta} \left[\gamma(h_0+t) + \frac{h_0}{4} \right] = W_{px} f_y \tag{6.2.11}$$

将上式代入 M_x 中，得

$$\frac{M_x}{M_{px}} + \frac{\xi^2 h_0}{4\gamma(h_0+t)+h_0} \left(\frac{N}{N_p} \right)^2 = 1 \tag{6.2.12}$$

令 $\alpha = A_w/2A_f$，$\beta = t/h_0$，则上式化为

$$\frac{M}{M_{px}} + \frac{(1+\alpha)^2}{\alpha[2(1+\beta)+\alpha]} \left(\frac{N}{N_p} \right)^2 = 1 \tag{6.2.13}$$

如中和轴在工字形截面翼缘内，则

$$\frac{N}{N_p} + \frac{2+\alpha+\beta}{\alpha[2(1+\alpha)(1+2\beta)]} \frac{M_x}{M_{px}} = 1 \tag{6.2.14}$$

如绕弱轴弯曲，截面中和轴在腹板内，则

$$\frac{M_y}{M_{px}} + \frac{\alpha(1+\alpha)^2}{1+2\alpha^2\beta} \left(\frac{N}{N_p} \right)^2 = 1 \tag{6.2.15}$$

上式可进一步化为

$$\frac{1}{1-\alpha} \left(\frac{N}{N_p} \right)^2 - \frac{2\alpha}{1-\alpha} \frac{N}{N_p} + \frac{1+2\alpha^2\beta}{1-\alpha^2} \frac{M_y}{M_{px}} = 1 \tag{6.2.16}$$

图 6.2.3 为绘制的工字形截面 N-M 相关曲线。为简化，设计中偏安全地以直线表达

$$\frac{N}{N_p} + \frac{M}{M_p} = 1 \tag{6.2.17}$$

或可写为

$$\frac{N}{A f_y} + \frac{M}{W_p f_y} = 1 \tag{6.2.18}$$

设计时考虑强度设计值 f，公式可写为

$$\frac{N}{A_n} + \frac{M}{W_{pn}} \leqslant f \tag{6.2.19}$$

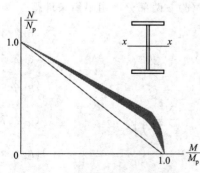

图 6.2.3 截面极限强度相关曲线

（三）截面部分塑性准则（图 6.2.4）

构件在轴力和弯矩共同作用下部分截面进入塑性，其应力分布介于弹性和全截面屈服之间。

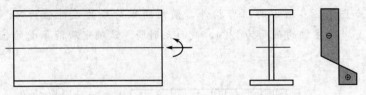

图 6.2.4　截面部分塑性准则应力分布极限强度相关曲线

引入截面塑性发展系数 γ，得到强度计算和设计公式分别为

$$\frac{N}{Af_y} + \frac{M_x}{\gamma W_x f_y} = 1 \tag{6.2.20}$$

$$\frac{N}{A_n} + \frac{M}{\gamma W_{nx}} \leqslant f_y \tag{6.2.21}$$

图 6.2.5 表达了不同计算公式下的 N-M 曲线关系。

《标准》中，考虑截面塑性发展，再引入抗力分项系数，得到拉弯和压弯构件的强度计算式

$$\frac{N}{A_n} \pm \frac{M}{\gamma_x W_{nx}} \leqslant f \tag{6.2.22}$$

承受双向受弯的拉弯或压弯构件（除圆管截面外），其截面强度的计算公式为

$$\frac{N}{A_n} \pm \frac{M_x}{\gamma_x W_{nx}} \pm \frac{M_y}{\gamma_y W_{ny}} = 1 \tag{6.2.23}$$

弯矩作用在两个主平面内的圆形截面拉弯和压弯构件，其截面强度的计算公式为

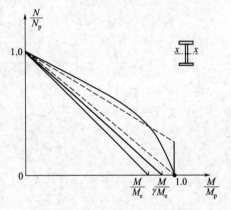

图 6.2.5　工字形截面 N-M 曲线

$$\frac{N}{A_n} + \frac{\sqrt{M_x^2 + M_y^2}}{\gamma_m W_n} \leqslant f \tag{6.2.24}$$

式中　　N——同一截面处轴心压力设计值，N；

M_x、M_y——分别为同一截面处对 x 轴和 y 轴的弯矩设计值，N·mm；

γ_x、γ_y——截面塑性发展系数，根据其受压板件的内力分布情况确定其截面板件宽厚比等级，当截面板件宽厚比等级不满足 S3 级要求时取 1.0，满足 S3 级要求时，可按表 4.3.1 采用，需要验算疲劳强度的拉弯、压弯构件，宜取 1.0；

γ_m——圆形构件的截面塑性发展系数，对于实腹圆形截面取 1.2，当圆管截面板件宽厚比等级不满足 S3 级要求时取 1.0，满足 S3 级要求时取 1.15，需要验算疲劳强度的拉弯、压弯构件，宜取 1.0。

A_n——构件的净截面面积，mm^2；

W_n——构件的净截面模量，mm^3。

二、刚度

拉弯构件的容许长细比和轴心拉杆相同，压弯构件的容许长细比和轴心压杆相同。见表5.2.2 和表 5.2.3。

【例 6-1】 如图 6.2.6 所示的拉弯构件，横向均布荷载的设计值为 8kN/m，截面无削弱，钢材为 Q235，工字钢的截面为 I22a，截面无削弱。试确定所能承受的轴心拉力设计值。

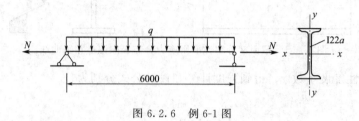

图 6.2.6　例 6-1 图

解 采用普通工字钢 I22a，截面积 $A=42.13\mathrm{cm}^2$，重量 0.32kN/m，$W_x=309\mathrm{cm}^3$，$i_x=8.99\mathrm{cm}$，$i_y=2.32\mathrm{cm}$。

（1）强度验算

$$M_x=\frac{1}{8}ql^2=\frac{1}{8}\times(8+0.32\times1.2)\times6^2=37.7\mathrm{kN\cdot m}$$

$$\frac{N}{A_n}+\frac{M}{\gamma W_{nx}}=\frac{N}{42.1\times10^2}+\frac{33.2\times10^6}{1.05\times309\times10^3}\leqslant215\mathrm{N/mm}^2$$

得　$N=416\mathrm{kN}$

（2）长细比验算

$$\lambda_x=\frac{l_{0x}}{i_x}=\frac{600}{8.99}=66.7<[\lambda]=350$$

$$\lambda_y=\frac{l_{0x}}{i_y}=\frac{600}{2.32}=258.6<[\lambda]=350$$

第三节　实腹式压弯构件的整体稳定

压弯构件的截面尺寸通常由稳定承载力确定。对双轴对称截面一般将弯矩绕强轴作用，而单轴对称截面则将弯矩作用在对称轴平面内，使压力作用在分布材料较多的一侧。压弯构件可能在弯矩作用平面内弯曲失稳，也可能在弯矩作用平面外弯扭失稳。所以，压弯构件应分别计算弯矩作用平面内和弯矩作用平面外的稳定。

一、弯矩作用平面内的稳定计算

目前确定压弯构件弯矩作用平面内极限承载力的方法很多，可分为两大类：①边缘屈服准则的计算方法；②精度较高的数值计算方法。

（一）边缘屈服准则

设一压弯构件（如图 6.3.1），两端偏心距相同且在受力过程中保持不变，v 为构件在弯曲平面内的挠度。由平衡方程得

$$EI_x v'' + Nv = -Ne_y \qquad (6.3.1)$$

令

$$\frac{N}{EI_x} = \alpha^2 \qquad (6.3.2)$$

$$M_{0x} = Ne_y \qquad (6.3.3)$$

式中 M_{0x}——不考虑二阶效应时的截面弯矩。

则

$$v = \frac{M_{0x}}{N\cos\dfrac{\alpha l}{2}}\left[\cos\left(\dfrac{\alpha l}{2} - \alpha z\right) - \cos\dfrac{\alpha l}{2}\right] \qquad (6.3.4)$$

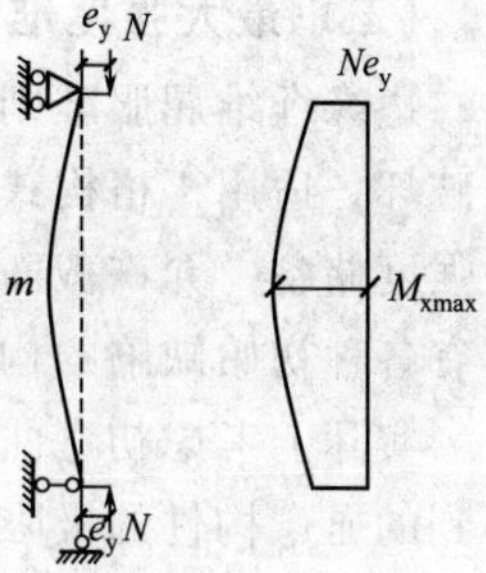

最大弯矩出现在跨中，所以

图 6.3.1 压弯构件

$$M_{xmax} = -EI_x v''\big|_{z=\frac{l}{2}} = \frac{M_{0x}}{\cos\dfrac{\alpha l}{2}} \qquad (6.3.5)$$

按照弯矩最大截面的边缘纤维屈服准则，得

$$\frac{N}{A} + \frac{M_{0x}}{W_x\cos\dfrac{\alpha l}{2}} = f_y \qquad (6.3.6)$$

令偏心率

$$\varepsilon_{0y} = \frac{e_y A}{W_x} \qquad (6.3.7)$$

截面的平均应力：$\sigma = \dfrac{N}{A}$，得

$$\frac{\sigma}{f_y} = \frac{1}{1 + \varepsilon_{0y}\sec\dfrac{\alpha l}{2}} < 1 \qquad (6.3.8)$$

上式中的 $\sec\dfrac{\alpha l}{2}$ 是考虑构件挠曲的二阶效应因子，基值总大于 1，因此考虑二阶效应后构件达到边缘屈服时可承受的平均应力小于只考虑一阶效应时的情况。

对具有初始挠度 $v_0 = v_{0m}\sin\dfrac{\pi z}{l}$ 的受压构件，可得出

$$M_{xmax} = \frac{Nv_{0m}}{1 - \dfrac{N}{N_{Ex}}} \qquad (6.3.9)$$

式中 Nv_{0m} 是只考虑轴力和初始挠度因素的弯矩。而式（6.3.8）和式（6.3.9）中因子 $\dfrac{1}{\sec\dfrac{\alpha l}{2}}$、$\dfrac{1}{1 - \dfrac{N}{N_{Ex}}}$ 可看成是对一阶弯矩的放大系数，因为 $\dfrac{\alpha l}{2}$ 可写成 $\dfrac{\pi}{2}\sqrt{\dfrac{N}{N_{Ex}}}$，所以这两个系数都与轴压力的大小有关，见图 6.3.2。

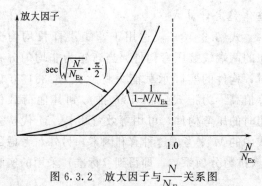

图 6.3.2 放大因子与 $\dfrac{N}{N_{Ex}}$ 关系图

（二）最大强度准则（极限承载力设计）

边缘纤维屈服准则认为，当构件截面受压最大纤维刚刚屈服，构件即失去承载能力而发生破坏，适用于格构式构件。对于实腹式压弯构件，当受压最大边缘刚刚屈服时，尚有较大的强度储备，允许截面发展塑性，因此根据构件的实际受力情况，采用最大强度准则，即以具有各种初始缺陷的构件为计算模型，求解其极限承载力。

实际上考虑初弯曲和初偏心的轴心受压构件就是压弯构件。《标准》采用数值计算方法得到的压弯构件的极限承载力 M 与用边缘纤维屈服准则推导的相关公式中的轴心压力 N 进行比较，对于短粗的实腹杆，偏安全；而对于细长的实腹杆，则偏不安全。因此《标准》采用弹性压弯构件边缘纤维屈服准则相关公式的形式，计算弯曲应力时考虑截面的塑性发展和二阶弯矩对初弯曲和残余应力的影响，考虑等效偏心距，提出近似相关公式

$$\frac{N}{N_p} + \frac{M_x + N\delta_0}{M_{0x}\left(1 - \frac{N}{N_{Ex}}\right)} = 1 \tag{6.3.10}$$

令 $M_x = 0$，$N = N_{0x} = \varphi_x A f_y$，解得

$$\delta_0 = \frac{W_{x1}(Af_y - N_{0x})(N_{Ex} - N_{0x})}{AN_{0x}N_{Ex}} \tag{6.3.11}$$

将式(6.3.10)代入式(6.3.11)得

$$\frac{N}{\varphi_x A f_y} + \frac{M_x}{W_{x1} f_y\left(1 - \varphi_x \dfrac{N}{N_{Ex}}\right)} \leqslant 1.0 \tag{6.3.12}$$

$$\frac{N}{\varphi_x A f_y} + \frac{M_x}{W_{x1} f_y\left(1 - 0.8\dfrac{N}{N_{Ex}}\right)} \leqslant 1.0 \tag{6.3.13}$$

式中的系数是经数值运算和比较而得，发现 0.8 可使式(6.3.12)的计算结果与各种截面塑性模量的理论计算结果误差最小，即 0.8 为最优值。图 6.3.3 中的虚线即为焊接工字钢按式(6.3.13)计算的结果。

（三）《标准》规定的实腹式压弯构件的整体稳定计算式

式(6.3.13)仅适用于弯矩沿杆长均匀分布的两端铰接压弯构件。当弯矩为非均匀分布时，构件的实际承载能力将比式(6.3.13)计算值高。为把式(6.3.13)推广到其他荷载作用时的压弯构件，可用等效弯矩 $\beta_{mx} M$ 代替公式中的 M 来考虑这种有利因素。另外，考虑部

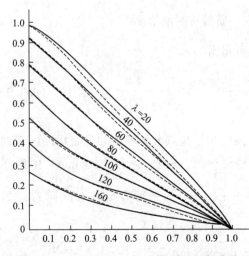

图 6.3.3　焊接工字钢压弯构件的相关曲线

分截面发展塑性，采用 $\gamma_x W_{1x}$ 代替 W_{1x}，并引入抗力分项系数，即得到《标准》采用的实腹式压弯构件弯矩作用平面内的稳定计算式

$$\frac{N}{\varphi_x Af} + \frac{\beta_{mx}M_x}{\gamma_x W_{1x}\left(1-0.8\dfrac{N}{N'_{Ex}}\right)f} \leqslant 1.0 \tag{6.3.14}$$

式中　N——所计算构件范围内轴心压力设计值，N；

N'_{Ex}——参数，$N'_{Ex}=\dfrac{\pi^2 EA}{1.1\lambda_x^2}$；

φ_x——弯矩作用平面内轴心受压构件稳定系数；

M_x——所计算构件段范围内的最大弯矩设计值，N·mm；

W_{1x}——在弯矩作用平面内对受压最大纤维的毛截面模量，mm^3。

上式中的等效弯矩系数应按下列规定采用。

（1）无侧移框架柱和两端支承的构件

① 无横向荷载作用。

$$\beta_{mx}=0.6+0.4\frac{M_2}{M_1} \tag{6.3.15}$$

M_1 和 M_2 为端弯矩，构件无反弯点时取同号，构件有反弯点时取异号，$|M_1|\geqslant|M_2|$。

② 无端弯矩但有横向荷载作用。

跨中单个集中荷载

$$\beta_{mx}=1-0.36N/N_{cr} \tag{6.3.16}$$

全跨均布荷载

$$\beta_{mx}=1-0.18N/N_{cr} \tag{6.3.17}$$

$$N_{cr}=\frac{\pi^2 EI}{(\mu L)^2}$$

③ 有端弯矩和横向荷载同时作用。

$$\beta_{mx}M_x=\beta_{mqx}M_{qx}+\beta_{mlx}M_1 \tag{6.3.18}$$

式中　M_{qx}——横向荷载产生的弯矩最大值；

β_{mqx}——按式（6.3.16）或式（6.3.17）计算；

β_{mlx}——按式（6.3.15）计算。

（2）有侧移框架柱和悬臂构件

① 有横向荷载的柱脚铰接的单层框架柱和多层框架的底层柱，$\beta_{mx}=1.0$。

② 自由端作用有弯矩的悬臂柱。

$$\beta_{mx}=1-0.36(1-m)N/N_{Ex} \tag{6.3.19}$$

式中　m——自由端弯矩与固定端弯矩之比，当弯矩图无反弯点时取正号，有反弯点时取负号。

③ 除以上规定之外的框架柱。

$$\beta_{mx}=1-0.36N/N_{Ex} \tag{6.3.20}$$

对于 T 形等单轴对称截面压弯构件，当弯矩作用于对称轴平面且使较大翼缘受压时，构件失稳时出现的塑性区除存在前述受压区屈服和受压、受拉区同时屈服两种情况外，还可能在受拉区首先出现屈服而导致构件失去承载能力，故除了按式（6.3.14）计算外，还应按下式

$$\left|\frac{N}{Af}-\frac{\beta_{mx}M_x}{\gamma_x W_{2x}f\left(1-1.25\dfrac{N}{N_{Ex}}\right)}\right|\leqslant 1.0 \tag{6.3.21}$$

式中　W_{2x}——受拉侧最外纤维的毛截面模量。

系数 1.25 是经过与理论计算结果比较后引进的修正系数。

二、弯矩作用平面外的稳定计算

开口薄壁截面压弯构件的抗扭刚度及弯矩作用平面外的抗弯刚度通常较小，当构件在弯矩作用平面外没有足够的支撑以阻止其产生侧向位移和扭转时，构件可能因弯扭屈曲而破坏。

1. 平面外弯扭失稳的临界力

对于双轴对称的压弯构件，若不考虑初始几何缺陷，平面外失稳的平衡微分方程为

$$EI_y u'' + Nu + M_x\theta = 0 \tag{6.3.22}$$

$$EI_\omega\theta''' - GI_t\theta' + M_x u' + (r_0^2 N - \overline{R})\theta' = 0 \tag{6.3.23}$$

式中

$$M_x = Ne_y$$

设解为：$u = c_1\sin\dfrac{\pi z}{l}$，$\theta = c_2\sin\dfrac{\pi z}{l}$，则

$$c_1(N_{Ey} - N) - c_2 Ne_y = 0 \tag{6.3.24}$$

$$-c_1 N_{Ey} + c_2 r_0^2(N_\theta - N) = 0 \tag{6.3.25}$$

其中　$N_{Ey} = \dfrac{\pi^2 EI_y}{l^2}$，$N_\theta = \dfrac{\dfrac{\pi^2 EI_\omega}{l^2} + GI_Z + \overline{R}}{r_0^2}$

因构件失稳时，c_1、c_2 不为 0，令式(6.3.24) 的系数行列式为 0，得

$$(N_{Ey} - N)(N_\theta - N) - N^2\frac{e_y^2}{r_0^2} = 0 \tag{6.3.26}$$

利用前述双轴对称纯弯曲梁的临界弯矩公式，式(6.3.25) 可简化为

$$\left(1 - \frac{N}{N_{Ey}}\right)\left(1 - \frac{N}{N_\theta}\right) - \frac{M_x^2}{M_{crx}^2} = 0 \tag{6.3.27}$$

2. 平面外稳定承载力的实用公式

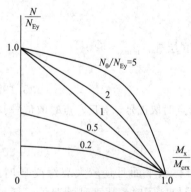

图 6.3.4　单向压弯构件平面外失稳相关曲线

式(6.3.27) 可绘成图 6.3.4 的形式，$\dfrac{N}{N_{Ey}} - \dfrac{M_x}{M_{crx}}$ 的曲线形式依赖于 $\dfrac{N_\theta}{N_{Ey}}$，根据钢结构常用双轴对称工字形截面分析，$\dfrac{N_\theta}{N_{Ey}}$ 均大于 1，偏安全地取为 1，近似得

$$\frac{N}{N_{Ey}} + \frac{M_x}{M_{crx}} = 1 \tag{6.3.28}$$

式(6.3.28) 是根据弹性工作状态的双轴对称截面导出的理论简化式。理论分析和试验研究表明，此式同样适用于弹塑性压弯构件的弯扭屈曲计算，而且对于单轴对称截面的压弯构件只要用单轴对称截面轴心压杆的弯扭屈曲临界力 N_{cr} 代替式中的 N_{Ey}，相关公式仍然适用。

在式(6.3.28) 中，将 $N_{Ey} = \varphi_y f_y A$，$M_{crx} = \varphi_b f_y W_{1x}$ 代入，并引入非均匀弯矩作用时的等

效弯矩系数 β_{tx}、箱形截面的调整系数 η 以及抗力分项系数 γ_R 后，即得到《标准》规定的压弯构件在弯矩作用平面外稳定计算的相关公式

$$\frac{N}{\varphi_y A f}+\frac{\beta_{tx} M_x}{\varphi_b W_{1x} f}\leqslant 1.0 \tag{6.3.29}$$

式中　M_x——所计算构件段范围内（构件侧向支承点间）的最大弯矩；

　　　η——截面影响系数，闭合截面 $n=0.7$，其他截面 $\eta=1.0$；

　　　φ_y——弯矩作用平面外的轴心受压构件稳定系数；

　　　φ_b——均匀弯曲受弯构件的整体稳定系数，采用近似计算公式计算，对闭口截面 $\varphi_b=1.0$；

　　　β_{tx}——等效弯矩系数。

上式中的等效弯矩系数 β_{tx} 应按下列规定采用。

（1）在弯矩作用平面外有支承的构件，应根据两相邻支承点间构件段内的荷载和内力情况确定。

① 所考虑构件段无横向荷载作用。

$$\beta_{tx}=0.65+0.35\frac{M_2}{M_1} \tag{6.3.30}$$

M_1 和 M_2 是在弯矩作用平面内的弯矩，使构件段产生同向曲率时取同号，产生反向曲率时取异号，$|M_1|\geqslant|M_2|$。

② 所考虑构件段内有端弯矩和横向荷载同时作用。使构件段产生同向曲率时，$\beta_{tx}=1.0$；使构件段产生反向曲率时，$\beta_{tx}=0.85$。

③ 所考虑构件段内无端弯矩但有横向荷载作用，$\beta_{tx}=1.0$。

（2）弯矩作用平面外为悬臂的构件，$\beta_{tx}=1.0$。

三、双向弯曲实腹式压弯构件的整体稳定

弯矩作用在两个主轴平面内为双向弯曲压弯构件，在实际工程中较为少见。《标准》规定了双轴对称截面压弯构件的计算方法。

双轴对称的工字形截面（H 型钢）和箱形截面的压弯构件，可用下列公式计算其稳定性

$$\frac{N}{\varphi_x A f}+\frac{\beta_{mx} M_x}{\gamma_x W_{1x}\left(1-0.8\dfrac{N}{N'_{Ex}}\right)f}+\eta\frac{\beta_{ty} M_y}{\varphi_{by} W_y f}\leqslant 1.0 \tag{6.3.31}$$

$$\frac{N}{\varphi_y A f}+\eta\frac{\beta_{tx} M_x}{\varphi_{bx} W_x f}+\frac{\beta_{my} M_y}{\gamma_y W_y\left(1-0.8\dfrac{N}{N'_{Ey}}\right)f}\leqslant 1.0 \tag{6.3.32}$$

式中　φ_x、φ_y——对强轴 $x-x$ 和弱轴 $y-y$ 的轴心受压构件稳定系数；

　　　φ_{bx}、φ_{by}——均匀弯曲的受弯构件整体稳定系数，工字形截面的非悬臂（悬伸）构件 φ_{bx} 可按近似公式计算，φ_{by} 可取 1.0，对闭口截面，取 $\varphi_{bx}=\varphi_{by}=1.0$；

　　　M_x、M_y——所计算构件段范围内对强轴和弱轴的最大弯矩；

　　　N'_{Ex}、N'_{Ey}——参数，$N'_{Ex}=\dfrac{\pi^2 EA}{1.1\lambda_x^2}$，$N'_{Ey}=\dfrac{\pi^2 EA}{1.1\lambda_y^2}$；

　　　W_x、W_y——强轴和弱轴的毛截面模量；

β_{mx}、β_{my}——弯矩作用平面内等效弯矩系数；

β_{tx}、β_{ty}——弯矩作用平面外等效弯矩系数。

第四节 实腹式压弯构件的局部稳定

为了保证压弯构件中板件的局部稳定，采取同轴心受压构件和受弯构件相同的方法，即限制板件的宽厚比和高厚比。

一、受压翼缘的宽厚比

压弯构件的受压翼缘板，其应力情况与梁受压翼缘基本相同，因此其受压翼缘宽厚比限值的计算同梁受压翼缘的宽厚比限值计算方法。

工字形和箱形压弯构件，受压翼缘板外伸宽度 b_1 与其厚度的比值

$$\frac{b}{t} \leqslant 15\sqrt{\frac{235}{f_y}} \tag{6.4.1}$$

当截面考虑有限塑性发展，则上式右端的 15 改为 13。

箱形截面压弯构件受压翼缘两腹板之间部分的宽厚比，应符合

$$\frac{b_0}{t} \leqslant 45\sqrt{\frac{235}{f_y}} \tag{6.4.2}$$

当截面考虑有限塑性发展，则上式右端的 45 改为 40。

二、腹板的高厚比

（一）工字形截面

工字形截面腹板的局部失稳是在平均剪应力和非均匀正应力共同作用下发生的，腹板的局部稳定问题受剪应力的影响很小，主要与其压应力的不均匀分布梯度有关。

引入应力梯度 α_0，是指由腹板上、下边缘处的最大压应力和最小应力产生的，公式如下

$$\alpha_0 = \frac{\sigma_{max} - \sigma_{min}}{\sigma_{max}} \tag{6.4.3}$$

式中 σ_{max}——腹板计算高度边缘的最大压应力，计算时不考虑构件的稳定系数和截面塑性发展系数；

σ_{min}——板计算高度另一边缘相应的应力，压应力取正值，拉应力取负值。

压弯构件的腹板在压力、弯矩和剪力联合作用下的弹性屈曲条件可表示为

$$\left(\frac{\tau}{\tau_0}\right)^2 + \left[1 - \left(\frac{\alpha_0}{2}\right)^5\right]\frac{\sigma}{\sigma_0} + \left(\frac{\alpha_0}{2}\right)^5\left(\frac{\sigma}{\sigma_0}\right)^2 = 1 \tag{6.4.4}$$

式中 τ——压弯构件在剪力作用下腹板的平均剪应力；

σ——压弯构件在弯矩和轴力共同作用下腹板边缘的最大压应力；

α_0——与腹板上下边缘的最大压应力和最小压应力有关的应力梯度，见式(6.4.3)；

τ_0——腹板仅受剪应力作用时的屈曲剪应力；

k_τ——弹性剪切屈曲系数；

σ_0——腹板仅受弯矩和轴力共同作用时的屈曲应力；

k_σ——弹性屈曲系数，与应力梯度 α_0 有关。

不均匀压力和剪力共同作用腹板弹性屈曲临界应力

$$\sigma = K_e \frac{\pi^2 E}{12(1-v^2)} \left(\frac{t_w}{h_0}\right)^2 \tag{6.4.5}$$

式中 K_e——弹性屈曲系数，其值与应力梯度 α_0 有关；

K_p——塑性屈曲系数。

由式（6.4.5）得到的临界应力只适用于弹性状态屈曲的板，压弯构件失稳时，截面的变形将有不同程度的塑性发展。腹板的塑性发展深度与构件的长细比和板的应力梯度 α_0 有关。

根据弹塑性稳定理论，弹塑性临界应力为

$$\sigma_{cr} = K_p \frac{\pi^2 E t_w^2}{12(1-v^2)h_0^2} \tag{6.4.6}$$

对于压弯构件截面，由弯矩作用平面内稳定控制的情况，截面受压较大处出现塑性和构件长细比关系不大，因此《标准》给出的腹板宽厚比限值不随构件长细比发生变化。对 H 形截面腹板以及箱形截面梁及单向受弯箱形截面柱的腹板，其宽厚比应满足

$$\frac{h_0}{t_w} \leqslant (45 + 25\alpha_0^{1.66}) \sqrt{\frac{235}{f_y}} \tag{6.4.7}$$

式中 h_0、t_w——分别为腹板净高度和厚度。

（二）箱形截面

当采用边缘屈服准则时，箱形截面腹板的 h_0/t_w 不应大于表 6.4.1 中 S4 级的要求；当截面考虑塑性发展时，不应大于表中的 S3 级。

表 6.4.1　压弯构件截面板件宽厚比等级及限值

截面板件宽厚比等级		S1 级	S2 级	S3 级	S4 级	S5 级
H 形截面	翼缘 b/t	$9\varepsilon_k$	$11\varepsilon_k$	$13\varepsilon_k$	$15\varepsilon_k$	20
	腹板 h_0/t_w	$(33+13\alpha_0^{1.3})\varepsilon_k$	$(38+13\alpha_0^{1.39})\varepsilon_k$	$(40+18\alpha_0^{1.5})\varepsilon_k$	$(45+25\alpha_0^{1.66})\varepsilon_k$	250
箱形截面	横板（腹板）间翼缘 b_0/t	$30\varepsilon_k$	$35\varepsilon_k$	$40\varepsilon_k$	$45\varepsilon_k$	—
圆钢管截面	径厚比 D/t	$50\varepsilon_k^2$	$70\varepsilon_k^2$	$90\varepsilon_k^2$	$100\varepsilon_k^2$	—

第五节　实腹式压弯构件的设计

一、截面形式

对于压弯构件，当承受的弯矩较小时，其截面形式一般和轴心受压构件相同。当弯矩较大时，宜采用弯矩平面内截面高度较大的双轴或单轴对称截面。

二、截面选择及验算

压弯构件的设计较为复杂，通常先假设适当的截面，然后进行验算。假设截面时可参考

已有的类似设计并做必要的估算，设计的截面还应满足构造简单、便于施工、易于与其他构件连接、易于取材等。

截面选择的具体步骤如下：①计算构件的内力设计值，即弯矩设计值 M_x、轴心压力设计值 N 和剪力设计值 V；②选择截面形式；③确定钢材及强度设计值；④确定弯矩作用平面内和平面外的计算长度；⑤根据经验或已有资料初选截面尺寸；⑥对初选截面进行强度验算、刚度验算、弯矩作用平面内稳定验算、弯矩作用平面外稳定验算和局部稳定验算，如验算不满足要求，则对初选截面进行调整，重新计算，直到满足要求。

三、构造要求

当腹板的高厚比不满足表 6.4.1 中 S4 级的要求时，可考虑在腹板中部设置纵向加劲肋，以达到减小板件宽厚比的目的。加劲肋宜在板件两侧成对布置，其一侧外伸宽度不应小于板件厚度 t 的 10 倍，厚度不宜小于 $0.75t$。

【例 6-2】 图 6.5.1(a) 所示为 Q235 钢，焰切边，工字形截面柱，两端铰接，柱中点处设置侧向支撑 [图 6.5.1(b)]，截面无削弱，承受轴心压力的设计值为 850kN，跨中集中力设计值为 100kN，试验算此构件的承载力。若承载力不满足要求，在不改变柱子截面的条件下，可采取什么措施提高柱子的承载力？

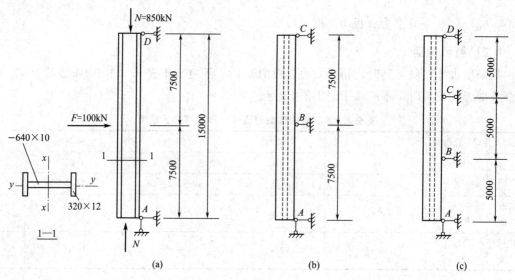

图 6.5.1 例 6-2 图

解 (1) 截面的几何特性

截面面积 $\qquad A = 2 \times 32 \times 1.2 + 64 \times 1.0 = 140.8\text{cm}^2$

惯性矩 $\qquad I_x = \dfrac{1}{12} \times (32 \times 66.4^3 - 31 \times 64^3) = 103475\text{cm}^4$

$$I_y = 2 \times \dfrac{1}{12} \times 1.2 \times 32^3 = 6554\text{cm}^4$$

截面模量 $\qquad W_{1x} = \dfrac{103475}{33.2} = 3117\text{cm}^3$

回转半径
$$i_x = \sqrt{\frac{103475}{140.8}} = 27.1\text{cm}$$

$$i_y = \sqrt{\frac{6554}{140.8}} = 6.8\text{cm}$$

（2）强度验算

$$M_x = \frac{1}{4} \times 100 \times 15 = 375\text{kN} \cdot \text{m}$$

$$\sigma = \frac{N}{A_n} + \frac{M_x}{\gamma_x W_{nx}} = \frac{850 \times 10^3}{140.8 \times 10^2} + \frac{375 \times 10^6}{1.05 \times 3117 \times 10^3} = 175\text{N/mm}^2 < f = 215\text{N/mm}^2（满足要求）$$

（3）弯矩作用平面内稳定验算

$$\lambda_x = \frac{1500}{27.1} = 55.4 < [\lambda] = 150$$

查附表 6.2（b 类截面）得 $\varphi_x = 0.831$

$$N'_{Ex} = \frac{\pi^2 EA}{1.1\lambda_x^2} = \frac{3.14^2 \times 206000 \times 140.8 \times 10^2}{1.1 \times 55.4^2} = 8471 \times 10^3\text{N} = 8471\text{kN}$$

$$\beta_{mx} = 1.0$$

$$\sigma = \frac{N}{\varphi_x A} + \frac{\beta_{mx} M_x}{\gamma_x W_{1x}\left(1 - 0.8\dfrac{N}{N'_{Ex}}\right)}$$

$$= \frac{850 \times 10^3}{0.831 \times 140.8 \times 10^2} + \frac{1.0 \times 375 \times 10^6}{1.05 \times 3117 \times 10^3 \times \left(1 - 0.8 \times \dfrac{850}{8471}\right)}$$

$$= 197.2\text{N/mm}^2 < f = 215\text{N/mm}^2（满足要求）$$

（4）弯矩作用平面外稳定验算

$$\lambda_y = \frac{l_{0y}}{i_y} = \frac{750}{6.8} = 110.3 < [\lambda] = 150$$

查附表 6.2（b 类截面），得 $\varphi_y = 0.491$

$$\varphi_b = 1.07 - \frac{\lambda_y^2}{44000} = 1.07 - \frac{110.3^2}{44000} = 0.793$$

所计算构件段，有端弯矩和横向荷载作用，但使构件段产生同向曲率，故取 $\beta_{tx} = 1.0$，$\eta = 1.0$。

$$\sigma = \frac{N}{\varphi_y A} + \eta\frac{\beta_{tx} M_x}{\varphi_b W_{1x}} = \frac{850 \times 10^3}{0.491 \times 140.8 \times 10^2} + 1.0 \times \frac{1.0 \times 375 \times 10^6}{0.793 \times 3117 \times 10^3} = 130.2 + 151.7$$

$$= 274.7\text{N/mm}^2 > f = 215\text{N/mm}^2（满足要求）$$

平面外稳定不满足要求。

现增设一道侧向支撑，即柱中在三分之一长度处设置侧向支撑 [图 6.5.1(c)]，则

$$\lambda_y = \frac{500}{6.8} = 73.5 < [\lambda] = 150$$

查附表 6.2（b 类截面）得，$\varphi_y = 0.729$

$$\varphi_b = 1.07 - \frac{\lambda_y^2}{44000} = 1.07 - \frac{73.5^2}{44000} = 0.947$$

$$\sigma = \frac{N}{\varphi_y A} + \eta \frac{\beta_{tx} M_x}{\varphi_b W_{1x}} = \frac{850 \times 10^3}{0.729 \times 140.8 \times 10^2} + 1.0 \times \frac{1.0 \times 375 \times 10^6}{0.947 \times 3117 \times 10^3}$$

$$= 209.9 \text{N/mm}^2 < f = 215 \text{N/mm}^2 （满足要求）$$

由以上计算可知，此压弯构件是由弯矩作用平面外的稳定控制设计的。

（5）局部稳定验算

$$\sigma_{max} = \frac{N}{A} + \frac{M_x}{I_x} \frac{h_0}{2} = \frac{850 \times 10^3}{140.8 \times 10^2} + \frac{375 \times 10^6}{103475 \times 10^4} \times 320 = 176.3 \text{N/mm}^2$$

$$\sigma_{min} = \frac{N}{A} - \frac{M_x}{I_x} \frac{h_0}{2} = \frac{850 \times 10^3}{140.8 \times 10^2} - \frac{375 \times 10^6}{103475 \times 10^4} \times 320 = -55.6 \text{N/mm}^2 （拉应力）$$

$$\alpha_0 = \frac{\sigma_{max} - \sigma_{min}}{\sigma_{max}} = \frac{176.3 + 55.6}{176.3} = 1.32 < 1.6$$

腹板 $\quad \dfrac{h_0}{t_w} = \dfrac{640}{10} = 64 < (16\alpha_0 + 0.5\lambda_x + 25)\sqrt{\dfrac{235}{f_y}} = (16 \times 1.29 + 0.5 \times 55.4 + 25) \times 1 = 73.3$

翼缘 $\quad \dfrac{b}{t} = \dfrac{160 - 5}{12} = 12.9 < 13\sqrt{\dfrac{235}{f_y}} = 13$

局部稳定满足要求。

【例 6-3】 如图 6.5.2 所示一箱形截面偏心受压柱，荷载设计值和截面尺寸钢材为 Q235，试验算柱的承载力。

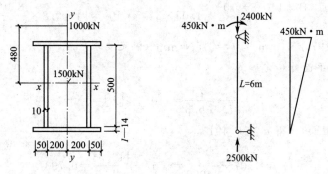

图 6.5.2 例 6-3 图

解 （1）截面的几何特性

截面积 $\quad A = 2 \times 50 \times 1.4 + 2 \times 50 \times 1 = 240 \text{cm}^2$

惯性矩 $\quad I_x = 2 \times \dfrac{1}{12} \times 1 \times 50^3 + 2 \times 1.4 \times 50 \times 25.7^2 = 113302 \text{cm}^4$

$$I_y = 2 \times \frac{1}{12} \times 1.4 \times 50^3 + 2 \times 1 \times 50 \times 20^2 = 69167 \text{cm}^4$$

截面模量 $\quad W_{1x} = \dfrac{I_x}{y_1} = \dfrac{113302}{26.4} = 4292 \text{cm}^3$

回转半径 $\quad i_x = \sqrt{\dfrac{113302}{240}} = 21.7 \text{cm}$

$$i_y = \sqrt{\frac{69167}{240}} = 17.0 \text{cm}$$

长细比　$\lambda_x = \dfrac{600}{21.7} = 27.6$

$$\lambda_y = \frac{600}{17.0} = 35.3$$

查附表 6.2，$\varphi_x = 0.944$，$\varphi_y = 0.917$

（2）强度验算

$$\sigma = \frac{N}{A_n} + \frac{M_x}{\gamma_x M_{nx}} = \frac{2400 \times 10^3}{240 \times 10^2} + \frac{450 \times 10^6}{1.05 \times 4292 \times 10^3}$$

$$= 100 + 99.9 = 199.9 \text{N/mm}^2 < f = 215 \text{N/mm}^2 \text{（满足要求）}$$

（3）弯矩作用平面内稳定验算

$$N'_{Ex} = \frac{\pi^2 EA}{1.1 \lambda_x^2} = \frac{3.14^2 \times 206 \times 10^3 \times 24000}{1.1 \times 27.6^2} = 58174 \times 10^3 \text{N} = 58174 \text{kN}$$

$$M_2 = 450 \text{kN} \cdot \text{m}, M_1 = 0, \beta_{mx} = 0.65$$

$$\sigma = \frac{N}{\varphi_x A} + \frac{\beta_{mx} M_x}{\gamma_x W_{1x}\left(1 - 0.8 \dfrac{N}{N'_{Ex}}\right)} = \frac{2400 \times 10^3}{0.944 \times 24000} + \frac{0.65 \times 450 \times 10^6}{1.05 \times 4292 \times 10^3 \times \left(1 - 0.8 \times \dfrac{2400}{58174}\right)}$$

$$= 105.9 + 67.1 = 173 \text{N/mm}^2 < f = 215 \text{N/mm}^2 \text{（满足要求）}$$

（4）弯矩作用平面外稳定验算

$\beta_{tx} = 0.65$，箱形截面 $\eta = 0.7$，$\varphi_b = 1.0$

$$\sigma = \frac{N}{\varphi_y A} + \eta \frac{\beta_{tx} M_x}{\varphi_b W_{1x}} = \frac{2400 \times 10^3}{0.917 \times 24000} + 0.7 \times \frac{0.65 \times 450 \times 10^6}{1 \times 4292 \times 10^3}$$

$$= 109.1 + 47.7 = 156.8 \text{N/mm}^2 < f = 215 \text{N/mm}^2 \text{（满足要求）}$$

（5）局部稳定验算

$$W_1 = \frac{I_x}{25} = \frac{113302}{25} = 4532 \text{cm}^3$$

$$\sigma_{max} = \frac{N}{A} + \frac{M_x}{W_1} = \frac{2400 \times 10^3}{24000} + \frac{450 \times 10^6}{4532 \times 10^3} = 100 + 99.3 = 199.3 \text{N/mm}^2$$

$$\sigma_{min} = 100 - 99.3 = 0.7 \text{N/mm}^2$$

$$\alpha_0 = \frac{\sigma_{max} - \sigma_{min}}{\sigma_{max}} = \frac{199.3 - 0.7}{199.3} = 0.997 < 1.6$$

腹板　$\dfrac{h_0}{t_w} = \dfrac{500}{10} = 50 > 0.8 \ (16 \times \alpha_0 + 0.5\lambda_x + 25) \sqrt{\dfrac{235}{f_y}} = 44.0$

受压翼缘　$\dfrac{b_0}{t} = \dfrac{390}{14} = 27.9 < 40 \sqrt{\dfrac{235}{f_y}} = 40$

$$\frac{b}{t} = \frac{45}{14} = 3.2 < 13 \sqrt{\frac{235}{f_y}} = 13$$

腹板局部稳定不满足要求，应加厚腹板，取 $t_w = 12$mm，$h_0/t_w = 41.7 < 44.0$。

第六节　格构式压弯构件的设计

截面高度较大的压弯构件，采用格构式可以节省材料。常用的格构式压弯构件截面如图 6.6.1 所示。当柱中弯矩不大或正负弯矩的绝对值相差不大时，可用对称的截面形式〔图 6.6.1(a)、(b)〕；如果正负弯矩的绝对值相差较大时常采用不对称截面〔图 6.6.1(c)〕，并将截面较大肢放在受压较大的一侧。

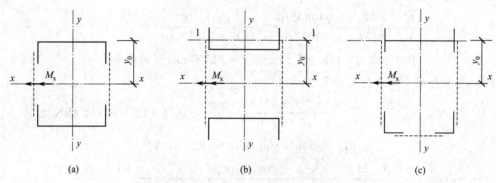

图 6.6.1　格构式压弯构件的截面形式

一、弯矩绕虚轴作用的格构式压弯构件

格构式压弯构件通常将弯矩绕虚轴作用，此种构件应进行下列计算。

（一）弯矩作用平面内的整体稳定计算

由于格构式截面中部是空心的，不能考虑塑性的深入发展，故弯矩作用平面内的整体稳定计算宜采用边缘屈服准则。按式(6.3.14)计算，其中 $W_{1x} = I_x/y_0$，I_x 为对 x 轴（虚轴）的毛截面惯性矩。y_0 为由 x 轴到压力较大分肢轴线的距离或者到压力较大分肢腹板外边缘的距离，二者取较大值。φ_x 和 N'_{Ex} 分别为弯矩作用平面内轴心受压构件稳定系数和参数，均由换算长细比 λ_{0x} 确定。

（二）分肢的稳定计算

弯矩绕虚轴作用的压弯构件，在弯矩作用平面外的整体稳定一般由分肢的稳定来保证，应计算分肢的稳定性。分肢的轴心力按桁架的弦杆计算。

分肢 1
$$N_1 = N\frac{y_2}{a} + \frac{M_x}{a} \qquad (6.6.1)$$

分肢 2
$$N_2 = N - N_1 \qquad (6.6.2)$$

缀条式压弯构件的分肢按轴心压杆计算〔如图 6.6.2(a) 所示〕。进行缀板式压弯构件的分肢计算时，除轴心力外，还应考虑由剪力作用引起的局部弯矩，按实腹式压弯构件验算单肢的稳定性。

（三）缀件的计算

计算压弯构件的缀件时，应取构件实际剪力和按式(5.6.19)计算所得剪力两者中的较大值。其计算方法与格构式轴心受压构件相同。

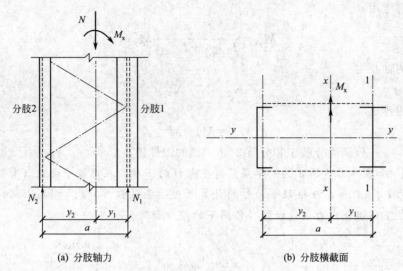

(a) 分肢轴力　　　　　　　(b) 分肢横截面

图 6.6.2　分肢的内力

二、弯矩绕实轴作用的格构式压弯构件

弯矩绕实轴作用的格构式压弯构件，其弯矩作用平面内和平面外的稳定性计算均与实腹式构件相同。但在计算弯矩作用平面外的整体稳定性时，长细比应取换算长细比，取 $\varphi_b=1.0$。

三、双向受弯的格构式压弯构件

弯矩作用在两个主平面内的双肢格构式压弯构件（如图 6.6.3 所示），按下列规定计算。

(一) 按整体稳定计算

《标准》采用与边缘屈服准则导出的弯矩绕虚轴作用的格构式压弯构件平面内整体稳定计算式进行计算

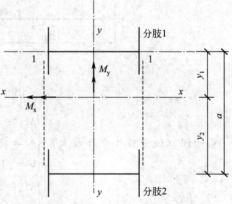

图 6.6.3　双向压弯格构柱

$$\frac{N}{\varphi_x Af}+\frac{\beta_{mx}M_x}{W_{x1}\left(1-\varphi_x\dfrac{N}{N'_{Ex}}\right)f}+\frac{\beta_{ty}M_y}{W_{1y}f}\leqslant 1.0 \qquad (6.6.3)$$

式中　W_{1y}——在 M_y 作用下，对较大受压纤维的毛截面模量，mm³。

(二) 按分肢的稳定计算

在 N 和 M_x 的共同作用下，将分肢作为桁架弦杆按式(6.6.4)和式(6.6.6)计算其轴心力，M_y 按式(6.6.5)和式(6.6.7)分配给两分肢（图 6.6.3），然后按实腹式压弯构件的规定计算分肢稳定性。

分肢 1 的轴心力

$$N_1=N\frac{y_2}{a} \qquad (6.6.4)$$

分肢 1 的弯矩

$$M_{y1} = \frac{I_1/y_1}{I_1/y_1 + I_2/y_2} M_y \qquad (6.6.5)$$

分肢 2 的轴心力

$$N_2 = N - N_1 \qquad (6.6.6)$$

分肢 2 的弯矩

$$M_{y2} = M_y - M_{y1} \qquad (6.6.7)$$

式中 I_1、I_2——分别为分肢 1 和分肢 2 对 y 轴的惯性矩。

【例 6-4】 如图 6.6.4 所示为一单层厂房框架柱的下柱，在框架平面内（有侧移框架柱）的计算长度为 $l_{0x} = 20\text{m}$，在框架平面外的计算长度（两端铰接）$l_{0y} = 12\text{m}$，钢材为 Q235。试验算此柱在下列组合内力（设计值）作用下的整体稳定。

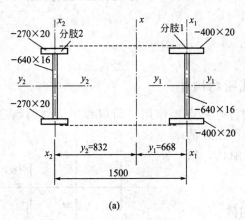
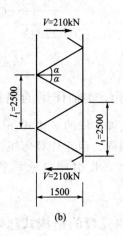

图 6.6.4 例 6-4 图

第一组（使分肢 1 受压最大）$\begin{cases} M_x = 3300\text{kN·m} \\ N = 4500\text{kN} \\ V = 210\text{kN} \end{cases}$

第二组（使分肢 2 受压最大）$\begin{cases} M_x = 2700\text{kN·m} \\ N = 4300\text{kN} \\ V = 210\text{kN} \end{cases}$

解 （1）截面的几何特征

分肢 1 $A_1 = 2 \times 40 \times 2 + 64 \times 1.6 = 264.2\text{cm}^2$

$I_{y1} = \frac{1}{12} \times (40 \times 68^3 - 38.4 \times 64^3) = 209246\text{cm}^4$

$i_{y1} = 28.2\text{cm}$

$I_{x1} = 2 \times \frac{1}{12} \times 2 \times 40^3 = 21333\text{cm}^4$

$i_{x1} = 9.0\text{cm}$

分肢 2 $A_2 = 2 \times 27 \times 2 + 64 \times 1.6 = 210.4\text{cm}^2$

$I_{y2} = \frac{1}{12} \times (27 \times 68^3 - 25.4 \times 64^3) = 152601\text{cm}^4$

$$i_{y2}=26.9\text{cm}$$

$$I_{x2}=2\times\frac{1}{12}\times2\times27^3=6561\text{cm}^4$$

$$i_{x2}=5.6\text{cm}$$

整个截面　$A=262.4+210.4=472.8\text{cm}^2$

$$y_1=\frac{210.4\times150}{472.8}=66.8\text{cm}$$

$$y_2=150-66.8=83.2\text{cm}$$

$$I_x=21333+262.4\times66.8^2+6561+210.4\times83.2^2=2655225\text{cm}^4$$

$$i_x=\sqrt{\frac{2655225}{472.8}}=74.9\text{cm}$$

（2）斜缀条截面选择［图6.6.4(b)］

计算剪力　$V=\dfrac{Af}{85}\sqrt{\dfrac{f_y}{235}}=\dfrac{472.8\times10^2\times205}{85}\times1=114028.2\text{N}=114\text{kN}<210\text{kN}$

缀条内力及长度　$\tan\alpha=\dfrac{125}{150}=0.833$，$\alpha=39.8°$

$$N_e=\frac{210}{2\times\cos39.8°}=136.7\text{kN}$$

$$l=\frac{150}{\cos39.8°}=195\text{cm}$$

选用单角钢∟100×8，$A=15.64\text{cm}^2$，$i_{min}=1.98\text{cm}$

$$\lambda=\frac{195\times0.9}{1.98}=88.6<[\lambda]=150$$

查附表6.2（b类截面）得 $\varphi=0.631$。

单角钢单面连接的设计强度折减系数

$$\eta=0.6+0.0015\times\lambda=0.6+0.0015\times88.6=0.733$$

验算缀条稳定

$$\frac{N_e}{\varphi A}=\frac{136.7\times10^3}{0.631\times15.64\times10^2}=138.5\text{N/mm}^2<0.733\times215=157.6\text{N/mm}^2（满足要求）$$

（3）验算弯矩作用平面内柱的整体稳定

$$\lambda_x=\frac{l_{0x}}{i_x}=\frac{2000}{74.9}=26.7$$

换算长细比　$\lambda_{0x}=\sqrt{\lambda_x^2+27\dfrac{A}{A_1}}=\sqrt{26.7^2+27\times\dfrac{472.8}{2\times15.64}}=33.5<[\lambda]=150$

查附表6.2（b类截面），查得 $\varphi_x=0.923$

$$N'_{Ex}=\frac{\pi^2EA}{1.1\lambda_{0x}^2}=\frac{3.14^2\times206\times10^3\times472.8\times10^2}{1.1\times35.3^2}=70059\times10^3\text{N}$$

有侧移框架柱 $\beta_{mx}=1.0$

① 第一组内力，使分肢 1 受压最大。

$$W_{1x} = \frac{I_x}{y_1} = \frac{2655225}{66.8} = 39749 \mathrm{cm}^2$$

$$\frac{N}{\varphi_x A} + \frac{\beta_{mx} M_x}{W_{1x}\left(1 - \varphi_x \dfrac{N}{N'_{Ex}}\right)} = \frac{4500 \times 10^3}{0.923 \times 472.8 \times 10^2} + \frac{1.0 \times 3300 \times 10^6}{39749 \times 10^3 \times \left(1 - 0.923 \times \dfrac{4500}{70059}\right)}$$

$$= 191.4 (\mathrm{N/mm}^2) < f = 205 \mathrm{N/mm}^2$$

② 第二组内力，使分肢 2 受压最大。

$$W_{2x} = \frac{I_x}{y_2} = \frac{2655225}{83.2} = 31914 \mathrm{cm}^2$$

$$\frac{N}{\varphi_x A} + \frac{\beta_{mx} M_x}{W_{2x}\left(1 - \varphi_x \dfrac{N}{N'_{Ex}}\right)} = \frac{4300 \times 10^3}{0.923 \times 472.8 \times 10^2} + \frac{1.0 \times 2700 \times 10^6}{31914 \times 10^3 \times \left(1 - 0.923 \times \dfrac{4300}{70059}\right)}$$

$$= 188.2 \mathrm{N/mm}^2 < f = 205 \mathrm{N/mm}^2$$

（4）验算分肢 1 的稳定（采用第一组内力）

最大压力 $\quad N_1 = \dfrac{0.832}{1.5} \times 4500 + \dfrac{3300}{1.5} = 4696 \mathrm{kN}$

$$\lambda_{x1} = \frac{250}{9.0} = 27.8 < [\lambda] = 150$$

$$\lambda_{y1} = \frac{1200}{28.2} = 42.6 < [\lambda] = 150$$

查附表 6.2（b 类截面），得 $\varphi_{\min} = 0.889$

$$\frac{N_1}{\varphi_{\min} A_1} = \frac{4696 \times 10^3}{0.889 \times 262.4 \times 10^2} = 201.3 \mathrm{N/mm}^2 < f = 205 \mathrm{N/mm}^2$$

（5）验算分肢 2 的稳定（采用第二组内力）

最大压力 $\quad N_2 = \dfrac{0.668}{1.5} \times 4300 + \dfrac{2700}{1.5} = 3715 \mathrm{kN}$

$$\lambda_{x2} = \frac{250}{5.6} = 44.6 < [\lambda] = 150$$

$$\lambda_{y2} = \frac{1200}{26.9} = 44.6 < [\lambda] = 150$$

查附表 6.2（b 类截面），得 $\varphi_{\min} = 0.881$

$$\frac{N_2}{\varphi_{\min} A_2} = \frac{3715 \times 10^3}{0.881 \times 210.4 \times 10^2} = 200.4 \mathrm{N/mm}^2 < f = 205 \mathrm{N/mm}^2$$

（6）分肢局部稳定验算

只需验算分肢 1 的局部稳定，此分肢属轴心受压构件。

因 $\lambda_{x1} = 27.8$，$\lambda_{y1} = 42.6$，$\lambda_{\max} = 42.6$

翼缘 $\quad \dfrac{b_1}{t} = \dfrac{192}{20} = 9.6 < (10 + 0.1\lambda_{\max})\sqrt{\dfrac{235}{f_y}} = (10 + 0.1 \times 42.6) \times \sqrt{\dfrac{235}{235}} = 14.26$

腹板 $\quad \dfrac{h_0}{t_w} = \dfrac{640}{16} = 40 < (25 + 0.5\lambda_{\max})\sqrt{\dfrac{235}{f_y}} = (25 + 0.5 \times 42.6) \times \sqrt{\dfrac{235}{235}} = 46.3$

以上验算结果表明，柱截面满足设计要求。

习题

1. 一压弯构件的受力支承及截面如习题 1 图所示，焊接组合截面的钢板为焰切边，钢材为 Q345，其强度设计值为 $310N/mm^2$，试计算截面强度和弯矩作用平面内的稳定性。

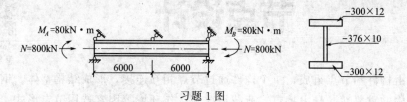

习题 1 图

2. 某两端铰接的拉弯构件，截面为 |45a 轧制工字钢，钢材为 Q345。作用力如习题 2 图所示，截面无削弱，试确定构件所能承受的最大轴心拉力。

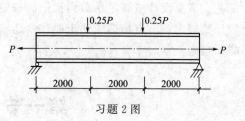

习题 2 图

3. 试验算习题 3 图所示偏心压杆，承受静力荷载 $F=900kN$（设计值），偏心距 $e_1=150mm$，$e_2=100mm$。焊接 T 形截面，翼缘为焰切边。压力作用于对称轴平面内翼缘一侧。杆长 8m，两端铰接，杆中央在侧向（垂直于对称轴平面）有一支点。钢材为 Q345。

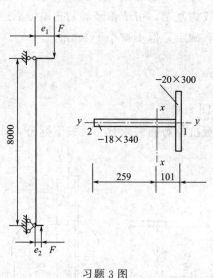

习题 3 图

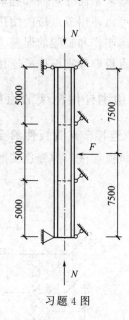

习题 4 图

4. 一压弯构件长 15m，两端在截面两主轴方向均为铰接，承受轴心压力设计值 $N=900kN$，中央截面有集中力设计值 $F=150kN$。支座处及构件三分点处有两个平面外支承点，如习题 4 图所示，钢材为 Q345，其强度设计值为 $310N/mm^2$。试选择宽翼缘 H 型钢（HW 型）截面。

（提示：稳定系数计算公式 $\varphi_b=1.07-\dfrac{\lambda_y^2}{44000}\times\dfrac{f_y}{235}$）

节点设计

钢结构由构件和节点组成，单个构件通过节点相互连接，形成结构整体。钢结构节点设计应根据结构的重要性、受力特点、荷载情况和工作环境等因素选用节点形式、材料与加工工艺。节点设计应满足承载力极限状态要求，传力可靠，减少应力集中。节点构造应符合结构计算假定，节点构造应便于制作、运输、安装、维护，防止积水、积尘，并应采取防腐与防火措施。

第一节　连接板节点

连接板节点是指直接用板件单独与被连接件相连，内力通过焊缝或紧固件在板平面内传递，并忽略板平面外弯曲和扭转的一种节点形式。钢桁架杆件的节点，通常是焊接在一起的，连接可以使用节点板。使用节点板时，需要先设计节点板的形状和尺寸。节点板的平面尺寸应考虑制作和装配的误差。节点板的受力较为复杂，可依据经验初选厚度后进行相应的验算。节点板厚度宜根据所连接杆件内力的计算确定，但不得小于 6mm。

一、角钢杆件桁架节点板

(一) 连接节点处板件承受拉、剪作用 （图 7.1.1）

（1）抗撕裂法　焊缝连接的搭接接头连接板抗拉剪撕裂承载力可按下列公式计算。

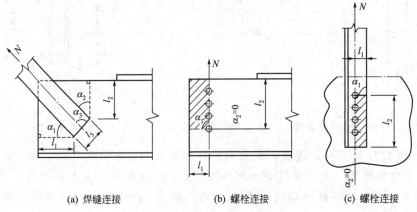

(a) 焊缝连接　　　　　　(b) 螺栓连接　　　　　　(c) 螺栓连接

图 7.1.1　角钢杆件桁架节点板

$$\frac{N}{\sum (\eta_i A_i)} \leq f \tag{7.1.1}$$

$$A_i = t l_i \tag{7.1.2}$$

$$\eta_i = \frac{1}{\sqrt{1+2\cos^2\alpha_i}} \tag{7.1.3}$$

式中 N——作用于板件的拉力，N；

A_i——第 i 段破坏面的截面积，当为螺栓连接时，应取净截面面积，mm^2；

t——板件厚度，mm；

l_i——第 i 破坏段的长度，应取板件中最危险的破坏线长度（图7.1.1），mm；

η_i——第 i 段的拉剪折算系数；

α_i——第 i 段破坏线与拉力轴线的夹角。

【例7-1】 角钢吊杆节点形式如图7.1.2所示，吊杆采用两个角钢∟ 90×8 承受 330kN（设计值）悬吊荷载，钢材为Q235，与节点板的连接采用直径 $d=20mm$ 的8.8级高强度螺栓，承压型连接（剪切面在螺纹处）。试进行板块抗拉剪撕裂验算。

解 受拉面 $\alpha_1=90°$，$\cos\alpha_1=0$，折算长度系数

$$\eta_1 = \frac{1}{\sqrt{1+0}} = 1$$

受剪面 $\alpha_2=0°$，$\cos\alpha_2=1$，折算长度系数

$$\eta_1 = \frac{1}{\sqrt{1+2\cos^2\alpha_2}} = \frac{1}{\sqrt{1+2\times1^2}} = \frac{1}{\sqrt{3}}$$

角钢折算应力为

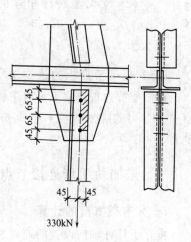

图7.1.2 角钢吊杆节点

$$\frac{N}{\sum(\eta_i A_i)} = \frac{0.5\times330\times10^3}{(45-0.5\times20)\times8+(65\times2+45-2.5\times20)\times8/\sqrt{3}} = 192.5N/mm^2$$

$< f = 215N/mm^2$，满足抗撕裂要求。

（2）桁架节点板（杆件轨制T形和双板焊接T形截面者除外）的强度除可按式（7.1.1）～式（7.1.3）计算外，也可用有效宽度法按下式计算（如图7.1.3）

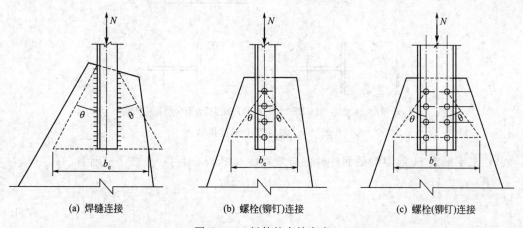

(a) 焊缝连接   (b) 螺栓(铆钉)连接   (c) 螺栓(铆钉)连接

图7.1.3 板件的有效宽度

θ——应力扩散角，焊接及单排螺栓时可取30°，多排螺栓时可取22°

$$\sigma = \frac{N}{b_{\mathrm{e}}t} \leqslant f \qquad (7.1.4)$$

式中　b_{e}——板件的有效宽度（图 7.1.3），mm，当用螺栓（或铆钉）连接时，应减去孔径，孔径应取比螺栓（或铆钉）标称尺寸大 4mm。

码 7.2
《标准》
附录 G

（二）节点板在斜腹杆压力作用下的稳定性计算

（1）对有竖腹杆相连的节点板，当 $c/t \leqslant 15\varepsilon_{\mathrm{k}}$ 时，可不计算稳定，否则应按《标准》附录 G 进行稳定计算，在任何情况下，c/t 不得大于 $22\varepsilon_{\mathrm{k}}$，$c$ 为受压腹杆连接肢端面中点沿腹杆轴线方向至弦杆的净距离。

（2）对无竖腹杆相连的节点板，当 $c/t \leqslant 10\varepsilon_{\mathrm{k}}$ 时，节点板的稳定承载力可取为 $0.8b_{\mathrm{e}}tf$。当 $c/t > 10\varepsilon_{\mathrm{k}}$ 时，应按《标准》附录 G 进行稳定计算，但在任何情况下，c/t 不得大于 $17.5\varepsilon_{\mathrm{k}}$。

（三）桁架节点板构造要求

对桁架节点板，应满足以下构造要求：①节点板边缘与腹杆轴线之间的夹角不应小于 15°；②斜腹杆与弦杆的夹角应为 30°～60°；③节点板的自由边长度 l_{f} 与厚度 t 之比不得大于 60。

二、未加劲 T 形连接节点

（一）有效宽度的计算

垂直于杆件轴向设置的连接板或梁的翼缘采用焊接方式与工字形、H 形或其他截面的未设水平加劲肋的杆件翼缘相连，形成 T 形接合时（如图 7.1.4 所示），其母材和焊缝均应根据有效宽度进行强度计算。其中，有效宽度的计算主要有以下几种情形。

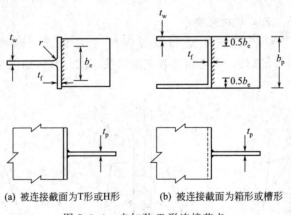

(a) 被连接截面为T形或H形　　(b) 被连接截面为箱形或槽形

图 7.1.4　未加劲 T 形连接节点

（1）工字形或 H 形型钢截面杆件的有效宽度 ［图 7.1.4 (a)］ 按下式计算

$$b_{\mathrm{e}} = t_{\mathrm{w}} + 2s + 5kt_{\mathrm{f}} \qquad (7.1.5)$$

$$k = \frac{t_{\mathrm{f}}}{t_{\mathrm{p}}}\frac{f_{\mathrm{ye}}}{f_{\mathrm{yp}}} \qquad (7.1.6)$$

式中　b_{e}——T 形接合的有效宽度，mm；

　　　f_{ye}——被连接杆件翼缘的钢材屈服强度，N/mm^2；

f_{yp}——连接板的钢材屈服强度，N/mm²；

t_w——被连接杆件的腹板厚度，mm；

t_f——被连接杆件的翼缘厚度，mm；

t_p——连接板厚度，mm；

s——对于被连接杆件，轧制工字形或 H 形截面杆件取为圆角半径 r，焊接工字形或 H 形截面杆件取为焊脚尺寸 h_f，mm；

k——系数，当 $k>1.0$ 时，取 $k=1.0$。

（2）当被连接杆件截面为箱形或槽形截面，且其翼缘宽度与连接板件宽度相近时 [图 7.1.4(b)]，有效宽度应按下式计算

$$b_e = 2t_w + 5kt_f \tag{7.1.7}$$

（3）有效宽度 b_e 应满足下式要求

$$b_e \geqslant \frac{f_{yp}b_p}{f_{up}} \tag{7.1.8}$$

式中　f_{up}——连接板的极限强度，N/mm²；

b_p——连接板宽度，mm。

当节点板不满足式（7.1.8）要求时，被连接杆件的翼缘应设置加劲。

（二）连接板与翼缘的焊缝要求

连接板与翼缘的焊缝应能承受连接板的抗力 N，其计算公式为

$$N = b_p t_p f_{yp} \tag{7.1.9}$$

第二节　梁柱节点

梁柱连接节点可采用栓焊混合连接、螺栓连接、焊接连接、端板连接等构造。梁柱采用刚性或半刚性节点时，节点应进行在弯矩和剪力作用下的强度验算。

一、梁柱铰接连接节点

梁与柱的连接可以选用铰接连接构造。梁端可支承于柱顶，梁的支座反力通过顶板传给柱子，顶板与柱身采用焊接连接，两端与柱可以通过螺栓连接，顶板厚度可取 16～20cm，如图 7.2.1(a)、(b) 所示；梁也可通过柱侧面的承托构造连接于柱的侧面，如图 7.2.1(c) 所示。

二、梁柱刚性连接节点

多、高层框架结构中梁柱连接节点一般采用刚性连接，梁柱刚性连接可增强框架的抗侧移刚度，梁柱刚接连接构造如图 7.2.2。

（1）当梁柱采用刚性连接，对应于梁翼缘的柱腹板部位设置横向加劲肋时，节点域应符合下列规定。

① 当横向加劲肋厚度不小于梁的翼缘板厚度时，节点域的受剪正则化宽厚比 $\lambda_{n,s}$ 不应大于 0.8；对单层和低层轻型建筑，$\lambda_{n,s}$ 不得大于 1.2。节点域的受剪正则化宽厚比 $\lambda_{n,s}$ 应按下式计算。

当 $h_c/h_b \geqslant 1.0$ 时

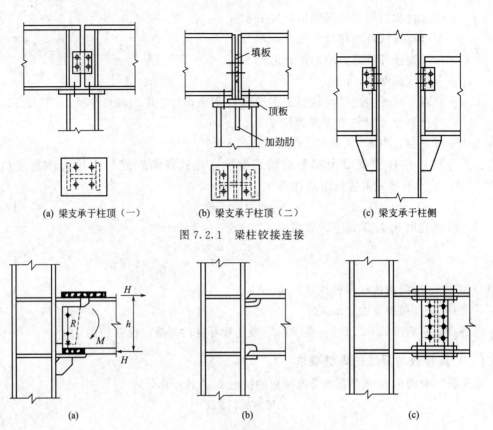

(a) 梁支承于柱顶（一）　　　　(b) 梁支承于柱顶（二）　　　　(c) 梁支承于柱侧

图 7.2.1　梁柱铰接连接

图 7.2.2　梁柱刚接连接构造

$$\lambda_{n,s} = \frac{h_b/t_w}{37\sqrt{5.34 + 4(h_b/h_c)^2}} \frac{1}{\varepsilon_k} \tag{7.2.1}$$

当 $h_c/h_b < 1.0$ 时

$$\lambda_{n,s} = \frac{h_b/t_w}{37\sqrt{4 + 5.34(h_b/h_c)^2}} \frac{1}{\varepsilon_k} \tag{7.2.2}$$

式中　h_c、h_b——分别为节点域腹板的宽度和高度。

　　② 节点域的承载力应满足下式要求。

$$\frac{M_{b1} + M_{b2}}{V_p} \leqslant f_{ps} \tag{7.2.3}$$

H 形截面柱

$$V_p = h_{b1} h_{c1} t_w \tag{7.2.4}$$

箱形截面柱

$$V_p = 1.8 h_{b1} h_{c1} t_w \tag{7.2.5}$$

式中　M_{b1}、M_{b2}——分别为节点域两侧梁端弯矩设计值，N；

　　　　V_p——节点域的体积，mm^3；

　　　　h_{c1}——柱翼缘中心线之间的宽度和梁腹板高度，mm；

　　　　h_{b1}——梁翼缘中心线之间的高度，mm；

　　　　t_w——柱腹板节点域的厚度，mm；

f_{ps}——节点域的抗剪强度，N/mm²；

③ 节点域的抗剪强度 f_{ps} 应根据节点域受剪正则化宽厚比 $\lambda_{n,s}$ 按下列规定取值。

a. 当 $\lambda_{n,s} \leqslant 0.6$ 时，$f_{ps} = \dfrac{4}{3} f_v$；

b. 当 $0.6 < \lambda_{n,s} \leqslant 0.8$ 时，$f_{ps} = \dfrac{1}{3}(7 - 5\lambda_{n,s}) f_v$；

c. 当 $0.8 < \lambda_{n,s} \leqslant 1.2$ 时，$f_{ps} = [1 - 0.75(\lambda_{n,s} - 0.8)] f_v$；

d. 当轴压比 $\dfrac{N}{Af} > 0.4$ 时，受剪承载力 f_{ps} 应乘以修正系数，当 $\lambda_{n,s} \leqslant 0.8$ 时，修正系数可取为 $\sqrt{1 - \left(\dfrac{N}{Af}\right)^2}$。

④ 当节点域厚度不满足式（7.2.3）时，对 H 形截面柱节点域可采用补强方法。

a. 加厚节点域的柱腹板。腹板加厚的范围应伸出梁的上下翼缘外不小于 150mm。

b. 节点域处焊贴补强板加强。补强板与柱加劲肋和翼缘可采用角焊缝连接，与柱腹板采用塞焊连成整体，塞焊点之间的距离不应大于较薄焊件厚度的 $21\varepsilon_k$ 倍。

c. 设置节点域斜向加劲肋加强。

（2）梁柱刚性节点中当工字形梁翼缘采用焊透的 T 形对接焊缝与 H 形柱的翼缘焊接，同时对应的柱腹板未设置水平加劲肋时，柱翼缘和腹板厚度应符合下列规定。

① 在梁的受压翼缘处，柱腹板厚度 t_w 应满足

$$t_w \geqslant \frac{A_{fb} f_b}{b_e f_c} \tag{7.2.6}$$

$$t_w \geqslant \frac{h_c}{30} \frac{1}{\varepsilon_{k,c}} \tag{7.2.7}$$

$$b_e = t_f + 5h_y \tag{7.2.8}$$

② 在梁的受拉翼缘处，柱腹板厚度 t_c 应满足

$$t_c \geqslant 0.4\sqrt{A_{ft} f_b / f_c} \tag{7.2.9}$$

式中 A_{fo}——梁受压翼缘的截面积，mm²；

f_b、f_c——分别为梁和柱钢材抗拉、抗压强度设计值，N/mm²；

b_e——在垂直于柱翼缘的集中压力作用下，柱腹板计算高度边缘处压应力的假定分布长度，mm；

h_y——自柱顶面至腹板计算高度上边缘的距离，对轧制型钢截面取柱翼缘边缘至内弧起点间的距离，对焊接截面取柱翼缘厚度，mm；

t_f——梁受压翼缘厚度，mm；

h_c——柱腹板的宽度，mm；

$\varepsilon_{k,c}$——柱的钢号修正系数；

A_{ft}——梁受拉翼缘的截面积，mm²。

（3）采用焊接连接或栓焊混合连接（梁翼缘与柱焊接，腹板与柱高强度螺栓连接）的梁柱刚接节点，其构造应符合下列规定。

① H 形钢柱腹板对应于梁翼缘部位宜设置横向加劲肋，箱形（钢管）柱对应于梁翼缘的位置宜设置水平隔板。

② 梁柱节点宜采用柱贯通构造，当柱采用冷成型管截面或壁板厚度小于翼缘厚度较多时，梁柱节点宜采用隔板贯通式构造。

③ 节点采用隔板贯通式构造时，柱与贯通式隔板应采用全熔透坡口焊缝连接。贯通式隔板挑出长度宜满足 $25mm \leqslant l \leqslant 60mm$；隔板宜采用拘束度较小的焊接构造与工艺，其厚度不应小于梁翼缘厚度和柱壁板的厚度。当隔板厚度不小于 36mm 时，宜选用厚度方向钢板。

④ 梁柱节点区柱腹板加劲肋或隔板应符合下列规定。

a. 横向加劲肋的截面尺寸应经计算确定，其厚度不宜小于梁翼缘厚度，其宽度应符合传力、构造和板件宽厚比限值的要求。

b. 横向加劲肋的上表面宜与梁翼缘的上表面对齐，并以焊透的 T 形对接焊缝与柱翼缘连接。当梁与 H 形截面柱弱轴方向连接，即与腹板垂直相连形成刚接时，横向加劲肋与柱腹板的连接宜采用焊透对接焊缝。

c. 箱形柱中的横向隔板与柱翼缘的连接宜采用焊透的 T 形对接焊缝，对无法进行电弧焊的焊缝且柱壁板厚度不小于 16mm 时，可采用熔化嘴电渣。

d. 当采用斜向加劲肋加强节点域时，加劲肋及其连接应能传递柱腹板所能承担剪力之外的剪力；其截面尺寸应符合传力和板件宽厚比限值的要求。

（4）端板连接的梁柱刚接节点应符合下列规定。

① 端板宜采用外伸式端板。端板的厚度不宜小于螺栓直径；

② 节点中端板厚度与螺栓直径应由计算决定，计算时宜计入撬力的影响；

③ 节点区柱腹板对应于梁翼缘部位应设置横向加劲肋，其与柱翼缘围隔成的节点域应按《标准》第 12.3.3 条进行抗剪强度的验算，强度不足时宜设斜加劲肋加强。

码 7.3
《标准》
12.3.3

第三节　支座

钢结构与其支承结构或基础的连接节点，称为支座。支座节点构造应与结构计算时采用的计算模型相符合，安全准确地传递支座反力，支座的设计要保证受力明确、传力简捷、构造简单、制作方便。铰支支座分为三种：平板支座、弧形支座和铰轴式支座。

一、平板支座

平板支座底板（或垫板）的面积可按下式确定

$$\frac{N}{A-A_0} \leqslant f_c \tag{7.3.1}$$

式中　A——底板的面积；

N——柱的轴心压力；

f_c——基础所用混凝土的抗压强度设计值；

A_0——锚栓孔的面积。

梁或桁架支于砌体或混凝土上的平板支座（如图 7.3.1），应验算下部砌体或混凝土的承压强度，底板厚度应根据支座反力对底板产生的弯矩进行计算且不宜小于 12mm。梁的端部支承加劲肋的下端，按端面承压强度设计值进行计算时，应刨平顶紧，其中突缘加劲板的伸出长度不得大于其厚度的 2 倍，并宜采取限位措施。

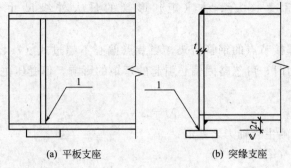

(a) 平板支座   (b) 突缘支座

图 7.3.1 梁的支座

1—刨平顶紧；t—端板厚度

二、弧形支座和辊轴支座

弧形支座［图 7.3.2(a)］和辊轴支座［图 7.3.2(b)］的支座反力 R 应满足下式要求

$$R \leqslant 40ndlf^2/E \qquad (7.3.2)$$

式中 d——弧形表面接触点曲率半径 r 的 2 倍；

       n——辊轴数目，对弧形支座 $n=1$；

       l——弧形表面或滚轴与平板的接触长度。

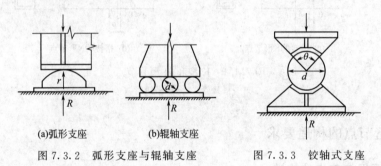

(a)弧形支座   (b)辊轴支座

图 7.3.2 弧形支座与辊轴支座   图 7.3.3 铰轴式支座

三、铰轴式支座

铰轴支座节点（图 7.3.3）中，当两相同半径的圆柱形弧面自由接触面的中心角 $\theta \geqslant 90°$ 时，其圆柱形枢轴的承压应力应按下式计算

$$\sigma = \frac{2R}{dl} \leqslant f \qquad (7.3.3)$$

式中 d——枢轴直径；

       l——枢轴纵向接触面长度。

第四节 钢管节点

一、钢管节点的适用范围及一般要求

钢管节点适用于不直接承受动力荷载的钢管桁架、拱架、塔架等结构。圆钢管的外

径与壁厚之比不应超过 $100\varepsilon_k^2$；方（矩）形管的最大外缘尺寸与壁厚之比不应超过 $40\varepsilon_k$。

采用无加劲直接焊接节点的钢管桁架，当节点偏心不超过式（7.4.2）限制时，在计算节点和受拉主管承载力时，可忽略因偏心引起的弯矩的影响，但受压主管应考虑按下式计算的偏心弯矩影响

$$M = \Delta Ne \qquad\qquad (7.4.1)$$

式中　ΔN——节点两侧主管轴力之差值；

　　　e——偏心距（图 7.4.1）。

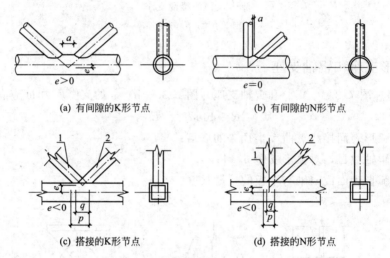

(a) 有间隙的K形节点　　　　　　　(b) 有间隙的N形节点

(c) 搭接的K形节点　　　　　　　(d) 搭接的N形节点

图 7.4.1　K 型和 N 型管节点

1—搭接管；2—被搭接管

二、钢管节点的构造要求

（一）钢管焊接节点的构造

（1）主管的外部尺寸不应小于支管的外部尺寸，主管的壁厚不应小于支管的壁厚，在支管与主管的连接处不得将支管插入主管内。

（2）主管与支管或支管轴线间的夹角不宜小于 30°。

（3）支管与主管的连接节点处宜避免偏心；偏心不可避免时，其值不宜超过下式的限制

$$-0.55 \leqslant e/D（或 e/h）\leqslant 0.25 \qquad\qquad (7.4.2)$$

式中　e——偏心距（图 7.4.1）；

　　　D——圆管主管外径，mm；

　　　h——连接平面内的方（矩）形管主管截面高度，mm。

（4）支管端部应使用自动切管机切割，支管壁厚小于 6mm 时可不切坡口。

（5）支管与主管的连接焊缝，除支管搭接应符合规定外，应沿全周连续焊接并平滑过渡；焊缝形式可沿全周采用角焊缝，或部分采用对接焊缝，部分采用角焊缝，其中支管管壁与主管管壁之间的夹角大于或等于 120° 的区域宜采用对接焊缝或带坡口的角焊缝，角焊缝的焊脚尺寸不宜大于支管壁厚的 2 倍；搭接支管周边焊缝宜为 2 倍支管壁厚。

（6）在主管表面焊接的相邻支管的间隙 a 不应小于两支管壁厚之和 ［图 7.4.1(a)、(b)］。

（二）支管搭接型的直接焊接节点的构造

（1）支管搭接的平面 K 形或 N 形节点 ［图 7.4.2(a)、(b)］，其搭接率 $n_{ov}=q/p\times100\%$ 应满足 $25\%\leqslant\eta_{ov}\leqslant100\%$，且应确保在搭接的支管之间的连接焊缝能可靠地传递内力。

（2）当互相搭接的支管外部尺寸不同时，外部尺寸较小者应搭接在尺寸较大者上；当支管壁厚不同时，较小壁厚者应搭接在较大壁厚者上；承受轴心压力的支管宜在下方。

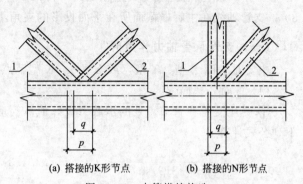

(a) 搭接的K形节点　　(b) 搭接的N形节点

图 7.4.2 支管搭接构造
1—搭接支管；2—被搭接支管

（三）主管内设置横向加劲板构造

当无加劲直接焊接方式不能满足承载力要求时，可按下列规定在主管内设置横向加劲板。

（1）支管以承受轴力为主时，可在主管内设 1 道或 2 道加劲板 ［图 7.4.3(a)、(b)］，节点需满足抗弯连接要求时，应设 2 道加劲板；加劲板中面宜垂直主管轴线；当主管为圆管，设置 1 道加劲板时，加劲板宜设置在支管与主管相贯面的鞍点处，设置 2 道加劲板时，加劲板宜设置在距相贯面冠点 $0.1D_1$ 附近 ［图 7.4.3(b)，D_1 为支管外径］；主管为方管时加劲肋宜设置 2 块（图 7.4.4）。

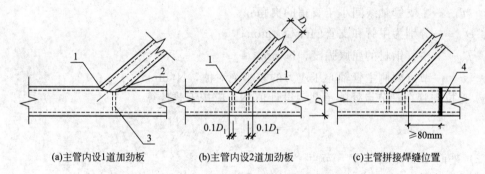

(a)主管内设1道加劲板　　(b)主管内设2道加劲板　　(c)主管拼接焊缝位置

图 7.4.3 支管为圆管时横向加劲板位置
1—冠点；2—鞍点；3—加劲板；4—主管拼缝

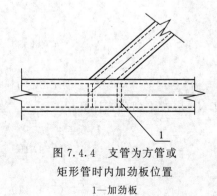

图 7.4.4 支管为方管或
矩形管时管内加劲板位置
1—加劲板

（2）加劲板厚度不得小于支管壁厚，也不宜小于主管壁厚的 2/3 和主管内径的 1/40；加劲板中央开孔时，环板宽度与板厚的比值不宜大于 $15\epsilon_k$。

（3）加劲板宜采用部分熔透焊缝焊接，主管为方管的加劲板靠支管一边与两侧边宜采用部分熔透焊接，与支管连接反向一边可不焊接。当主管直径较小，加劲板的焊接必须断开主管钢管时，主管的拼接焊缝宜设置在距支管相贯焊缝最外侧冠点 80mm 以外处 ［图 7.4.3(c)］。

三、圆钢管直接焊接节点的计算

支管与主管外径及壁厚之比均不得小于 0.2，且不得大于 1.0；主管外径与其壁厚之比不得大于 100；支管外径与其壁厚之比不得大于 60；主支管轴线间小于直角的夹角不得小于 30°；支管轴线在主管横截面所在平面投影的夹角不得小于 60°，且不得大于 120°。

（一）支管承受轴力作用时

主要对平面 X 型、T 型（或 Y 型）、K 型节点进行简要介绍。

（1）平面 X 型节点

① 受压支管在管节点处的承载力设计值 N_{cX} 应按下列公式计算

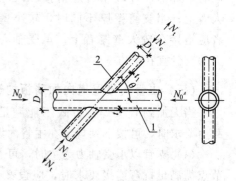

$$N_{cX} = \frac{5.45}{(1-0.81\beta)\sin\theta}\psi_n t^2 f \qquad (7.4.3)$$

$$\beta = D_i/D \qquad (7.4.4)$$

$$\psi_n = 1 - 0.3\frac{\sigma}{f_y} - 0.3\left(\frac{\sigma}{f_y}\right)^2 \qquad (7.4.5)$$

式中　ψ_n——参数，当节点两侧或者一侧主管受拉时，取 $\psi_n = 1$，其余情况按式（7.4.5）计算；

图 7.4.5　X 型节点
1—主管；2—支管

　　　t——主管壁厚，mm；

　　　f——主管钢材的抗拉、抗压和抗弯强度设计值，N/mm²；

　　　θ——主支管轴线间小于直角的夹角；

D、D_i——分别为主管和支管的外径，mm；

　　　f_y——主管钢材的屈服强度，N/mm²；

　　　σ——节点两侧主管轴心压应力的较小绝对值，N/mm²。

② 受拉支管在管节点处的承载力设计值 N_{tX} 应按下式计算

$$N_{tX} = 0.78\left(\frac{D}{t}\right)^{0.2} N_{cX} \qquad (7.4.6)$$

（2）平面 T 型（或 Y 型）节点

① 受压支管（图 7.4.6）在管节点处的承载力设计值 N_{cT} 应按下式计算

$$N_{cT} = \frac{11.51}{\sin\theta}\left(\frac{D}{t}\right)^{0.2}\psi_n\psi_d t^2 f \qquad (7.4.7)$$

当 $\beta \leqslant 0.7$ 时

$$\psi_d = 0.069 + 0.93\beta \qquad (7.4.8)$$

当 $\beta > 0.7$ 时

$$\psi_d = 2\beta - 0.68 \qquad (7.4.9)$$

② 受拉支管（图 7.4.7）在管节点处的承载力设计值 N_{tT} 应按下列公式计算

当 $\beta \leqslant 0.6$ 时

$$N_{tT} = 1.4N_{cT} \qquad (7.4.10)$$

当 $\beta > 0.6$ 时

$$N_{tT} = (2-\beta)N_{cT} \qquad (7.4.11)$$

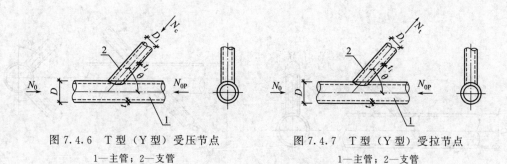

图 7.4.6 T 型（Y 型）受压节点
1—主管；2—支管

图 7.4.7 T 型（Y 型）受拉节点
1—主管；2—支管

（3）平面 K 型间隙节点（图 7.4.8）

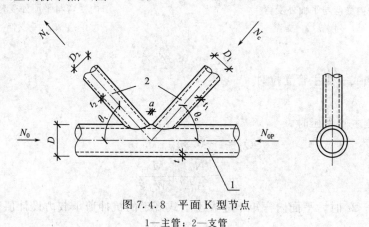

图 7.4.8 平面 K 型节点
1—主管；2—支管

① 受压支管在管节点处的承载力设计值 N_{cK} 应按下列公式计算

$$N_{cK} = \frac{11.51}{\sin\theta_c}\left(\frac{D}{t}\right)^{0.2}\psi_n\psi_d\psi_a t^2 f \tag{7.4.12}$$

$$\psi_a = 1 + D\left(\frac{2.19}{1+7.5a/D}\right)\left(1-\frac{20.1}{6.6+D/t}\right)(1-0.77\beta) \tag{7.4.13}$$

式中　θ_c——受压支管轴线与主管轴线的夹角；

　　ψ_a——参数，按式（7.4.13）计算；

　　ψ_d——参数，按式（7.4.8）或式（7.4.9）计算；

　　a——两支管之间的间隙。

② 受拉支管在管节点处的承载力设计值 N_{tK} 按下式计算

$$N_{tK} = \frac{\sin\theta_c}{\sin\theta_t}N_{cK} \tag{7.4.14}$$

式中　θ_t——受压支管轴线与主管轴线的夹角。

（二）支管承受弯矩作用时

直接焊接的平面 T 形、Y 形、X 形节点，当支管承受弯矩作用时（图 7.4.9、图 7.4.10），节点承载力应按下列规定计算。

（1）支管在管节点处的平面内受弯承载力设计值 M_{iT} 应按下列公式计算

$$M_{iT} = Q_x Q_f \frac{D_i t^2 f}{\sin\theta} \tag{7.4.15}$$

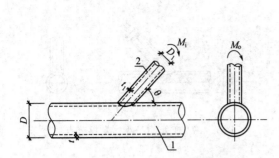

图 7.4.9　T型（Y型）节点的平面
内受弯与平面外受弯
1—主管；2—支管

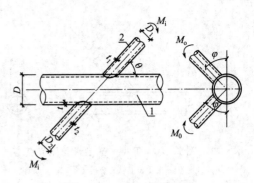

图 7.4.10　X型节点的平面
内受弯与平面外受弯
1—主管；2—支管

$$Q_x = 6.09\beta\gamma^{0.42} \tag{7.4.16}$$

当节点两侧或一侧主管受拉时

$$Q_f = 1 \tag{7.4.17}$$

当节点两侧主管受压时

$$Q_f = 1 - 0.3n_p - 0.3n_p^2 \tag{7.4.18}$$

$$n_p = \frac{N_{0p}}{Af_y} + \frac{M_{0p}}{Wf_y} \tag{7.4.19}$$

当 $D_i \leqslant D - 2t$ 时，平面内弯矩不应大于下式规定的抗冲剪承载力设计值

$$M_{siT} = \left(\frac{1+3\sin\theta}{4\sin^2\theta}\right)D_i^2 t f_v \tag{7.4.20}$$

式中　Q_x——参数；

Q_f——参数；

N_{0p}——节点两侧主管轴心压力的较小绝对值，N；

M_{0p}——节点与 N_{0p} 对应一侧的主管平面内弯矩绝对值，N·mm；

A——与 N_{0p} 对应一侧的主管截面积，mm^2；

W——与 N_{0p} 对应一侧的主管截面模量，mm^3。

（2）支管在管节点处的平面外受弯承载力设计值 M_{oT} 应按下列公式计算

$$M_{oT} = Q_y Q_f \frac{D_i t^2 f}{\sin\theta} \tag{7.4.21}$$

$$Q_y = 3.2\gamma^{(0.5\beta^2)} \tag{7.4.22}$$

当 $D_i \leqslant D - 2t$ 时，平面外弯矩不应大于下式规定的抗冲剪承载力设计值

$$M_{soT} = \left(\frac{3+\sin\theta}{4\sin^2\theta}\right)D_i^2 t f_v \tag{7.4.23}$$

（3）支管在平面内、外弯矩和轴力组合作用下的承载力应按下式验算

$$\frac{N}{N_j} + \frac{M_i}{M_{iT}} + \frac{M_o}{M_{oT}} \leqslant 1.0 \tag{7.4.24}$$

式中　N、M_i、M_o——支管在管节点处的轴心力、平面内弯矩、平面外弯矩设计值；

N_j——支管在管节点处的承载力设计值。

四、方钢管直接焊接节点的计算

(一) 类型

直接焊接且主管为矩形管，支管为矩形管或圆管的钢管节点主要包括以下四种（图 7.4.11）。

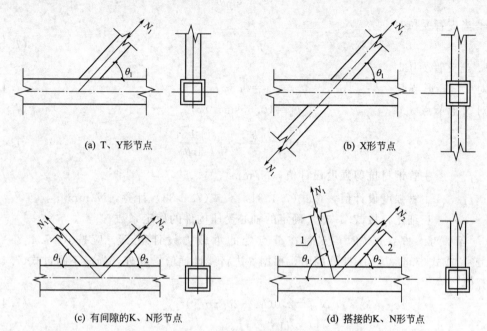

(a) T、Y形节点　　　　　　　　(b) X形节点

(c) 有间隙的K、N形节点　　　　(d) 搭接的K、N形节点

图 7.4.11　矩形管直接焊接平面节点
1—搭接支管；2—被搭接支管

(二) 支管承受轴力作用时

直接焊接的平面节点，当支管按仅承受轴心力的构件设计时，平面节点的承载力设计值应按下列规定计算，支管在节点处的承载力设计值不得小于其轴心力设计值。

(1) 支管为矩形管的平面 T、Y 和 X 形节点

① 当 $\beta \leqslant 0.85$ 时，支管在节点处的承载力设计值 N_{ui} 应按下列公式计算

$$N_{ui} = 1.8\left(\frac{h_i}{bC\sin\theta_i} + 2\right)\frac{t^2 f}{C\sin\theta_i}\psi_n \tag{7.4.25}$$

$$C = (1-\beta)^{0.5} \tag{7.4.26}$$

主管受压时

$$\psi_n = 1.0 - \frac{0.25\sigma}{\beta f} \tag{7.4.27}$$

主管受拉时

$$\psi_n = 1.0 \tag{7.4.28}$$

式中　C——参数，按式(7.4.26) 计算；

ψ_n——参数，按式(7.4.27) 或式(7.4.28) 计算；

σ——节点两侧主管轴心压应力的较大绝对值，N/mm²。

② 当 $\beta=1.0$ 时，支管在节点处的承载力设计值 N_{ui} 应按下式计算

$$N_{ui}=\left(\frac{2h_i}{\sin\theta_i}+10t\right)\frac{tf_k}{\sin\theta_i}\psi_n \tag{7.4.29}$$

对于 X 形节点，当 $\theta_i<90°$ 且 $h\geqslant h_i/\cos\theta_i$ 时，尚应按下式计算

$$N_{ui}=\frac{2htf_v}{\sin\theta_i} \tag{7.4.30}$$

a. 当支管受拉时

$$f_k=f \tag{7.4.31}$$

b. 当支管受压时

对 T、Y 形节点 $\qquad\qquad f_k=0.8\varphi f \tag{7.4.32}$

对 X 形节点 $\qquad\qquad f_k=(0.65\sin\theta_i)\varphi f \tag{7.4.33}$

$$\lambda=1.73\left(\frac{h}{t}-2\right)\sqrt{\frac{1}{\sin\theta_i}} \tag{7.4.34}$$

式中 f_v——主管钢材抗剪强度设计值，N/mm^2；

$\qquad f_k$——主管强度设计值，按式(7.4.31)～式(7.4.33) 计算，N/mm^2；

$\qquad \varphi$——长细比，按(7.4.34) 确定的轴心受压构件的稳定系数。

③ 当 $0.85\leqslant\beta<1.0$ 时，支管在节点处的承载力设计值 N_{ui} 应按式(7.4.25)、式(7.4.29) 或式(7.4.30) 所计算的值，根据 β 进行线性插值。此外，尚应不超过式(7.4.35) 的计算值

$$N_{ui}=2.0(h_i-2t_i+b_{ei})t_if_i \tag{7.4.35}$$

$$b_{ei}=\frac{10}{b/t}\cdot\frac{tf_y}{t_if_{yi}}\cdot b_i\leqslant b_i \tag{7.4.36}$$

④ 当 $0.85\leqslant\beta\leqslant1-2t/b$ 时，N_{ui} 尚应不超过下列公式的计算值

$$N_{ui}=2.0\left(\frac{h_i}{\sin\theta_i}+b'_{ei}\right)\frac{tf_v}{\sin\theta_i} \tag{7.4.37}$$

$$b'_{ei}=\frac{10}{b/t}\cdot b_i\leqslant b_i \tag{7.4.38}$$

式中 f_i——支管钢材抗拉（抗压和抗弯）强度设计值，N/mm^2。

（2）支管为矩形管的有间隙的平面 K 形和 N 形节点

① 节点处任一支管的承载力设计值应取下列各式的较小值

$$N_{ui}=\frac{8}{\sin\theta_i}\beta\left(\frac{b}{2t}\right)^{0.5}t^2f\psi_n \tag{7.4.39}$$

$$N_{ui}=\frac{A_vf_v}{\sin\theta_i} \tag{7.4.40}$$

$$N_{ui}=2.0\left(h_i-2t_i+\frac{b_i+b_{ei}}{2}\right)t_if_i \tag{7.4.41}$$

当 $\beta\leqslant1-2t/b$ 时，尚应不超过式(7.4.42) 的计算值

$$N_{ui}=2.0\left(\frac{h_i}{\sin\theta_i}+\frac{b_i+b'_{ei}}{2}\right)\frac{tf_v}{\sin\theta_i} \tag{7.4.42}$$

$$A_v=(2h+\alpha b)t \tag{7.4.43}$$

$$\alpha = \sqrt{\frac{3t^2}{3t^2 + 4a^2}} \tag{7.4.44}$$

式中　A_v——主管的受剪面积，应按式(7.4.43)计算，mm^2；

　　　α——参数，应按式(7.4.44)计算（支管为圆管时 $\alpha = 0$）。

② 节点间隙处的主管轴心受力承载力设计值为

$$N = (A - \alpha_v A_v)f \tag{7.4.45}$$

$$\alpha_v = 1 - \sqrt{1 - \left(\frac{V}{V_p}\right)^2} \tag{7.4.46}$$

$$V_p = A_v f_v \tag{7.4.47}$$

式中　α_v——剪力对主管轴心承载力的影响系数，按式(7.4.46)计算；

　　　V——节点间隙处弦杆所受的剪力，可按任一支管的竖向分力计算，N；

　　　A——主管横截面面积，mm^2。

（3）支管为矩形管的搭接的平面 K 形和 N 形节点　搭接支管的承载力设计值应根据不同的搭接率 η_{ov} 进行计算。η_{ov} 按下列公式计算（下标 j 表示被搭接支管）。

① 当 $25\% \leqslant \eta_{ov} < 50\%$ 时

$$N_{ui} = 2.0\left[(h_i - 2t)\frac{\eta_{ov}}{0.5} + \frac{b_{ei} + b_{ej}}{2}\right]t_i f_i \tag{7.4.48}$$

$$b_{ej} = \frac{10}{b_j/t_j} \cdot \frac{t_j f_i}{t_i f_{yi}} \cdot b_i \leqslant b_i \tag{7.4.49}$$

② 当 $50\% \leqslant \eta_{ov} < 80\%$ 时

$$N_{ui} = 2.0\left(h_i - 2t_i + \frac{b_{ei} + b_{ej}}{2}\right)t_i f_i \tag{7.4.50}$$

③ 当 $80\% \leqslant \eta_{ov} < 100\%$ 时

$$N_{ui} = 2.0\left(h_i - 2t_i + \frac{b_i + b_{ej}}{2}\right)t_i f_i \tag{7.4.51}$$

被搭接支管的承载力应满足下式要求

$$\frac{N_{uj}}{A_j f_{yj}} \leqslant \frac{N_{ui}}{A_i f_{yi}} \tag{7.4.52}$$

（三）支管承受弯矩作用时

直接焊接的 T 形方管节点，当支管承受弯矩作用时，节点承载力应按下列规定计算。

（1）当 $\beta \leqslant 0.85$ 且 $n \leqslant 0.6$ 时，按式(7.4.53)验算；当 $\beta \leqslant 0.85$ 且 $n > 0.6$ 时，按式(7.4.54)验算；当 $\beta > 0.85$ 时，按式(7.4.54)验算。

$$\left(\frac{N}{N_{ul}^*}\right)^2 + \left(\frac{M}{M_{ul}}\right)^2 \leqslant 1.0 \tag{7.4.53}$$

$$\frac{N}{N_{ul}^*} + \frac{M}{M_{ul}} \leqslant 1.0 \tag{7.4.54}$$

式中　N_{ul}^*——支管在节点处的轴心受压承载力设计值，应按（2）的规定计算，N；

　　　M_{ul}——支管在节点处的受弯承载力设计值，应按（3）的规定计算，$N \cdot mm$。

（2）N_{ul}^* 的计算应符合下列规定。

① 当 $\beta \leqslant 0.85$ 时，按下式计算

$$N^*_{\text{ul}} = t^2 f \left[\frac{h_1/b}{1-\beta}(2-n^2) + \frac{4}{\sqrt{1-\beta}}(1-n^2) \right] \qquad (7.4.55)$$

② 当 $\beta > 0.85$ 时，按平面节点相关规定计算。

（3）M_{ul} 的计算应符合下列规定。

当 $\beta \leqslant 0.85$ 时

$$M_{\text{ul}} = t^2 h_1 f \left(\frac{b}{2h_1} + \frac{2}{\sqrt{1-\beta}} + \frac{h_1/b}{1-\beta} \right)(1-n^2) \qquad (7.4.56)$$

$$n = \frac{\sigma}{f} \qquad (7.4.57)$$

当 $\beta > 0.85$ 时，其受弯承载力设计值取式（7.4.58）和式（7.4.60）或式（7.4.61）计算结果的较小值

$$M_{\text{ul}} = \left[W_1 - \left(1 - \frac{b_e}{b}\right)b_1 t_1 (h_1 - t_1) \right] f_1 \qquad (7.4.58)$$

$$b_e = \frac{10}{b/t} \cdot \frac{t f_y}{t_1 f_{y1}} b_1 \leqslant b_1 \qquad (7.4.59)$$

当 $t \leqslant 2.75\text{mm}$

$$M_{\text{ul}} = 0.595 t (h_1 + 5t)^2 (1 - 0.3n) f \qquad (7.4.60)$$

当 $t > 2.75\text{mm}$

$$M_{\text{ul}} = 0.0025 t (t^2 - 26.8t + 304.6)(h_1 + 5t)^2 (1 - 0.3n) f \qquad (7.4.61)$$

式中 　n——参数，按式（7.4.57）计算，受拉时取 $n = 0$；

　　　b_e——腹杆翼缘的有效宽度，按式（7.4.59）计算，mm；

　　　W_1——支管截面模量，mm^3。

 习题

1. 桁架节点板设计内容包括哪些？

2. 梁柱节点有哪些分类？各有什么特点？

3. 钢管节点有哪些类型？

第八章

组合构件

码 8.1
思维导图 ▶▶

第一节　组合构件概述

一、组合构件的概念及特点

钢-混凝土组合构件是指将钢及钢筋混凝土通过某种方式组合在一起共同工作的一种形式，两种材料组合后的整体工作性能要明显优于两者性能的简单叠加。相对于传统的结构，钢-混凝土组合构件具有以下优点。

（1）综合利用两种结构的受力特点　钢结构和混凝土结构各有所长。钢结构重量轻、强度高、延性好、施工速度快、工厂制作质量高，而混凝土结构材料成本低、刚度大、抗火及抗腐蚀性能好。组合构件综合利用了这两种结构的优势，使其综合性能得到了进一步的提升。同钢筋混凝土结构相比，组合构件可以减小构件截面尺寸、减轻结构自重、减小地震作用、增加有效使用空间、降低基础造价、方便安装、缩短施工周期、增加构件和结构的延性等；同钢结构相比，可以减少用钢量、增大刚度、增加结构的稳定性和整体性、提高结构的抗火性和耐久性等。

（2）组合构件的综合指标更优　钢筋混凝土结构的直接造价明显低于钢结构。钢-混凝土结构构件发挥了混凝土的力学及防护性能，使得结构的总体用钢量小于相应的纯钢结构，同时可节省部分防腐、防火的费用。高层建筑采用钢-混凝土组合构件的用钢量低于相应纯钢结构约 30%。从直接造价上来进行比较，钢-混凝土结构基本上介于纯钢结构和钢筋混凝土结构之间。从施工角度比较，组合结构体系与钢结构的施工速度相当，相对于混凝土结构，则节省了大量支模、钢筋绑扎等工序，使得施工速度可以大大增快、工期缩短。在考虑施工时间的节省、使用面积的增加以及结构高度降低等因素后，组合结构体系的综合经济指标一般要优于纯钢结构和混凝土结构。

二、钢-混凝土组合构件的类型

钢-混凝土组合构件主要包括钢-混凝土组合梁、组合板、钢管混凝土柱和型钢混凝土柱、组合剪力墙等。

（一）钢-混凝土组合梁构件

钢-混凝土组合梁是广泛使用的一类横向承重组合构件，通过抗剪连接件将钢梁与混凝土翼板组合在一起，充分发挥了混凝土抗压强度高和钢材抗拉性能好的优势。

钢-混凝土组合梁具有截面高度小、自重轻、延性好等优点。一般情况下，组合梁同钢

筋混凝土梁相比，可以使结构高度降低 1/4～1/3，自重减轻 40％～60％，施工周期缩短
1/3～1/2，同时现场湿作业量减小，施工扰民程度减轻，保护环境并且提高延性。同钢梁相
比，组合梁同样可以使结构高度降低 1/4～1/3，刚度增大 1/4～1/3，整体稳定性和局部稳
定性增强，耐久性提高，动力性能改善。组合梁另一个显著优点是当采用混凝土叠合板翼板
或压型钢板组合板翼板时减少了施工支模工序和模板，从而可以多层立体交叉施工，节省脚
手架材料。

　　将钢梁与混凝土翼板组合在一起的组合梁［图 8.1.1(a)］减轻了自重，并避免了混凝
土开裂等问题。除了工字形截面钢梁之外，采用箱形钢梁与混凝土翼板组合所形成的闭口截
面组合梁具有更大的承载力、刚度和抗扭性能，可应用于高层建筑中的转换梁和加强层等对
结构强度和刚度有较高要求的部位。将钢桁架或蜂窝形钢梁与混凝土翼板组合则可以形成桁
架组合梁或蜂窝形组合梁［图 8.1.1(b)］，具有结构自重轻、通透效果好等特点，并易于布
置水、电、消防等设备管线。预制钢筋混凝土板与钢梁形成的组合梁［图 8.1.1(c)］，安装
施工时可减少现场湿作业工作量，加快施工进度，减少混凝土收缩等不利因素的影响。这种
组合梁形式通常应用于桥梁结构，对施工水平的要求较高。

　　为进一步提高组合梁的性能，将预应力技术与组合梁相结合可形成预应力组合梁。在钢
梁内施加预应力，可减小在使用荷载下组合梁正弯矩区钢梁的最大拉应力。在组合梁负弯矩
区的混凝土翼板中施加预应力则可以降低组合梁负弯矩区混凝土翼板的拉应力以控制混凝土
开裂。组合梁内施加预应力取决于梁的高跨比、荷载大小和结构的使用要求等，设计时需注
意混凝土收缩、徐变等长期效应所导致的预应力损失问题。

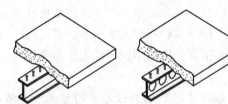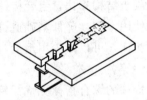

(a) 钢-现浇混凝土组合梁　　(b) 蜂窝形钢-混凝土组合梁　　(c) 钢-预制混凝土板组合梁

图 8.1.1　常见组合梁构件形式

（二）钢管混凝土构件

　　钢管混凝土是在型钢混凝土及螺旋配箍混凝土的基础上发展起来的一类构件，由圆形或
矩形截面钢管及内填混凝土所构成。圆钢管混凝土在受力过程中，钢管对混凝土的套作用使
混凝土处于三向受压状态，从而提高了混凝土的极限强度，并且塑性和韧性显著改善；同
时，由于混凝土的支撑作用可以避免或延缓钢管发生局部屈曲，保证了钢材的性能得以充分
发挥。圆钢管混凝土柱在轴压下的受力模式(图 8.1.2)，钢管与混凝土相互约束、共同工
作，提高了构件的整体性能，具有承载力高、延性及抗震性能好等优点。钢管本身兼有纵向
钢筋和箍筋的作用，且现场安装远比制作钢筋骨架方便快捷。钢管本身也作为耐侧压的模板
使用，便于浇筑混凝土，同时也是劲性承重骨架，在施工阶段可起支撑作用，因此钢管混凝
土具有良好的施工性能。理论分析和工程实践均表明：钢管混凝土柱与纯钢柱相比，在保持
结构自重和承载力相同的条件下，可节省钢材 50％，同时大幅度减少焊接工作量。与普通
钢筋混凝土结构相比，在保持用钢量和承载能力相近的条件下，构件横截面面积可减小约

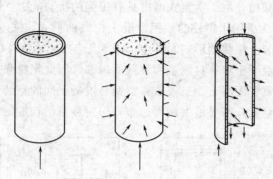

图 8.1.2　圆钢管混凝土短柱受力模式

50%，从而增大了建筑的有效使用面积，并使构件自重减少约 50%。钢管混凝土以其上述优点在我国的高层建筑、工业厂房以及大跨桥梁等领域得到了广泛应用。

　　钢管混凝土由于能够同时提高钢材和混凝土的性能并方便施工而成为研究和应用的热点。按截面形式不同，钢管混凝土可分为圆钢管混凝土、方钢管混凝土和多边形钢管混凝土等（图 8.1.3）。钢管混凝土构件广泛应用于我国高层建筑中。

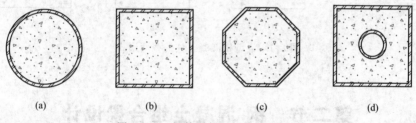

(a)　　　　　　(b)　　　　　　(c)　　　　　　(d)

图 8.1.3　钢管混凝土柱的截面形式

　　与圆钢管混凝土相比，方钢管混凝土在轴压作用下的约束效果降低，但相对圆钢管混凝土的截面惯性矩更大，因此在弯压作用下具有更好的性能。同时这种截面形式制作比较简单，尤其是节点处与梁的连接构造比较易于处理，因而在国内外的应用也呈上升趋势。对于八角形等多边形钢管混凝土，其工作状态则介于二者之间。目前，钢管混凝土与泵送混凝土、逆作法、顶管法施工技术相结合，在我国超高层建筑建设中已取得了相当多的成果。

（三）型钢混凝土构件

　　型钢混凝土构件是指在型钢周围配置钢筋混凝土所形成的结构，也称为钢骨混凝土或劲性钢筋混凝土。型钢混凝土最初是出于防火的目的在钢柱或钢梁的外部包裹混凝土。进一步的试验研究发现，通过一定的构造措施，内部型钢与外包钢筋混凝土可形成整体共同受力，其受力性能要优于型钢部分和钢筋混凝土部分的简单叠加。对型钢混凝土构件来说，型钢腹板虽然具有很强的抗剪能力，但仍需要配置一定数量的箍筋。与纯钢结构相比，外包的钢筋混凝土可以约束钢构件，防止发生局部屈曲，从而提高了构件的整体刚度，并使钢材强度得以充分发挥。型钢混凝土构件一般可比纯钢结构构件节约钢材 50% 以上。此外，型钢混凝土结构比纯钢结构的刚度和阻尼均有明显提高，有利于控制结构变形。与钢筋混凝土结构相比，型钢混凝土由于含钢率大幅度提高，使得构件的承载力和延性增强，有利于改善结构的抗震性能，同时钢骨架本身可作为施工阶段的支撑使用，有利于加快施工速度。

　　型钢混凝土柱内部型钢分为实腹式和空腹式两种。实腹式型钢可采用由焊接或轧制的工字形、口字形、十字形截面。由于实腹式型钢具有很强的抗剪能力，因此抗震性能较强。

图 8.1.4(a)~(d) 为应用于中柱的型钢混凝土柱截面形式，图 8.1.4(e)~(h) 为应用于边柱或角柱的型钢混凝土柱截面形式。其中，图 8.1.4(c)、(f)、(h) 为实腹式型钢，其余为格构式型钢。型钢混凝土将钢材置于构件截面内部，因此钢材强度的发挥程度将小于将钢材布置在构件周边的钢管混凝土。当仅依靠型钢与混凝土间的黏结力时，难以充分保证型钢与混凝土的协同工作性能，需要沿型钢周边布置一定数量的构造钢筋。

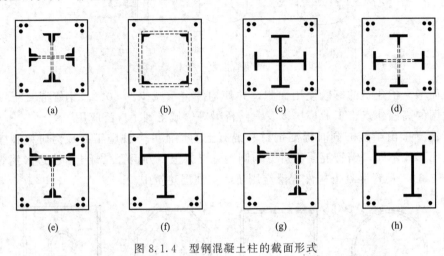

图 8.1.4 型钢混凝土柱的截面形式

第二节 钢-混凝土组合梁设计

一、组合梁基本受力性能及设计要求

钢-混凝土组合梁是指钢梁与混凝土翼板通过抗剪连接件组合成整体共同受力的 T 形截面的横向承重构件。

(一) 组合梁的基本受力性能

抗剪连接件是钢-混凝土组合梁中的重要受力部件，一般根据抗剪连接程度以及混凝土翼板内横向钢筋配筋率的不同，组合梁会出现三种典型的破坏形态。

(1) 混凝土翼板压溃的弯曲型破坏　对于抗剪连接程度和横向配筋率较高的组合梁，表现为混凝土翼板压溃的弯曲型破坏。弯曲破坏的特征是跨中钢梁截面首先屈服，最后混凝土翼板压碎，仅仅在荷载下降之后剪跨区域才可能出现细小纵向劈裂裂缝。在加载初始阶段，混凝土翼板和钢梁之间表现出良好的组合作用。当钢梁下翼缘屈服后，截面中和轴不断上升。当中和轴进入到混凝土翼板内且混凝土最大弯曲拉应力超过其抗拉强度时开始出现裂缝。加载至极限荷载的 80% 左右时，组合梁的刚度开始明显下降，挠度增加，横向裂缝逐渐增多，最终跨中混凝土被压碎。

(2) 抗剪连接件的剪切破坏　对于抗剪连接程度较低的组合梁，会出现抗剪连接件的剪切破坏，此类组合梁加载时，钢梁与混凝土翼板间的滑移较完全抗剪连接组合梁的滑移大。接近极限承载力时，钢梁与混凝土翼板内会分别形成各自的中和轴。破坏时，某个剪跨内的栓钉会被纵向剪断。

（3）混凝土翼板的纵向剪切破坏　此类破坏以混凝土板纵向剪切破坏为标志，主要出现于横向钢筋配筋不足的情况。此类组合梁达到极限承载力时，在钢梁顶部轴线方向混凝土翼板内会出现纵向剪切裂缝，并几乎贯通梁的剪跨。由于混凝土翼板的纵向剪切破坏，钢梁与混凝土的应力发展不充分，组合梁的极限抗弯承载力降低，且延性较差，因此设计时应避免这类破坏模式。对于抗剪连接程度较低的部分抗剪连接组合梁，为避免构件的脆性破坏，应采用延性较好的柔性抗剪连接件。

（二）组合梁基本设计方法及要求

组合梁可以采用有临时支撑和无临时支撑的施工方法。有临时支撑施工时，在浇筑翼板混凝土时应在钢梁下设置足够多的临时支撑，使得钢梁在施工阶段基本不承受荷载，当混凝土达到一定强度并与钢梁形成组合作用后拆除临时支撑，此时由组合梁来承担全部荷载。采用无临时支撑的施工方法时，施工阶段混凝土硬化前的荷载均由钢梁承担，混凝土硬化后所增加的二期恒荷载及活荷载则由组合截面承担。这种方法在施工过程中钢梁的受力和变形较大，因此用钢量较有临时支撑的施工方法偏高，但比较方便快捷。

对于大跨度组合梁，通常施工阶段钢梁的刚度比较小，一般都采用有临时支撑的施工方法。采用有临时支撑的施工方法时，组合梁承担全部的恒荷载及活荷载，无论采用弹性设计方法或塑性设计方法均能够充分发挥钢材和混凝土材料的性能。

采用无临时支撑的施工法时，则应分阶段进行计算。第一阶段，即混凝土硬化前的施工阶段，应验算钢梁在湿混凝土、钢梁和施工荷载下的强度、稳定及变形，并满足《标准》的相关要求。第二阶段，即混凝土与钢梁形成组合作用后的使用阶段，应对组合梁在二期恒荷载以及活荷载作用下的受力性能进行验算。按弹性方法设计时，可以将两阶段的应力和变形进行叠加；按塑性方法设计时，承载力极限状态时的荷载则均由组合梁承担。

组合梁在使用阶段，由于混凝土翼板提供了很强的侧向约束，因此一般不需要进行整体稳定性的验算。当按照塑性方法进行设计时，为防止钢梁在达到全截面塑性极限弯矩前发生局部失稳，钢梁翼缘和腹板的宽厚比应满足一定的要求。

组合梁的挠度均应采用弹性方法进行验算，并符合《标准》的有关挠度限制要求。

钢-混凝土组合梁的设计主要包括三方面的内容：钢梁、钢筋混凝土翼板以及将二者组合成整体的抗剪连接件。钢梁的设计与普通钢结构梁的设计相似，翼板通常由支承于钢梁上的钢筋混凝土板构成，板主筋的方向与钢梁轴线方向垂直，沿梁的方向，混凝土和钢梁形成组合截面受弯。

（三）组合梁混凝土翼板有效宽度

在荷载作用下，钢梁与混凝土翼板共同受弯，混凝土的纵向应力主要由这一弯曲作用引起。混凝土板的纵向剪应力在钢梁与翼板交界面处最大，向两侧逐渐减小。这一现象称为梁的剪力滞效应，剪力滞效应使得混凝土翼板的宽度较大时远离钢梁的混凝土不能完全参与组合梁的整体受力。

在实际设计时，为考虑剪力滞效应的影响并简化计算，通常用一个折减的宽度来代替混凝土翼板的实际宽度。

我国《标准》规定如下：在进行组合梁截面承载力验算时，跨中及中间支座处混凝土翼板的有效宽度（如图 8.2.1），按下式计算

$$b_e = b_0 + b_1 + b_2 \tag{8.2.1}$$

式中　b_0——板托顶部的宽度，当板托倾角 $\alpha < 45°$ 时，应按 $\alpha = 45°$ 计算；当无板托时，则取钢梁上翼缘的宽度；当混凝土板和钢梁不直接接触（如之间有压型钢板分隔）时，取栓钉的横向间距，仅有一列栓钉时取 0，mm。

　　b_1、b_2——梁外侧和内侧的翼板计算宽度，当塑性中和轴位于混凝土板内时，各取梁等效跨径 l_e 的 1/6。此外，b_1 尚不应超过翼板实际外伸宽度 S_1；b_2 不应超过相邻钢梁上翼缘或板托间净距 S_0 的 1/2，mm。

　　l_e——等效跨径，对于简支组合梁，取为简支组合梁的跨度，对于连续组合梁，中间跨正弯矩区取为 $0.6l$，边跨正弯矩区取为 $0.8l$，l 为组合梁跨度，支座负弯矩区取为相邻两跨跨度之和的 20%，mm。

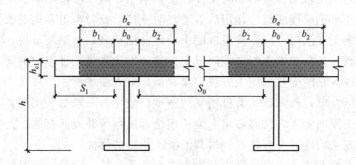

(a) 不设板托的组合梁

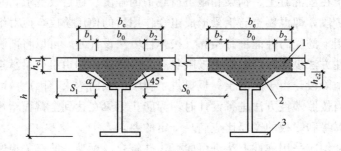

(b) 设板托的组合梁

图 8.2.1　混凝土翼板计算宽度
1—混凝土翼板；2—板托；3—钢梁

二、组合梁的设计计算

（一）组合梁的受弯承载力

（1）正弯矩作用区段

① 塑性中和轴在混凝土翼板内（图 8.2.2），即 $Af \leqslant b_e h_{c1} f_c$ 时

$$M \leqslant b_e x f_c y \tag{8.2.2}$$

$$x = Af/(b_e f_c) \tag{8.2.3}$$

式中　M——正弯矩设计值，N·mm；

　　A——钢梁的截面面积，mm²；

　　x——混凝土翼板受压区高度，mm；

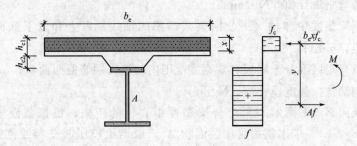

图 8.2.2　塑性中和轴在混凝土翼板内时的组合梁截面及应力图形

y——钢梁截面应力的合力至混凝土受压区截面应力的合力间的距离，mm；

f_c——混凝土抗压强度设计值。

② 塑性中和轴在钢梁截面内（图 8.2.3），即 $Af > b_e h_{c1} f_c$ 时

$$M \leqslant b_e h_{c1} f_c y_1 + A_c f y_2 \tag{8.2.4}$$

$$A_c = 0.5(A - b_e h_{c1} f_c / f) \tag{8.2.5}$$

式中　A_c——钢梁受压区截面面积，mm^2；

y_1——钢梁受拉区截面形心至混凝土翼板受压区截面形心的距离，mm；

y_2——钢梁受拉区截面形心至钢梁受压区截面形心的距离，mm。

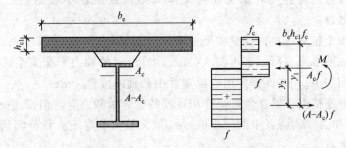

图 8.2.3　塑性中和轴在钢梁内时的组合梁截面及应力图形

（2）负弯矩作用区段（图 8.2.4）

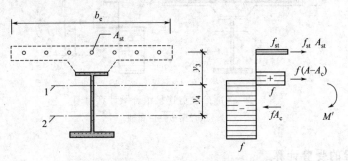

图 8.2.4　负弯矩作用时组合梁截面及应力图形

1—组合截面塑性中和轴；2—钢梁截面塑性中和轴

$$M' \leqslant M_s + A_{st} f_{st} (y_3 + y_4 / 2) \tag{8.2.6}$$

$$M_s = (S_1 + S_2) f \tag{8.2.7}$$

$$f_{st} A_{st} + f(A - A_c) = f A_c \tag{8.2.8}$$

式中 M'——负弯矩设计值，N·mm；

S_1、S_2——钢梁塑性中和轴（平分钢梁截面积的轴线）以上和以下截面对该轴的面积矩，mm^3；

A_{st}——负弯矩区混凝土翼板有效宽度范围内的纵向钢筋截面面积，mm^2；

f_{st}——钢筋抗拉强度设计值，N/mm^2；

y_3——纵向钢筋截面形心至组合梁塑性中和轴的距离，根据截面轴力平衡式 [式 (8.2.8)] 求出钢梁受压区面积 A_c，取钢梁拉压区交界处位置为组合梁塑性中和轴位置，mm；

y_4——组合梁塑性中和轴至钢梁塑性中和轴的距离，当组合梁塑性中和轴在钢梁腹板内时，取 $y_4 = A_{st} f_{st}/2t_w f$，当该中和轴在钢梁翼缘内时，可取 y_4 等于钢梁塑性中和轴至腹板上边缘的距离，mm。

对于部分抗剪连接组合梁（图 8.2.6）在正弯矩区段的受弯承载力宜符合下列公式规定

$$x = n_r N_v^c/(b_e f_c) \qquad (8.2.9)$$

$$A_c = (Af - n_r N_v^c)/(2f) \qquad (8.2.10)$$

$$M_{u,r} = n_r N_v^c y_1 + 0.5(Af - n_r N_v^c)y_2 \qquad (8.2.11)$$

式中 $M_{u,r}$——部分抗剪连接时组合梁截面正弯矩受弯承载力，N·mm；

n_r——部分抗剪连接时最大正弯矩验算截面到最近零弯矩点之间的抗剪连接件数目；

N_v^c——每个抗剪连接件的纵向受剪承载力；

y_1、y_2——如图 8.2.5 所示，可按式(8.2.10) 所示的轴力平衡关系式确定受压钢梁的面积 A_c，进而确定组合梁塑性中和轴的位置，mm。

计算部分抗剪连接组合梁在负弯矩作用区段的受弯承载力时，仍按式(8.2.6) 计算，但 $A_{st} f_{st}$ 应取 $n_r N_v^c$ 和 $A_{st} f_{st}$ 两者中的较小值，n_r 取为最大负弯矩验算截面到最近零弯矩点之间的抗剪连接件数目。

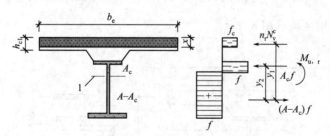

图 8.2.5　部分抗剪连接组合梁计算简图

1—组合梁塑性中和轴

（二）组合梁的受剪计算

组合梁截面的全部剪力 V 假定由钢梁腹板承受，其截面抗剪承载力应满足

$$V \leqslant h_w t_w f_v \qquad (8.2.12)$$

式中 h_w——钢梁腹板的高度；

t_w——钢梁腹板的厚度；

f_v——钢材的抗剪强度设计值。

（三）抗剪连接件的计算

抗剪连接件是将钢梁与混凝土翼板组合在一起共同工作的关键部件。除了传递钢梁与混凝土翼板之间的纵向剪力外，抗剪连接件还起到防止混凝土翼板与钢梁之间竖向分离的作用。

抗剪连接件的构造形式很多。根据变形能力的大小，抗剪连接件可以分为刚性连接件和柔性连接件两类。刚性连接件的主要形式为方钢连接件、T形钢、马蹄形钢等形式。柔性连接件则有栓钉、弯筋、槽钢、角钢、L形钢、锚环、摩擦型高强螺栓等多种类型。

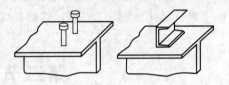

(a) 圆柱头焊钉连接件　　(b) 槽钢连接件

图 8.2.6　连接件的外形

组合梁的抗剪连接件宜采用圆柱头焊钉 [图 8.2.6(a)]，也可采用槽钢 [图 8.2.6(b)] 或有可靠依据的其他类型连接件。单个抗剪连接件的受剪承载力设计值应由下列公式确定。

（1）圆柱头焊钉连接件

$$N_v^c = 0.43 A_s \sqrt{E_c f_c} \leqslant 0.7 A_s f_u \tag{8.2.13}$$

式中　E_c——混凝土的弹性模量，N/mm^2；

　　　A_s——圆柱头焊钉钉杆截面面积，mm^2；

　　　f_u——圆柱头焊钉极限抗拉强度设计值，需满足现行国家标准《电弧螺柱焊用圆柱头焊钉》（GB/T 10433）的要求，N/mm^2。

（2）槽钢连接件

$$N_v^c = 0.26(t + 0.5 t_w) l_c \sqrt{E_c f_c} \tag{8.2.14}$$

式中　t——槽钢翼缘的平均厚度，mm；

　　　t_w——槽钢腹板的厚度，mm；

　　　l_c——槽钢的长度，mm。

（四）构造要求

（1）组合梁截面高度不宜超过钢梁截面高度的 2 倍，混凝土板托高度 h_{c2} 不宜超过翼板厚度 h_{c1} 的 1.5 倍。连续组合梁在中间支座负弯矩区的上部纵向钢筋及分布钢筋，应按现行国家标准《混凝土结构设计规范》（GB 50010）的规定设置。

（2）抗剪连接件的设置应符合下列规定。

① 圆柱头焊钉连接件钉头下表面或槽钢连接件上翼缘下表面与翼板底部钢筋顶面的距离 h_{e0} 不宜小于 30mm；

② 连接件沿梁跨度方向的最大间距不应大于混凝土翼板（包括板托）厚度的 3 倍，且不大于 300mm；连接件的外侧边缘与钢梁翼缘边缘之间的距离不应小于 20mm；连接件的外侧边缘至混凝土翼板边缘间的距离不应小于 100mm；连接件顶面的混凝土保护层厚度不应小于 15mm。

（3）圆柱头焊钉连接件符合下列规定。

① 当焊钉位置不正对钢梁腹板时，如钢梁上翼缘承受拉力，则焊钉钉杆直径不应大于钢梁上翼缘厚度的 1.5 倍；如钢梁上翼缘不承受拉力，则焊钉钉杆直径不应大于钢梁上翼缘

厚度的 2.5 倍。

② 焊钉长度不应小于其杆径的 4 倍。

③ 焊钉沿梁轴线方向的间距不应小于杆径的 6 倍，垂直于梁轴线方向的间距不应小于杆径 4 倍。

④ 用压型钢板作底模的组合梁，焊钉钉杆直径不宜大于 19mm，混凝土凸肋宽度不应小于焊钉钉杆直径的 2.5 倍；焊钉高度 h_d 应符合 $h_d \geqslant h_e + 30$ 的要求。

第三节　钢管混凝土柱

一、概述

钢管混凝土柱可分为圆钢管混凝土柱和矩形钢管混凝土柱，广泛应用于框架结构、框架-剪力墙结构、框架-核心筒结构、框架-支撑结构、筒中筒结构、部分框支-剪力墙结构和杆塔结构。在工业与民用建筑中，与钢管混凝土柱相连的框架梁宜采用钢梁或钢-混凝土组合梁，也可采用现浇钢筋混凝土梁。钢管混凝土柱和节点的计算应符合现行国家标准《钢管混凝土结构技术规范》（GB 50936）的有关规定。

钢管混凝土柱除应进行使用阶段的承载力设计外，尚应进行施工阶段的承载力验算。进行施工阶段的承载力验算时，应采用空钢管截面，空钢管柱在施工阶段的轴向应力，不应大于其抗压强度设计值的 60%，并应满足稳定性要求。

（一）圆形钢管混凝土柱

圆钢管可采用焊接圆钢管或热轧无缝钢管等。其截面直径不宜小于 180mm，壁厚不应小于 3mm。圆形钢管混凝土柱应采取有效措施保证钢管对混凝土的环箍作用；当直径大于 2m 时，应采取有效措施减小混凝土收缩的影响。圆形钢管混凝土柱受拉弹性阶段计算时，可不考虑混凝土的作用，仅计算钢管的受拉承载力；钢管屈服后，可考虑钢管和混凝土共同工作，受拉承载力可适当提高。

（二）矩形钢管混凝土柱

矩形钢管可采用冷成型的直缝钢管或螺旋缝焊接管及热轧管，也可采用冷弯型钢或热轧钢板、型钢焊接成型的矩形管。连接可采用高频焊、自动或半自动焊和手工对接焊缝。当矩形钢管混凝土构件采用钢板或型钢组合时，其壁板间的连接焊缝应采用全熔透焊缝。矩形钢管混凝土柱边长尺寸不宜大于 150mm，钢管壁厚不应小于 3mm。矩形钢管混凝土柱应考虑角部对混凝土约束作用的减弱，当长边尺寸大于 1m 时，应采取构造措施增强矩形钢管对混凝土的约束作用和减小混凝土收缩的影响。矩形钢管混凝土柱受压计算时，混凝土的轴心受压承载力承担系数可考虑钢管与混凝土的变形协调来分配；受拉计算时，可不考虑混凝土的作用，仅计算钢管的受拉承载力。

（三）钢管混凝土柱与钢梁连接节点

圆形钢管混凝土柱与钢梁连接节点可采用外加强环节点、内加强环节点、钢梁穿心式节点、牛腿式节点和承重销式节点。矩形钢管混凝土柱与钢梁连接节点可采用隔板贯通节点、内隔板节点、外环板节点和外肋环板节点。

柱内隔板上应设置混凝土浇筑孔和透气孔，混凝土浇筑孔孔径不应小于 200mm，透气孔孔径不宜小于 25mm。节点设置外环板或外加强环时，外环板的挑出宽度应满足可靠传递梁端弯矩和局部稳定要求。

二、钢管混凝土柱的力学性能

（一）承载能力

试验表明：钢管混凝土构件的承载能力不是同形状、同面积的两种材料试件各自承载能力之和。当取钢筋混凝土短柱试件进行轴压试验时，所得到的极限承载力均高于两者分别试验得到的承载力之和。主要存在以下原因。

① 内填混凝土的存在，抑制了钢管的局部屈曲变形，使两者的稳定承载能力都能得到提高。

② 混凝土受压后，随轴压荷载增长而向外挤胀，使得钢管产生横向拉力，钢管即使发生局部失稳，仍能在拉力场帮助下继续承载。

③ 核心混凝土在微裂膨胀后即受到钢管的约束作用，在圆钢管中，这种约束作用十分明显，称之为套箍作用。在方钢管中角部较强。混凝土受三向压力作用后，纵向受压的承载能力大大提高。钢管约束作用的强弱与截面中的含钢率有关，一般情况下，含钢率大，则约束作用大。

（二）变形能力

钢管因混凝土的作用而提高了整体刚度，又因局部稳定性和整体稳定性的提高而改善了承载中的变形能力，混凝土也因成为约束混凝土而提高了塑性，综上所述，钢管混凝土构件具有良好的延性。

三、圆钢管混凝土柱的承载能力和稳定

（一）轴心受压构件

（1）钢管混凝土柱在轴压状态承载力计算应符合公式要求

$$N \leqslant N_u \tag{8.3.1}$$

式中　N——轴向压力设计值；

　　　N_u——钢管混凝土柱轴心受压承载力设计值。

（2）轴心受压强度承载力设计值

圆钢管混凝土构件的截面承采用简单叠加公式往往偏于保守，因此可以考虑约束作用，对承载力予以提高。圆管混凝土构件轴心受压时强度承载力设计值可以表示为

$$N_0 = A_{sc} f_{sc} \tag{8.3.2}$$

$$f_{sc} = (1.212 + B\theta + C\theta^2) f_c \tag{8.3.3}$$

$$\alpha_{sc} = \frac{A_s}{A_c} \tag{8.3.4}$$

$$\theta = \alpha_{sc} \frac{f}{f_c} \tag{8.3.5}$$

式中　N_0——钢管混凝土短柱的轴心受压强度承载力设计值，N；

A_{sc}——实心或空心钢管混凝土构件的截面面积，等于钢管和管内混凝土面积之和，mm^2；

A_s、A_c——钢管、管内混凝土的面积，mm^2；

α_{sc}——实心或空心钢管混凝土构件的含钢率；

θ——实心或空心钢管混凝土构件的套箍系数；

f——钢材的抗压强度设计值，MPa；

f_c——混凝土的抗压强度设计值，MPa，对于空心构件，f_c 均应乘以 1.1；

B、C——截面形状对套箍效应的影响系数，按 $B = 0.176f/213 + 0.974$，$C = -0.104f_c/14.4 + 0.031$ 取值。

(3) 圆钢管混凝土构件轴心受压稳定承载力计算公式

$$N_u = \varphi N_0 \tag{8.3.6}$$

$$\varphi = \frac{1}{2\overline{\lambda}_{sc}^2}\left\{\overline{\lambda}_{sc}^2 + (1 + 0.25\overline{\lambda}_{sc}) - \sqrt{[\overline{\lambda}_{sc}^2 + (1 + 0.25\overline{\lambda}_{sc})]^2 - 4\overline{\lambda}_{sc}^2}\right\} \tag{8.3.7}$$

$$\overline{\lambda}_{sc} = \frac{\lambda_{sc}}{\pi}\sqrt{\frac{f_{sc}}{E_{sc}}} \approx 0.01\lambda_{sc}(0.001f_y + 0.781) \tag{8.3.8}$$

式中　N_0——实心或空心钢管混凝土短柱的轴心受压强度承载力设计值，N，应按公式 (8.3.2) 计算；

φ——轴心受压构件稳定系数，也可按表 8.3.1 取值；

λ_{sc}——各种构件的长细比，等于构件的计算长度除以回转半径；

$\overline{\lambda}_{sc}$——构件正则长细比。

表 8.3.1　轴压构件稳定系数

$\lambda_{sc}(0.001f_y+0.781)$	φ	$\lambda_{sc}(0.001f_y+0.781)$	φ
0	1.000	130	0.440
10	0.975	140	0.394
20	0.951	150	0.353
30	0.924	160	0.318
40	0.896	170	0.287
50	0.863	180	0.260
60	0.824	190	0.236
70	0.779	200	0.216
80	0.728	210	0.198
90	0.670	220	0.181
100	0.610	230	0.167
110	0.549	240	0.155
120	0.492	250	0.143

（二）单向压弯构件

当只有轴心压力和弯矩作用的压弯构件，按以下公式计算

① 当 $\dfrac{N}{N_u} \geqslant 0.255$ 时

$$\frac{N}{N_u} + \frac{\beta_m M}{1.5 M_u (1 - 0.4 N / N_E')} \leqslant 1 \qquad (8.3.9)$$

② 当 $\dfrac{N}{N_u} < 0.255$ 时

$$-\frac{N}{2.17 N_u} + \frac{\beta_m M}{M_u (1 - 0.4 N / N_E')} \leqslant 1 \qquad (8.3.10)$$

式中　N、M——作用于构件的轴心压力和弯矩；

　　　β_m——等效弯矩系数，应按现行《标准》执行；

　　　N_u——实心或空心钢管混凝土构件的轴压稳定承载力设计值，应按式(8.3.6)计算；

　　　M_u——实心或空心钢管混凝土构件的受弯承载力设计值，应按 $M_u = \gamma_m W_{sc} f_{sc}$，$\gamma_m$ 取 1.2。

四、方形与矩形钢管混凝土柱的强度和稳定

码 8.2
方钢管轴
压视频

(一) 轴心受压构件

(1) 方（矩）形钢管混凝土轴压构件的截面承载力计算采用下列公式

$$N \leqslant N_u \qquad (8.3.11)$$
$$N_u = f A_s + f_c A_c \qquad (8.3.12)$$

式中　N——轴心压力设计值；

　　N_u——轴心受压时截面受压承载力设计值。

当钢管截面有削弱时，其净截面承载力应满足下式的要求

$$N \leqslant N_{un} \qquad (8.3.13)$$
$$N_{un} = f A_{sn} + f_c A_c \qquad (8.3.14)$$

式中　N_{un}——轴心受压时净截面受压承载力设计值；

　　A_{sn}——钢管的净截面面积。

$$N \leqslant N_u \qquad (8.3.15)$$
$$N_u = f A_s + f_c A_c \qquad (8.3.16)$$

式中　N——轴心压力设计值；

　　N_u——轴心受压时截面受压承载力设计值。

当钢管截面有削弱时，其净截面承载力应满足下式的要求

$$N \leqslant N_{un} \qquad (8.3.17)$$
$$N_{un} = f A_{sn} + f_c A_c \qquad (8.3.18)$$

式中　N_{un}——轴心受压时净截面受压承载力设计值；

　　A_{sn}——钢管的净截面面积。

(2) 轴心受压构件的稳定承载力应满足

$$N \leqslant \varphi N_u \qquad (8.3.19)$$

当 $\lambda_0 \leqslant 0.215$ 时，　　　$\varphi = 1 - 0.65 \lambda_0^2 \qquad (8.3.20)$

当 $\lambda_0 > 0.215$ 时，

$$\varphi = \frac{1}{2\lambda_0^2} \left[(0.965 + 0.300\lambda_0 + \lambda_0^2) - \sqrt{(0.965 + 0.300\lambda_0 + \lambda_0^2)^2 - 4\lambda_0^2} \right] \quad (8.3.21)$$

式中 φ——轴心受压构件的稳定系数;

λ_0——相对长细比,按式(8.3.22)计算。

其中,轴心受压构件的相对长细比应按下式计算

$$\lambda_0 = \frac{\lambda}{\pi} \sqrt{\frac{f_y}{E_s}} \quad (8.3.22)$$

$$\lambda = \frac{l_0}{r_0} \quad (8.3.23)$$

$$r_0 = \sqrt{\frac{I_s + I_c E_c / E_s}{A_s + A_c f_c / f}} \quad (8.3.24)$$

式中 f_y——钢材的屈服强度;

λ——矩形钢管混凝土轴心受压构件的长细比;

l_0——轴心受压构件的计算长度;

r_0——矩形钢管混凝土轴心受压构件截面的当量回转半径。

(二) 单向压弯构件

(1) 弯矩作用在一个主平面内的矩形钢管混凝土压弯构件,其承载力应满足下式的要求

$$\frac{N}{N_{un}} + (1 - \alpha_c) \frac{M}{M_{un}} \leqslant 1.0 \quad (8.3.25)$$

同时应满足下式的要求

$$\frac{M}{M_{un}} \leqslant 1 \quad (8.3.26)$$

$$M_{un} = [0.5 A_{sn}(h - 2t - d_n) + bt(t + d_n)] f \quad (8.3.27)$$

$$d_n = \frac{A_s - 2bt}{(b - 2t)\dfrac{f_c}{f} + 4t} \quad (8.3.28)$$

式中 N——轴心压力设计值;

M——弯矩设计值;

α_c——混凝土工作承担系数,$\alpha_c = \dfrac{A_c f_c}{A_s f + A_c f_c}$;

M_{un}——只有弯矩作用时净截面的受弯承载力设计值;

f——钢材抗弯强度设计值;

b、h——分别为矩形钢管截面平行、垂直于弯曲轴的边长;

t——钢管壁厚;

d_n——管内混凝土受压区高度。

(2) 弯矩作用在一个主平面内(绕 x 轴)的矩形钢管混凝土压弯构件,其弯矩作用平面内的稳定性应满足下式的要求

$$\frac{N}{\varphi_x N_u} + (1 - \alpha_c) \frac{\beta M_x}{\left(1 - 0.8\dfrac{N}{N'_{Ex}}\right) M_{ux}} \leqslant \frac{1}{\gamma} \quad (8.3.29)$$

$$M_{ux} = [0.5A_s(h-2t-d_n) + bt(t+d_n)]f \qquad (8.3.30)$$

$$N'_{Ex} = \frac{N_{Ex}}{1.1} \qquad (8.3.31)$$

$$N_{Ex} = N_u \frac{\pi^2 E_s}{\lambda_x^2 f} \qquad (8.3.32)$$

并应满足下式的要求

$$\frac{\beta M_x}{\left(1-0.8\dfrac{N}{N'_{Ex}}\right)M_{ux}} \leqslant \frac{1}{\gamma} \qquad (8.3.33)$$

同时，弯矩作用平面外的稳定性应满足下式的要求

$$\frac{N}{\varphi_y N_u} + \frac{\beta M_x}{1.4 M_{ux}} \leqslant \frac{1}{\gamma} \qquad (8.3.34)$$

式中　φ_x、φ_y——分别为弯矩作用平面内、弯矩作用平面外的轴心受压稳定系数，按式
　　　　　　（8.3.20）和式（8.3.21）计算；

　　　N_{Ex}——欧拉临界力；

　　　M_{ux}——只有弯矩 M_x 作用时截面的受弯承载力设计值；

　　　　β——等效弯矩系数。

 习题

1. 组合构件的特点是什么？
2. 组合梁的设计包括哪些内容？
3. 钢管混凝土柱有哪些类型，简要分析其受力特点。

第九章 钢结构的防护

码 9.1
思维导图 ▶▶▶

第一节　防火设计

钢结构的抗火性能较差，主要体现在两个方面：一是钢材热传导系数很大，火灾下钢构件升温快；二是钢材强度随温度升高而迅速降低，致使钢结构不能承受外部荷载、作用而失效破坏。无防火保护的钢结构的耐火时间通常仅为 15～20 分钟，故极易在火灾下破坏。因此，为了防止和减小建筑钢结构的火灾危害，必须对钢结构进行科学的抗火设计，采取安全可靠、经济合理的防火保护措施。

一、常用的防火措施

钢结构工程中常用的防火保护措施有：外包混凝土或砌筑砌体、涂覆防火涂料、包覆防火板、包覆柔性毡状隔热材料等。

（一）外包混凝土或砌筑砌体

在钢结构外表添加外包层（图 9.1.1），可以现浇成型，也可以采用喷涂法。现浇成型的实体混凝土外包层通常用钢丝网或钢筋来加强，以限制收缩裂缝，并保证外壳的强度。喷涂法可以在施工现场对钢结构表面涂抹砂泵以形成保护层，砂泵可以是石灰水泥或是石膏砂浆，也可以掺入珍珠岩或石棉。同时外包层也可以用珍珠岩、石棉、石膏或石棉水泥、轻混凝土做成预制板，采用胶黏剂、钉子、螺栓固定在钢结构上。

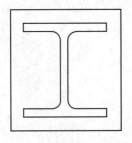 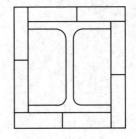

(a) 浇筑混凝土　　　　　　　　　　(b) 砌筑耐火砖

图 9.1.1　浇筑混凝土和砌筑耐火砖

（二）涂覆防火涂料（图 9.1.2）

涂覆防火涂料这种方法施工简便，耐火时间长，不受钢构件几何形状的限制，具有较好的经济实用性。

通常根据高温下涂层变化情况将防火涂料分为膨胀型和非膨胀型两大系列。

（1）膨胀型防火涂料 又称薄型防火涂料，厚度一般为1～7mm，其中厚度小于3mm时也称超薄膨胀型防火涂料。膨胀型防火涂料基料为有机树脂，配方中还含有发泡剂、碳化剂等成分，遇火后自身会发泡膨胀，形成比原涂层厚度大十几倍到数十倍的多孔碳质层。多孔碳质层可阻挡外部热源对基材的传热，如同绝热屏障。膨胀型防火涂料用于钢结构防火，耐火极限可达0.5～2.0h。膨胀型防火涂料涂层薄、重量轻、抗震性好，有较好的装饰性，缺点是施工时气味较大，涂层易老化，若处于吸湿受潮状态会失去膨胀性。

（2）非膨胀型防火涂料 又称之厚型防火涂料，涂层厚度7～50mm，主要成分为无机绝热材料，遇火不膨胀，自身具有良好的隔热性。对应耐火极限可达到0.5～3h以上。非膨胀型防火涂料一般不燃、无毒、耐老化、耐久性较可靠，适用于永久性建筑中。

厚型防火涂料又分两类，一类以矿物纤维为集料采用干法喷涂施工；另一类是以膨胀蛭石、膨胀珍珠岩等颗粒材料为主的集料，采用湿法喷涂施工。采用干法喷涂纤维材料与湿法喷涂颗粒材料相比，涂层容重轻，但施工时容易散发细微纤维粉尘，给施工环境和人员的保护带来一定问题，另外表面疏松，只适合于完全封闭的隐蔽工程。

 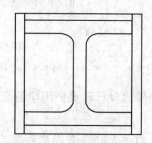

图 9.1.2 涂覆防火涂料　　　　图 9.1.3 包覆防火板

（三）包覆防火板

包覆防火板采用纤维增强水泥板、石膏板、硅酸钙板、蛭石板将钢构件包覆起来（图9.1.3）。防火板由工厂加工，表面平整、装饰性好，施工为干作业。用于钢柱防火具有占用空间少、综合造价低的优点。

（四）包裹柔性毡状隔热材料

包裹柔性毡状隔热材料采用隔热毯、隔热膜等柔性毡状隔热材料包裹构件，这种方法隔热性好，施工简便，造价低，适用于室内不易受机械伤害和免受水湿的部位。采用柔性毡状隔热材料防火保护的构造如图9.1.4所示，包覆构造的外层应设金属保护壳，包覆构造应满足在材料自重下，不应使毡状材料发生体积压缩不均的现象，金属保护壳应固定在支撑构件上，支撑构件应固定在钢构件上，支撑构件为不燃材料。

二、防火设计要点

① 钢结构防火保护措施及其构造应根据工程实际，考虑结构类型、耐火极限要求、工作环境等，按照安全可靠、经济合理的原则确定。

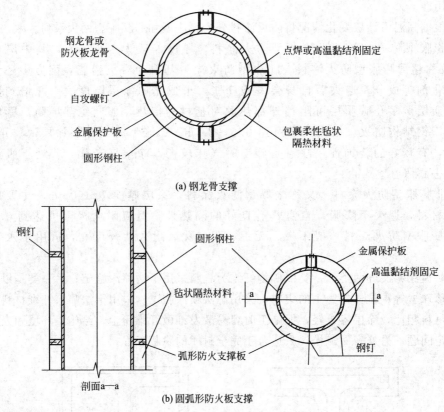

(a) 钢龙骨支撑

剖面a—a

(b) 圆弧形防火板支撑

图 9.1.4　包裹柔性毡状隔热材料

② 建筑钢构件的设计耐火极限应符合现行国家标准《建筑设计防火规范》（GB 50016）中的有关规定。

③ 当钢构件的耐火时间不能达到规定的设计耐火极限要求时，应进行防火保护设计，建筑钢结构应按现行国家标准《建筑钢结构防火技术规范》（GB 51249）进行抗火性能验算。

④ 在钢结构设计文件中，应注明结构的设计耐火等级、构件的设计耐火极限、所需要的防火保护措施及其防火保护材料的性能要求等，其中，防火保护材料的性能要求具体包括：防火保护材料的等效热传导系数或防火保护层的等效热阻、防火保护层的厚度、防火保护的构造、防火保护材料的使用年限等。当工程实际使用的防火保护方法有更改时，应由设计单位出具设计修改文件。当工程实际使用的防火保护材料的等效热传导系数与设计文件不一致时，应按"防火保护层的等效热阻相等"原则调整防火保护层的厚度，并由设计单位确认。

⑤ 构件采用防火涂料进行防火保护时，其高强度螺栓连接处的涂层厚度不应小于相邻构件的涂料厚度。

三、基本构件抗火设计

（一）轴心受力构件

（1）强度验算　火灾作用下轴心受拉钢构件或轴心受压钢构件的强度计算公式为

$$\frac{N}{A_n} \leqslant \eta_{sT} f \qquad (9.1.1)$$

式中 N——火灾下钢构件的轴拉力或轴压力设计值；

A_n——钢构件的净截面面积；

η_{sT}——高温下钢材的屈服强度折减系数；

f——常温下钢材的强度设计值。

（2）稳定性验算 火灾作用下轴心受压钢构件的稳定计算公式为

$$\frac{N}{\varphi_T A} \leqslant \eta_{sT} f \qquad (9.1.2)$$

$$\varphi_T = \alpha_c \varphi \qquad (9.1.3)$$

式中 N——火灾下钢构件的轴向压力设计值；

A——钢构件的毛截面面积；

φ_T——高温下轴心受压钢构件的稳定系数；

α_c——高温下轴心受压钢构件的稳定验算参数，应根据构件长细比和构件温度按表 9.1.1 确定；

φ——常温下轴心受压钢构件的稳定系数，应按《标准》的规定确定。

表 9.1.1 高温下轴心受压钢构件稳定验算参数 α_c

构件材料		结构钢构件						耐火钢构件				
$\lambda \sqrt{f_y/235}$		$\leqslant 10$	50	100	150	200	250	$\leqslant 10$	50	100	150	200	250
温度/℃	$\leqslant 50$	1.000	1.000	1.000	1.000	1.000	1.000	1.000	1.000	1.000	1.000	1.000	1.000
	100	0.998	0.995	0.988	0.983	0.982	0.981	0.999	0.997	0.993	0.989	0.989	0.988
	150	0.997	0.991	0.979	0.970	0.968	0.968	0.998	0.995	0.989	0.984	0.983	0.983
	200	0.995	0.986	0.968	0.955	0.952	0.951	0.998	0.994	0.987	0.980	0.979	0.979
	250	0.993	0.980	0.955	0.937	0.933	0.932	0.998	0.994	0.986	0.979	0.978	0.977
	300	0.990	0.973	0.939	0.915	0.910	0.909	0.998	0.994	0.987	0.980	0.979	0.979
	350	0.989	0.970	0.933	0.906	0.902	0.900	0.998	0.996	0.986	0.985	0.985	0.985
	400	0.991	0.977	0.947	0.926	0.922	0.920	1.000	0.999	0.998	0.997	0.996	0.996
	450	0.996	0.990	0.977	0.967	0.965	0.965	1.001	1.008	1.012	1.014	1.015	
	500	1.001	1.002	1.013	1.019	1.023	1.024	1.001	1.004	1.023	1.035	1.041	1.045
	550	1.002	1.007	1.046	1.063	1.075	1.081	1.002	1.054	1.073	1.087	1.094	
	600	1.002	1.007	1.050	1.069	1.082	1.088	1.004	1.014	1.105	1.136	1.164	1.179
	650	0.996	0.989	0.976	0.965	0.963	0.962	1.006	1.023	1.188	1.250	1.309	1.341
	700	0.995	0.986	0.969	0.955	0.952	0.952	1.008	1.030	1.245	1.350	1.444	1.497
	750	1.000	1.001	1.005	1.008	1.009	1.009	1.011	1.044	1.345	1.589	1.793	1.921
	800	1.000	1.000	1.000	1.000	1.000	1.000	1.012	1.050	1.378	1.722	1.970	2.149

注：温度不大于 50℃ 时，α_c 可取 1.0；温度大于 50℃ 时，表中未规定温度时的 α_c 应按线性插值方法确定。

（二）受弯构件

（1）强度验算 火灾作用下单轴受弯钢构件的强度计算公式为

$$\frac{M}{\gamma W_n} \leqslant \eta_{sT} f \tag{9.1.4}$$

式中　M——火灾下最不利截面处的弯矩设计值；

　　　W_n——最不利截面的净截面模量；

　　　γ——截面塑性发展系数。

（2）稳定性验算　火灾作用下单轴受弯钢构件的稳定计算公式为

$$\frac{M}{\varphi_{bT} W} \leqslant \eta_{sT} f \tag{9.1.5}$$

$$\varphi_{bT} = \begin{cases} \alpha_b \varphi_b \\ 1.07 - \dfrac{0.282}{\alpha_b \varphi_b} \leqslant 1.0 \end{cases} \tag{9.1.6}$$

式中　M——火灾下钢构件的最大弯矩设计值；

　　　W——按受压纤维确定的构件毛截面模量；

　　　φ_{bT}——高温下受弯钢构件的稳定系数；

　　　φ_b——常温下受弯钢构件的稳定系数，应按现行《标准》的规定确定；当所计算的

　　　　　　$\varphi_b > 0.6$ 时，φ_b 不作修正；

　　　α_b——高温下受弯钢构件的稳定验算参数，应按表 9.1.2 确定。

表 9.1.2　高温下受弯钢构件稳定验算参数 α_b

材料 ＼ 温度/℃	20	100	150	200	250	300	350	400	450	500	550	600	650	700	750	800
结构钢构件	1.000	0.980	0.966	0.949	0.929	0.905	0.896	0.917	0.962	1.027	1.094	1.101	0.961	0.950	1.011	1.000
耐火钢构件	1.000	0.988	0.982	0.978	0.977	0.978	0.984	0.996	1.017	1.052	1.111	1.214	1.419	1.630	2.256	2.640

（三）拉弯或压弯构件

（1）强度验算　火灾作用下拉弯或压弯钢构件的强度计算公式为

$$\frac{N}{A_n} \pm \frac{M_x}{\gamma_x W_{nx}} \pm \frac{M_y}{\gamma_y W_{ny}} \leqslant \eta_{sT} f \tag{9.1.7}$$

式中　M_x、M_y——火灾下最不利截面处对应于强轴 x 轴和弱轴 y 轴的弯矩设计值；

　　　W_{nx}、W_{ny}——对强轴和弱轴的净截面模量；

　　　γ_x、γ_y——绕强轴和绕弱轴弯曲的截面塑性发展系数。

（2）稳定性验算　火灾作用下绕强轴 x 轴弯曲的钢构件的稳定计算公式为

$$\frac{N}{\varphi_{xT} A} + \frac{\beta_{mx} M_x}{\gamma_x W_{1x}\left(1 - 0.8\dfrac{N}{N'_{ExT}}\right)} + \eta\frac{\beta_{ty} M_y}{\varphi_{byT} W_y} \leqslant \eta_{sT} f \tag{9.1.8}$$

$$N'_{ExT} = \frac{\pi^2 E_{sT} A}{1.1\lambda_x^2} \tag{9.1.9}$$

火灾作用下绕弱轴 y 轴弯曲的钢构件的稳定计算公式为

$$\frac{N}{\varphi_y A} + \eta\frac{\beta_{tx} M_x}{\varphi_{bxT} W_x} + \frac{\beta_{my} M_y}{\gamma_y W_y\left(1 - 0.8\dfrac{N}{N'_{EyT}}\right)} \leqslant \eta_{sT} f \tag{9.1.10}$$

$$N'_{EyT} = \frac{\pi^2 E_{sT} A}{1.1 \lambda_y^2} \quad (9.1.11)$$

式中　　　N——火灾下钢构件的轴向压力设计值；

M_x、M_y——火灾下所计算钢构件段范围内对强轴和弱轴的最大弯矩设计值；

A——毛截面面积；

W_x、W_y——对强轴和弱轴的毛截面模量；

N'_{ExT}、N'_{EyT}——高温下绕强轴和弱轴弯曲的参数；

λ_x、λ_y——对强轴和弱轴的长细比；

φ_{xT}、φ_{yT}——高温下轴心受压钢构件对应于强轴和弱轴失稳的稳定系数、应按式（9.1.3）计算；

φ_{bxT}、φ_{byT}——高温下均匀弯曲受弯钢构件对应于强轴和弱轴失稳的稳定系数，应按式（9.1.6）计算；

η——截面影响系数，对于闭口截面，取 0.7，对于其他截面，取 1.0；

β_{mx}、β_{my}——弯矩作用平面内的等效弯矩系数，应按《标准》执行。

第二节　防腐蚀设计

钢结构腐蚀是一个电化学过程，腐蚀速度与环境腐蚀条件、钢材质量、钢结构构造等有关，其所处的环境中水气含量和电解质含量越高，腐蚀速度越快。防腐蚀方案的实施与施工条件有关，因此选择防腐蚀方案的时候应考虑施工条件，避免选择可能会造成施工困难的防腐蚀方案。

一般钢结构防腐蚀设计年限不宜低于 5 年；重要结构不宜低于 15 年，应权衡设计使用年限中一次投入和维护费用的高低选择合理的防腐蚀设计年限。由于钢结构防腐蚀设计年限通常低于建筑物设计年限，建筑物寿命期内通常需要对钢结构防腐蚀措施进行维修，因此选择防腐蚀方案的时候，应考虑维修条件，维修困难的钢结构应加强防腐蚀方案。同一结构不同部位的钢结构可采用不同的防腐蚀设计年限。

一、防腐蚀设计原则

（一）安全可靠、经济合理

① 钢结构防腐蚀设计应根据建筑物的重要性、环境腐蚀条件、施工和维修条件等要求合理确定防腐蚀设计年限；

② 防腐蚀设计应考虑环保节能的要求；

③ 钢结构除必须采取防腐蚀措施外，尚应尽量避免加速腐蚀的不良设计；

④ 防腐蚀设计中应考虑钢结构全寿命期内的检查、维护和大修。

（二）合理选择钢结构防腐蚀设计方案

钢结构防腐蚀设计应综合考虑环境中介质的腐蚀性、环境条件、施工和维修条件等因素，因地制宜，从下列方案中综合选择防腐蚀方案或其组合。

① 防腐蚀涂料是最常用的防腐蚀方法，各种工艺形成的锌、铝等金属保护层包括热喷

锌、热喷铝、热喷锌铝合金、热浸锌、电镀锌、冷喷铝、冷喷锌等；

② 各种工艺形成的锌、铝等金属保护层；

③ 阴极保护措施；

④ 采用耐候钢。

（三）加强防护特殊结构和构件

对处于严重腐蚀的使用环境且仅靠涂装难以有效保护的主要承重钢结构构件，宜采用耐候钢或外包混凝土。当某些次要构件的设计使用年限与主体结构的设计使用年限不相同时，次要构件应便于更换。

二、防腐蚀设计措施

（一）结构防腐蚀设计

结构防腐蚀设计应符合下列规定。

① 当采用型钢组合的杆件时，型钢间的空隙宽度宜满足防护层施工、检查和维修的要求。

② 不同金属材料接触会加速腐蚀时，应在接触部位采用隔离措施。

③ 焊条、螺栓、垫圈、节点板等连接构件的耐腐蚀性能，不应低于主材材料。螺栓直径不应小于12mm。垫圈不应采用弹簧垫圈。螺栓、螺母和垫圈应采用镀锌等方法防护，安装后再采用与主体结构相同的防腐蚀方案。

④ 设计使用年限大于或等于25年的建筑物，对不易维修的结构应加强防护。

⑤ 避免出现难于检查、清理和涂漆之处，以及能积留湿气和大量灰尘的死角或凹槽。闭口截面构件应沿全长和端部焊接封闭。

⑥ 柱脚在地面以下的部分应采用强度等级较低的混凝土包裹（保护层厚度不应小于50mm），包裹的混凝土高出室外地面不应小于150mm，室内地面不宜小于50mm，并宜采取措施防止水分残留。当柱脚底面在地面以上时，柱脚底面高出室外地面不应小于100mm，室内地面不宜小于50mm。

（二）钢材表面原始锈蚀等级和钢材除锈等级

① 应符合现行国家标准《涂覆涂料前钢材表面处理　表面清洁度的目视评定》（GB/T 8923）的规定（见表9.2.1）。

表 9.2.1　钢结构钢材基层的除锈等级

涂料品种	最低除锈等级
富锌底涂料、乙烯磷化底涂料	$S_a\frac{1}{2}$
环氧或乙烯基脂玻璃磷片底涂料	S_a2
氟碳、聚硅氧烷、聚氨酯、环氧、醇酸、丙烯酸环氧、丙烯酸聚氨酯等底涂料	S_a2 或 S_t3
喷铝及其合金	S_a3
喷锌及其合金	$S_a\frac{1}{2}$
热浸镀锌	B_e

② 表面原始锈蚀等级为 D 级的钢材不应用作结构钢。

③ 喷砂或抛丸用的磨料等表面处理材料应符合防腐蚀产品对表面清洁度和粗糙度的要求，并符合环保要求。

（三）制定钢结构防腐蚀涂料的配套方案

可根据环境腐蚀条件、防腐蚀设计年限、施工和维修条件等要求设计。修补和焊缝部位的底漆应能适应表面处理的条件。

（四）在钢结构设计文件中应注明防腐蚀方案

如采用涂（镀）层方案，须注明所要求的钢材除锈等级和所要用的涂料（或镀层）及涂（镀）层厚度，并注明使用单位在使用过程中对钢结构防腐蚀进行定期检查和维修的要求，建议制订防腐蚀维护计划。

第三节　隔热设计

钢结构耐火性能差，处于高温工作环境中的钢结构，如果未加隔热保护，只需10～20分钟，自身温度就可达540℃以上，钢材基本丧失全部强度和刚度，因此，无隔热保护措施，结构很容易遭到破坏。持续高温作用是指钢结构处于长时间或间隔时间的重复高温作用，它与火灾短期高温作用有所不同。这种持续高温作用下结构钢的力学性能与火灾短期高温作用下结构钢的力学性能不完全相同，主要体现在蠕变和松弛上。

一、隔热设计原则

隔热设计的主要原则包括以下两点。

① 处于高温工作环境中的钢结构，应考虑高温作用对结构的影响。高温工作环境的设计状况为持久状况，高温作用为可变荷载，设计时应按承载力极限状态和正常使用极限状态设计。

② 钢结构的温度超过100℃时，进行钢结构的承载力和变形验算时，应该考虑长期高温作用对钢材和钢结构连接性能的影响。

二、隔热材料

工业建筑物的结构或局部构件处于高温状态时，如钢铁企业中的高炉煤气上升管、下降管、热风炉、钢烟囱等壳体结构，长时间受高温煤气流灼烤；转炉炼钢车间和出铁场平台的部分构件，在冶炼操作、铁水或钢液送送以及连铸过程中受到100℃左右间隔时间的重复高温辐射、火焰烘烤或液态金属喷溅等作用。

适用于上述结构或构件的隔热材料主要包括：不定型隔热喷涂料 YPZ-1、YPZ-2、CN130G、CN-140G、MIX-687G、ACT-250、CN-130，耐高温无机纤维喷涂料 HKG2、铸钢板、耐火砖、烧结普通砖等。

长时间受高温气流（20～300℃）作用时，结构的隔热材料宜选用 YPZ-1、YPZ-2 等耐热喷涂料；气流温度不小于 300℃时，第一道隔热材料应采用耐火砖，第二道用 CN-130G 或 MIX-6879 耐热喷涂料。当气流含有腐蚀性介质时宜选用 ACI-25 耐热喷涂料；当结构件受到100℃左右高温辐射、火焰烘烤或液态金属喷溅等作用时，应根据结构型式和位置分别采用石棉耐火板、耐火材料浇铸板、铸钢板、喷涂隔热材料、外砌耐火砖或烧结普通砖等。

三、隔热措施

（1）高温环境下的钢结构温度超过 100℃时，应进行结构温度作用验算，并应根据不同情况采取防护措施：

① 当钢结构可能受到炽热熔化金属的侵害时，应采用砌块或耐热固体材料做成的隔热层加以保护；

② 当钢结构可能受到短时间的火焰直接作用时，应采用加耐热隔热涂层、热辐射屏蔽等隔热防护措施；

③当高温环境下钢结构的承载力不满足要求时，应采取增大构件截面、采用耐火钢或采用加耐热隔热涂层、热辐射屏蔽、水套隔热降温措施等隔热降温措施；

④ 当高强度螺栓连接长期受热达 150℃以上时，应采用加耐热隔热涂层、热辐射屏蔽等隔热防护措施。

（2）钢结构的隔热保护措施在相应的工作环境下应具有耐久性，并与钢结构的防腐、防火保护措施相容。

习题

1．钢结构防火措施有哪些？

2．钢结构防腐蚀措施有哪些？

3．钢结构的隔热措施有哪些？

附　　录

附录 1　钢材化学成分和力学性能

附表 1.1　碳素结构钢的牌号及化学成分

牌号	等级	厚度(或直径)/mm	脱氧方法	化学成分(质量分数)/%,不大于				
				C	Si	Mn	P	S
Q195	—	—	F、Z	0.12	0.30	0.50	0.035	0.040
Q215	A	—	F、Z	0.15	0.35	1.20	0.045	0.050
	B							0.045
Q235	A	—	F、Z	0.22	0.35	1.40	0.045	0.050
	B			0.20[b]			0.045	0.045
	C		Z	0.17			0.040	0.040
	D		TZ				0.035	0.035
Q275	A	—	F、Z	0.24	0.35	1.50	0.045	0.050
	B	≤40	Z	0.21			0.045	0.045
		>40		0.22				
	C	—	Z	0.20			0.040	0.040
	D		T、Z				0.035	0.035

附表 1.2　碳素结构钢的力学性能

牌号	等级	屈服强度 R_{eH}/(N/mm²),不小于						抗拉强度 R_m/(N/mm²)	断后伸长率 A/%,不小于					冲击试验(V 形缺口)	
		厚度(或直径)/mm							厚度(或直径)/mm					温度/℃	冲击吸收功(纵向)/J 不小于
		≤16	>16~40	>40~60	>60~100	>100~150	>150~200		≤40	>40~60	>60~100	>100~150	>150~200		
Q195	—	195	185	—				315~430	33		—			—	—
Q215	A	215	215	195	185	175	165	335~450	31	30	29	27	26	—	—
	B													+20	27
Q235	A	235	225	215	215	195	185	370~500	26	25	24	22	21	—	—
	B													+20	27
	C													0	
	D													−20	
Q275	A	275	265	255	245	225	215	410~540	22	21	20	18	17	—	—
	B													+20	27
	C													0	
	D													−20	

附表 1.3 碳素结构钢的冷弯性能

牌号	试样方向	冷弯试验 180° $B=2a$ [①]	
		钢材厚度(或直径)[②]/mm	
		≤60	>60~100
		弯心直径 d	
Q195	纵	0	—
	横	0.5a	
Q215	纵	0.5a	1.5a
	横	a	2a
Q235	纵	a	2a
	横	1.5a	2.5a
Q275	纵	1.5a	2.5a
	横	2a	3a

① B 为试验宽度，a 为试样厚度（或直径）；
② 钢材厚度（或直径）大于 100mm 时，弯曲试验由双方协商确定。

附表 1.4 低合金钢的化学成分

钢级	质量等级	化学成分(质量分数)/%												
		C	Si	Mn	P	S	Nb	V	Ti	Cr	Ni	Cu	Mo	N	B
		以下公称厚度和直径/mm					不大于								
		≤40	>40												
		不大于													
Q355	B	0.24		0.55	1.60	0.035	0.035	—	—	—	0.30	0.30	0.40	—	0.012	—
	C	0.20	0.22			0.030	0.030								
	D	0.20	0.22			0.025	0.025								—
Q390	B	0.20		0.55	1.70	0.035	0.035	0.05	0.13	0.05	0.30	0.50	0.40	0.10	0.015	—
	C														
	D					0.025	0.025								
Q420	B	0.20		0.55	1.70	0.035	0.035	0.05	0.13		0.30	0.80	0.40	0.20	0.015	—
	C					0.030	0.030								
Q460	C	0.20		0.55	1.80	0.030	0.030	0.05	0.13		0.30	0.80	0.40	0.20	0.015	0.004

附表 1.5 低合金钢的拉伸性能

钢级	质量等级	上屈服强度 R_{eH}/MPa									抗拉强度 R_m/MPa			
		公称厚度或直径/mm												
		≤16	>16~40	>40~63	>63~80	>80~100	>100~150	>150~200	>200~250	>250~400	≤100	>100~150	>150~250	>250~400
Q355	B、C	355	345	335	325	315	295	285	275	—	470~630	450~600	450~600	—
	D									265				450~600

续表

牌号		上屈服强度 R_{eH}/MPa									抗拉强度 R_m/MPa			
		公称厚度或直径/mm												
钢级	质量等级	≤16	>16~40	>40~63	>63~80	>80~100	>100~150	>150~200	>200~250	>250~400	≤100	>100~150	>150~250	>250~400
Q390	B、C、D	390	380	360	340	340	320	—	—	—	470~650	470~620	—	—
Q420	B、C	420	410	390	370	370	350	—	—	—	520~680	500~650	—	—
Q460	C	460	450	430	410	410	390	—	—	—	550~720	530~700	—	—

附表 1.6　低合金钢的伸长率

牌号		断后伸长率 A/%						
		不小于						
		公称厚度或直径/mm						
钢级	质量等级	试件方向	≤40	>40~63	>63~100	>100~150	>150~250	>250~400
Q355	B、C、D	纵向	22	21	20	18	17	17
		横向	20	19	18	18	17	17
Q390	B、C、D	纵向	20	20	20	19	—	—
		横向	20	19	19	19	—	—
Q420	B、C	纵向	20	19	19	19	—	—
Q460	C	纵向	18	17	17	17	—	—

附表 1.7　低合金钢的冷弯性能

试样方向	180°弯曲试验	
	D——弯曲压头直径, a——试样厚度（直径）	
	公称厚度或直径/mm	
	≤16	>16~100
对公称宽度不小于 600mm 的钢板及钢带，拉伸试验取横向试样；其他钢材的拉伸试验取纵向试样	$D=2a$	$D=3a$

附表 1.8　建筑用钢板的化学成分

牌号	质量等级	化学成分（质量分数）/%												
		C	Si	Mn	P	S	V	Nb	Ti	Als	Cr	Cu	Ni	Mo
		≤			≤					≥	≤			
Q235GJ	B、C	0.20	0.35	0.60~1.50	0.025	0.015	—	—	—	0.015	0.30	0.30	0.30	0.08
	D、E	0.18			0.020	0.010								
Q345GJ	B、C	0.20	0.55	≤1.60	0.025	0.015	0.150	0.070	0.035	0.015	0.30	0.30	0.30	0.20
	D、E	0.18			0.020	0.010								
Q390GJ	B、C	0.20	0.55	≤1.70	0.025	0.015	0.200	0.070	0.030	0.015	0.30	0.30	0.70	0.50
	D、E	0.18			0.020	0.010								

附表 1.9 建筑用钢板的力学性能和冷弯性能

牌号	质量等级	下屈服强度 R_{eL}/MPa 6~16	>16~50	>50~100	>100~150	>150~200	抗拉强度 R_m/MPa ≤100	>100~150	>150~200	屈强比 R_{eL}/R_m 6~150	>150~200	断后伸长率 A/% ≥	温度/℃	冲击吸收能量 KV_2/J ≥	180°弯曲压头直径 D 钢板厚度 ≤16	>16
Q235GJ	B	≥235	235~345	225~335	215~325	—	400~510	380~510	—	≤0.80		23	20	47	D=2a	D=3a
	C												0			
	D												−20			
	E												−40			
Q345GJ	B	≥345	345~455	335~445	325~435	305~415	490~610	470~610	470~610	≤0.80	≤0.8	22	20	47	D=2a	D=3a
	C												0			
	D												−20			
	E												−40			
Q390GJ	B	≥390	390~510	380~500	370~490	—	510~660	490~640		≤0.83		20	20	47	D=2a	D=3a
	C												0			
	D												−20			
	E												−40			

附录 2 受弯构件的容许挠度

吊车梁、楼盖梁、屋盖梁、工作平台梁以及墙架构件的挠度不宜超过附表 2.1 所列的容许值。当墙面采用延性材料或与结构采用柔性连接时，墙架构件的支柱水平位移容许值可采用 $l/300$，抗风桁架（作为连续支柱的支承时）水平位移容许值可采用 $l/800$。

附表 2.1 受弯构件的挠度容许值

项次	构件类别	挠度容许值 $[v_T]$	挠度容许值 $[v_Q]$
1	吊车梁和吊车桁架（按自重和起重量最大的一台吊车计算挠度） (1)手动起重机和单梁起重机(含悬挂起重机) (2)轻级工作制桥式起重机 (3)中级工作制桥式起重机 (4)重级工作制桥式起重机	$l/500$ $l/750$ $l/900$ $l/1000$	—
2	手动或电动葫芦的轨道梁	$l/400$	—
3	有重轨(重量等于或大于 38kg/m)轨道的工作平台梁 有轻轨(重量等于或小于 24kg/m)轨道的工作平台梁	$l/600$ $l/400$	—
4	楼(屋)盖梁或桁架、工作平台梁(第3项除外)和平台板 (1)主梁或桁架(包括设有悬挂起重设备的梁和桁架) (2)仅支承压型金属板屋面和冷弯型钢檩条	$l/400$ $l/180$	$l/500$

项次	构件类别	挠度容许值	
		$[v_T]$	$[v_Q]$
4	(3)除支承压型金属板屋面和冷弯型钢檩条外,尚有吊顶	$l/240$	
	(4)抹灰顶棚的次梁	$l/250$	$l/350$
	(5)除(1)～(4)款外的其他梁(包括楼梯梁)	$l/250$	$l/300$
	(6)屋盖檩条		
	支承压型金属板屋面者	$l/150$	—
	支承其他屋面材料者	$l/200$	—
	有吊顶	$l/240$	—
	(7)平台板	$l/150$	—
5	墙架构件(风荷载不考虑阵风系数)		
	(1)支柱(水平方向)	—	$l/400$
	(2)抗风桁架(作为连续支柱的支承时,水平位移)	—	$l/1000$
	(3)砌体墙的横梁(水平方向)	—	$l/300$
	(4)支承压型金属板的横梁(水平方向)	—	$l/100$
	(5)支承其他墙面材料的横梁(水平方向)	—	$l/200$
	(6)带有玻璃窗的横梁(竖直和水平方向)	$l/200$	$l/200$

注:1. l 为受弯构件的跨度(对悬臂梁和伸臂梁为悬臂长度的2倍)。

2. $[v_T]$ 为永久和可变荷载标准值产生的挠度(如有起拱应减去拱度)的容许值,$[v_Q]$ 为可变荷载标准值产生的挠度的容许值。

3. 当吊车梁或吊车桁架跨度大于12m时,其挠度容许值 $[v_T]$ 应乘以0.9的系数。

附录3 钢结构设计指标和参数

附表3.1 钢材的设计强度指标 单位:N/mm²

钢材牌号		钢材厚度或直径/mm	强度设计值			屈服强度 f_y	抗拉强度 f_u
			抗拉、抗压、抗弯 f	抗剪 f_v	端面承压(刨平顶紧)f_{ce}		
碳素结构钢	Q235	≤16	215	125	320	235	370
		>16,≤40	205	120		225	
		>40,≤100	200	115		215	
低合金高强度结构钢	Q355	≤16	305	175	400	355	470
		>16,≤40	295	170		345	
		>40,≤63	290	165		335	
		>63,≤80	280	160		325	
		>80,≤100	270	155		315	
	Q390	≤16	345	200	415	390	490
		>16,≤40	330	190		380	

续表

钢材牌号		钢材厚度或直径/mm	强度设计值			屈服强度 f_y	抗拉强度 f_u
			抗拉、抗压、抗弯 f	抗剪 f_v	端面承压(刨平顶紧) f_{ce}		
		>40,≤63	310	180		360	
		>63,≤100	295	170		340	
	Q420	≤16	375	215		420	
		>16,≤40	355	205		410	520
		>40,≤63	320	185	440	390	
		>63,≤100	305	175		370	
	Q460	≤16	410	235		460	
		>16,≤40	390	225		450	550
		>40,≤63	355	205	470	430	
		>63,≤100	340	195		410	

附表 3.2　建筑结构用钢板的设计强度指标　　　单位：N/mm²

建筑结构用钢板	钢材厚度或直径/mm	强度设计值			屈服强度 f_y	抗拉强度 f_u
		抗拉、抗压、抗弯 f	抗剪 f_v	端面承压(刨平顶紧) f_{ce}		
Q345GJ	>16,≤50	325	190	415	345	490
	>50,≤100	300	175		335	

附表 3.3　　焊缝的强度指标　　　　单位：N/mm²

焊接方法和焊条型号	构件钢材		对接焊缝强度设计值				角焊缝强度设计值	对接焊缝抗拉强度 f_u^w	角焊缝抗拉、抗压和抗剪强度 f_u^f
	牌号	厚度或直径/mm	抗压 f_c^w	焊缝质量为下列等级时，抗拉 f_t^w		抗剪 f_v^w	抗拉、抗压和抗剪 f_f^w		
				一级、二级	三级				
自动焊、半自动焊和 E43 型焊条手工焊	Q235	≤16	215	215	185	125			
		>16,≤40	205	205	175	120	160	415	240
		>40,≤100	200	200	170	115			
自动焊、半自动焊和 E50、E55 型焊条手工焊	Q345	≤16	305	305	260	175			
		>16,≤40	295	295	250	170			
		>40,≤63	290	290	245	165	200	480(E50) 540(E55)	280(E50) 315(E55)
		>63,≤80	280	280	240	160			
		>80,≤100	270	270	230	155			
	Q390	≤16	345	345	295	200			
		>16,≤40	330	330	280	190	200(E50) 220(E55)		
		>40,≤63	310	310	265	180			
		>63,≤100	295	295	250	170			
自动焊、半自动焊和 E55、E60 型焊条手工焊	Q420	≤16	375	375	320	215			
		>16,≤40	355	355	300	205	220(E55) 240(E60)	540(E55) 590(E60)	315(E55) 340(E60)
		>40,≤63	320	320	270	185			
		>63,≤100	305	305	260	175			

续表

焊接方法和焊条型号	构件钢材		对接焊缝强度设计值				角焊缝强度设计值	对接焊缝抗拉强度 f_u^w	角焊缝抗拉、抗压和抗剪强度 f_u^f
	牌号	厚度或直径/mm	抗压 f_c^w	焊缝质量为下列等级时,抗拉 f_t^w		抗剪 f_v^w	抗拉、抗压和抗剪 f_f^w		
				一级、二级	三级				
自动焊、半自动焊和 E55、E60 型焊条手工焊	Q460	≤16	410	410	350	235	220(E55) 240(E60)	540(E55) 590(E60)	315(E55) 340(E60)
		>16,≤40	390	390	330	225			
		>40,≤63	355	355	300	205			
		>63,≤100	340	340	290	195			
自动焊、半自动焊和 E50、E55 型焊条手工焊	Q345GJ	>16,≤35	310	310	265	180	200	480(E50) 540(E55)	280(E50) 315(E55)
		>35,≤50	290	290	245	170			
		>50,≤100	285	285	240	165			

注:表中厚度系指计算点的钢材厚度,对轴心受拉和轴心受压构件系指截面中较厚板件的厚度。

附表 3.4　　螺栓连接的强度指标　　　　　单位:N/mm²

螺栓的性能等级、锚栓和构件钢材的牌号		强度设计值										高强度螺栓的抗拉强度 f_u^b
		普通螺栓						锚栓	承压型连接或网架用高强度螺栓			
		C 级螺栓			A 级、B 级螺栓							
		抗拉 f_t^b	抗剪 f_v^b	承压 f_c^b	抗拉 f_t^b	抗剪 f_v^b	承压 f_c^b	抗拉 f_t^a	抗拉 f_t^b	抗剪 f_v^b	承压 f_c^b	
普通螺栓	4.6 级、4.8 级	170	140	—	—	—	—	—	—	—	—	—
	5.6 级	—	—	—	210	190	—	—	—	—	—	—
	8.8 级	—	—	—	400	320	—	—	—	—	—	—
锚栓	Q235	—	—	—	—	—	—	140	—	—	—	—
	Q345	—	—	—	—	—	—	180	—	—	—	—
	Q390	—	—	—	—	—	—	185	—	—	—	—
承压型连接高强度螺栓	8.8 级	—	—	—	—	—	—	—	400	250	—	830
	10.9 级	—	—	—	—	—	—	—	500	310	—	1040
螺栓球节点用高度强螺栓	9.8 级	—	—	—	—	—	—	—	385	—	—	—
	10.9 级	—	—	—	—	—	—	—	430	—	—	—
构件钢材牌号	Q235	—	—	305	—	—	405	—	—	—	470	—
	Q345	—	—	385	—	—	510	—	—	—	590	—
	Q390	—	—	400	—	—	530	—	—	—	615	—
	Q420	—	—	425	—	—	560	—	—	—	655	—
	Q460	—	—	450	—	—	595	—	—	—	695	—
	Q345GJ	—	—	400	—	—	530	—	—	—	615	—

附表 3.5　　钢材和铸钢件的物理性能指标

弹性模量 E/(N/mm²)	剪变模量 G/(N/mm²)	线膨胀系数 α(以每℃计)	质量密度 ρ/(kg/m³)
206×10^3	79×10^3	12×10^{-6}	7850

附录4 常用型钢规格表

等边角钢的规格及截面特性

等边角钢的规格及截面特性，见附表 4.1（按《热轧型钢》GB/T 706—2016）。

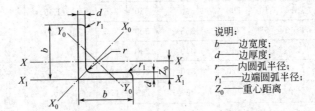

说明：
b——边宽度；
d——边厚度；
r——内圆弧半径；
r_1——边端圆弧半径；
Z_0——重心距离

附表 4.1 等边角钢的规格及截面特性

型号	截面尺寸 /mm			截面面积 /cm²	理论重量/ (kg/m)	外表面积/ (m²/m)	惯性矩 /cm⁴				惯性半径 /cm			截面模量 /cm³			重心距离 /cm
	b	t	r				I_x	I_{x1}	I_{x0}	I_{y0}	i_x	i_{x0}	i_{y0}	W_x	W_{x0}	W_{y0}	Z_0
2	20	3	3.5	1.132	0.889	0.078	0.40	0.81	0.63	0.17	0.59	0.75	0.39	0.29	0.45	0.20	0.60
		4		1.459	1.145	0.077	0.50	1.09	0.78	0.22	0.58	0.73	0.38	0.36	0.55	0.24	0.64
2.5	25	3		1.432	1.124	0.098	0.82	1.57	1.29	0.34	0.76	0.95	0.49	0.46	0.73	0.33	0.73
		4		1.859	1.459	0.097	1.03	2.11	1.62	0.43	0.74	0.93	0.48	0.59	0.92	0.40	0.76
3.0	30	3		1.749	1.373	0.117	1.46	2.71	2.31	0.61	0.91	1.15	0.59	0.68	1.09	0.51	0.85
		4		2.276	1.786	0.117	1.84	3.63	2.92	0.77	0.90	1.13	0.58	0.87	1.37	0.62	0.89
3.6	36	3	4.5	2.109	1.656	0.141	2.58	4.68	4.09	1.07	1.11	1.39	0.71	0.99	1.61	0.76	1.00
		4		2.756	2.163	0.141	3.29	6.25	5.22	1.37	1.09	1.38	0.70	1.28	2.05	0.93	1.04
		5		3.382	2.654	0.141	3.95	7.84	6.24	1.65	1.08	1.36	0.70	1.56	2.45	1.00	1.07
4	40	3	5	2.359	1.852	0.157	3.59	6.41	5.69	1.49	1.23	1.55	0.79	1.23	2.01	0.96	1.09
		4		3.086	2.422	0.157	4.60	8.56	7.29	1.91	1.22	1.54	0.79	1.60	2.58	1.19	1.13
		5		3.791	2.976	0.156	5.53	10.74	8.76	2.30	1.21	1.52	0.78	1.96	3.10	1.39	1.17
4.5	45	3	5	2.659	2.088	0.177	5.17	9.12	8.20	2.14	1.40	1.76	0.89	1.58	2.58	1.24	1.22
		4		3.486	2.736	0.177	6.65	12.18	10.56	2.75	1.38	1.74	0.89	2.05	3.32	1.54	1.26
		5		4.292	3.369	0.176	8.04	15.2	12.74	3.33	1.37	1.72	0.88	2.51	4.00	1.81	1.30
		6		5.076	3.985	0.176	9.33	18.36	14.76	3.89	1.36	1.70	0.8	2.95	4.64	2.06	1.33
5	50	3	5.5	2.971	2.332	0.197	7.18	12.5	11.37	2.98	1.55	1.96	1.00	1.96	3.22	1.57	1.34
		4		3.897	3.059	0.197	9.26	16.69	14.70	3.82	1.54	1.94	0.99	2.56	4.16	1.96	1.38
		5		4.803	3.770	0.196	11.21	20.90	17.79	4.64	1.53	1.92	0.98	3.13	5.03	2.31	1.42
		6		5.688	4.465	0.196	13.05	25.14	20.68	5.42	1.52	1.91	0.98	3.68	5.85	2.63	1.46
5.5	56	3	6	3.343	2.624	0.221	10.19	17.56	16.14	4.24	1.75	2.20	1.13	2.48	4.08	2.02	1.48
		4		4.390	3.446	0.220	13.18	23.43	20.92	5.46	1.73	2.18	1.11	3.24	5.28	2.52	1.53
		5		5.415	4.251	0.220	16.02	29.33	25.42	6.61	1.72	2.17	1.10	3.97	6.42	2.98	1.57
		6		6.420	5.040	0.220	18.69	35.26	29.66	7.73	1.71	2.15	1.10	4.68	7.49	3.40	1.61
		7		7.404	5.812	0.219	21.23	41.23	33.63	8.82	1.69	2.13	1.09	5.36	8.49	3.80	1.64
		8		8.367	6.568	0.219	23.63	47.24	37.37	9.89	1.68	2.11	1.09	6.03	9.44	4.16	1.68

续表

型号	截面尺寸/mm			截面面积/cm²	理论重量/(kg/m)	外表面积/(m²/m)	惯性矩/cm⁴				惯性半径/cm			截面模量/cm³			重心距离/cm
	b	t	r				I_x	I_{x1}	I_{x0}	I_{y0}	i_x	i_{x0}	i_{y0}	W_x	W_{x0}	W_{y0}	Z_0
6	60	5	6.5	5.829	4.576	0.236	19.89	36.05	31.57	8.21	1.85	2.33	1.19	4.59	7.44	3.48	1.67
		6		6.914	5.427	0.235	23.25	43.33	36.89	9.60	1.83	2.31	1.18	5.41	8.70	3.98	1.70
		7		7.977	6.262	0.235	26.44	50.65	41.92	10.96	1.82	2.29	1.17	6.21	9.88	4.45	1.74
		8		9.020	7.081	0.235	29.47	58.02	46.66	12.28	1.81	2.27	1.17	6.98	11.00	4.88	1.78
6.3	63	4	7	4.978	3.907	0.248	19.03	33.35	30.17	7.89	1.96	2.46	1.26	4.13	6.78	3.29	1.70
		5		6.143	4.822	0.248	23.17	41.73	36.77	9.57	1.94	2.45	1.25	5.08	8.25	3.90	1.74
		6		7.288	5.721	0.247	27.12	50.14	43.03	11.20	1.93	2.43	1.24	6.00	9.66	4.46	1.78
		7		8.412	6.603	0.247	30.87	58.60	48.96	12.79	1.92	2.41	1.23	6.88	10.99	4.98	1.82
		8		9.515	7.469	0.247	34.46	67.11	54.56	14.33	1.90	2.40	1.23	7.75	12.25	5.47	1.85
		10		11.657	8.151	0.246	41.09	84.31	64.85	17.33	1.88	2.36	1.22	9.39	14.56	6.36	1.93
7	70	4	8	5.570	4.372	0.275	26.39	45.74	41.80	10.99	2.18	2.74	1.40	5.14	8.44	4.17	1.86
		5		6.875	5.397	0.275	32.21	57.21	51.08	13.31	2.16	2.73	1.39	6.32	10.32	4.95	1.91
		6		8.160	6.406	0.275	37.77	68.73	59.93	15.61	2.15	2.71	1.38	7.48	12.11	5.67	1.95
		7		9.424	7.398	0.275	43.09	80.29	68.35	17.82	2.14	2.69	1.38	8.59	13.81	6.34	1.99
		8		10.667	8.373	0.274	48.17	91.92	76.37	19.98	2.12	2.68	1.37	9.68	15.43	6.98	2.03
7.5	75	5	9	7.412	5.818	0.295	39.97	70.56	63.30	16.63	2.33	2.92	1.50	7.32	11.94	5.77	2.04
		6		8.797	6.905	0.294	46.95	84.55	74.38	19.51	2.31	2.90	1.49	8.64	14.02	6.67	2.07
		7		10.160	7.976	0.294	53.57	98.71	84.96	22.18	2.30	2.89	1.48	9.93	16.02	7.44	2.11
		8		11.503	9.030	0.294	59.96	112.97	95.07	24.86	2.28	2.88	1.47	11.20	17.93	8.19	2.15
		9		12.825	10.068	0.294	66.10	127.30	104.71	27.48	2.27	2.86	1.46	12.43	19.75	8.89	2.18
		10		14.126	11.089	0.293	71.98	141.71	113.92	30.05	2.26	2.84	1.46	13.64	21.48	9.56	2.22
8	80	5	9	7.912	6.211	0.315	48.79	85.36	77.33	20.25	2.48	3.13	1.60	8.34	13.67	6.66	2.15
		6		9.397	7.376	0.314	57.35	102.90	90.98	23.72	2.47	3.11	1.59	9.87	16.08	7.65	2.19
		7		10.860	8.525	0.314	65.58	119.70	104.07	27.09	2.46	3.10	1.58	11.37	18.40	8.58	2.23
		8		12.303	9.658	0.314	73.49	136.97	116.60	30.39	2.44	3.08	1.57	12.83	20.61	9.46	2.27
		9		13.725	10.774	0.314	81.11	154.31	128.60	33.61	2.43	3.06	1.56	14.25	22.73	10.29	2.31
		10		15.126	11.874	0.313	88.43	171.74	140.09	36.77	2.42	3.04	1.56	15.64	24.76	11.08	2.35
9	90	6	10	10.637	8.350	0.354	82.77	145.87	131.26	34.28	2.79	3.51	1.80	12.61	20.63	9.95	2.44
		7		12.301	9.656	0.354	94.83	170.30	150.47	39.18	2.78	3.50	1.78	14.54	23.64	11.19	2.48
		8		13.944	10.946	0.353	106.47	194.80	168.97	43.97	2.76	3.48	1.78	16.42	26.55	12.35	2.52
		9		15.566	12.219	0.353	117.72	219.39	186.77	48.66	2.75	3.46	1.77	18.27	29.35	13.46	2.56
		10		17.167	13.476	0.353	128.58	244.07	203.90	53.26	2.74	3.45	1.76	20.07	32.04	14.52	2.59
		12		20.306	15.940	0.352	149.22	293.76	236.21	62.22	2.71	3.41	1.75	23.57	37.12	16.49	2.67

型号	截面尺寸 /mm			截面面积 /cm²	理论重量/ (kg/m)	外表面积/ (m²/m)	惯性矩 /cm⁴				惯性半径 /cm			截面模量 /cm³			重心距离 /cm
	b	t	r				I_x	I_{x1}	I_{x0}	I_{y0}	i_x	i_{x0}	i_{y0}	W_x	W_{x0}	W_{y0}	Z_0
10	100	6	12	11.932	9.366	0.393	114.95	200.07	181.98	47.92	3.10	3.90	2.00	15.68	25.74	12.69	2.67
		7		13.796	10.830	0.393	131.86	233.54	208.97	54.74	3.09	3.89	1.99	18.10	29.55	14.26	2.71
		8		15.638	12.276	0.393	148.24	267.09	235.07	61.41	3.08	3.88	1.98	20.47	33.24	15.75	2.76
		9		17.462	13.708	0.392	164.12	300.73	260.30	67.95	3.07	3.86	1.97	22.79	36.81	17.18	2.80
		10		19.261	15.120	0.392	179.51	334.48	284.68	74.35	3.05	3.84	1.96	25.06	40.26	18.54	2.84
		12		22.800	17.898	0.391	208.90	402.34	330.95	86.84	3.03	3.81	1.95	29.48	46.80	21.08	2.91
		14		26.256	20.611	0.391	236.53	470.75	374.06	99.00	3.00	3.77	1.94	33.73	52.90	23.44	2.99
		16		29.627	23.257	0.390	262.53	539.80	414.16	110.89	2.98	3.74	1.94	37.82	58.57	25.63	3.06
11	110	7		15.196	11.928	0.433	177.16	310.64	280.94	73.38	3.41	4.30	2.20	22.05	36.12	17.51	2.96
		8		17.238	13.535	0.433	199.46	355.20	316.49	82.42	3.40	4.28	2.19	24.95	40.69	19.39	3.01
		10		21.261	16.690	0.432	242.19	444.65	384.39	99.98	3.38	4.25	2.17	30.60	49.42	22.91	3.09
		12		25.200	19.782	0.431	282.55	534.60	448.17	116.93	3.35	4.22	2.15	36.05	57.62	26.15	3.16
		14		29.056	22.809	0.431	320.71	625.16	508.01	133.40	3.32	4.18	2.14	41.31	65.31	29.14	3.24
12.5	125	8		19.750	15.504	0.492	297.03	521.01	470.89	123.16	3.88	4.88	2.50	32.52	53.28	25.86	3.37
		10		24.373	19.133	0.491	361.67	651.93	573.89	149.46	3.85	4.85	2.48	39.97	64.93	30.62	3.45
		12		28.912	22.696	0.491	423.16	783.42	671.44	174.88	3.83	4.82	2.46	41.17	75.96	35.03	3.53
		14		33.367	26.193	0.490	481.65	915.61	763.73	199.57	3.80	4.78	2.45	54.16	86.41	39.13	3.61
		16		37.739	29.625	0.489	537.31	1048.62	850.98	223.65	3.77	4.75	2.43	60.93	96.28	42.96	3.68
14	140	10	14	27.373	21.488	0.551	514.65	915.11	817.27	212.04	4.34	5.46	2.78	50.58	82.56	39.20	3.82
		12		32.512	25.522	0.551	603.68	1099.28	958.79	248.57	4.31	5.43	2.76	59.80	96.85	45.02	3.90
		14		37.567	29.490	0.550	688.81	1284.22	1093.56	284.06	4.28	5.40	2.75	68.75	110.47	50.45	3.98
		16		42.539	33.393	0.549	770.24	1470.07	1221.81	318.67	4.26	5.36	2.74	77.46	123.42	55.55	4.06
15	150	8		23.750	18.644	0.592	521.37	899.55	827.49	215.25	4.69	5.90	3.01	47.36	78.02	38.14	3.99
		10		29.373	23.058	0.591	637.50	1125.09	1012.79	262.21	4.66	5.87	2.99	58.35	95.49	45.51	4.08
		12		34.912	27.406	0.591	748.85	1351.26	1189.97	307.73	4.63	5.84	2.97	69.04	112.19	52.38	4.35
		14		40.367	31.688	0.590	855.64	1578.25	1359.30	351.98	4.60	5.80	2.95	79.45	128.16	58.83	4.23
		15		43.063	33.804	0.590	907.39	1692.10	1441.09	373.69	4.59	5.78	2.95	84.56	135.87	61.90	4.27
		16		45.739	35.905	0.589	958.08	1806.21	1521.02	395.14	4.58	5.77	2.94	89.59	143.40	64.89	4.31
16	160	10		31.502	24.729	0.630	779.53	1365.33	1237.30	321.76	4.98	6.27	3.20	66.70	109.36	52.76	4.31
		12		37.441	29.391	0.630	916.58	1639.57	1455.68	377.49	4.95	6.24	3.18	78.98	128.67	60.74	4.39
		14	16	43.296	33.987	0.629	1048.36	1914.68	1665.02	431.70	4.92	6.20	3.16	90.95	147.17	68.24	4.47
		16		49.067	38.518	0.629	1175.08	2190.82	1865.57	484.59	4.89	6.17	3.14	102.63	164.89	75.31	4.55
18	180	12		42.241	33.159	0.710	1321.35	2332.80	2100.10	542.61	5.59	7.05	3.58	100.82	165.00	78.41	4.89
		14		48.896	38.383	0.709	1514.48	2723.48	2407.42	621.53	5.56	7.02	3.56	116.25	189.14	88.38	4.97
		16		55.467	43.542	0.709	1700.99	3115.29	2703.37	698.60	5.54	6.98	3.55	131.13	212.40	97.83	5.05
		18		61.055	48.634	0.708	1875.12	3502.43	2988.24	762.01	5.50	6.94	3.51	145.64	234.78	105.14	5.13

续表

型号	截面尺寸/mm			截面面积/cm²	理论重量/(kg/m)	外表面积/(m²/m)	惯性矩/cm⁴				惯性半径/cm			截面模量/cm³			重心距离/cm
	b	t	r				I_x	I_{x1}	I_{x0}	I_{y0}	i_x	i_{x0}	i_{y0}	W_x	W_{x0}	W_{y0}	Z_0
20	200	14	18	54.642	42.894	0.788	2103.55	3734.10	3343.26	863.83	6.20	7.82	3.98	144.70	236.40	111.82	5.46
		16		62.013	48.680	0.788	2366.15	4270.39	3760.89	971.41	6.18	7.79	3.96	163.65	265.93	123.96	5.54
		18		69.301	54.401	0.787	2620.64	4808.13	4164.54	1076.74	6.15	7.75	3.94	182.22	294.48	135.52	5.62
		20		76.505	60.056	0.787	2867.30	5347.51	4554.55	1180.04	6.12	7.72	3.93	200.42	322.06	146.55	5.69
		24		90.661	71.168	0.785	3338.25	6457.16	5294.97	1381.53	6.07	7.64	3.90	236.17	374.41	166.65	5.87
22	220	16	21	68.664	53.901	0.866	3187.36	5681.62	5063.73	1310.99	6.81	8.59	4.37	199.55	325.51	153.81	6.03
		18		76.752	60.250	0.866	3534.30	6395.93	5615.32	1453.27	6.79	8.55	4.35	222.37	360.97	168.29	6.11
		20		84.756	66.533	0.865	3871.49	7112.04	6150.08	1592.90	6.76	8.52	4.34	244.77	395.34	182.16	6.18
		22		92.676	72.751	0.865	4199.23	7830.19	6668.37	1730.10	6.73	8.48	4.32	266.78	428.66	195.45	6.26
		24		100.512	78.902	0.864	4517.83	8550.57	7170.55	1865.11	6.70	8.45	4.31	288.39	460.94	208.21	6.33
		26		108.264	84.987	0.864	4827.58	9273.39	7656.98	1998.17	6.68	8.41	4.30	309.62	492.21	220.49	6.41
25	250	18	24	87.842	68.956	0.985	5268.22	9379.11	8369.04	2167.41	7.74	9.76	4.97	290.12	473.42	224.03	6.84
		20		97.045	76.180	0.984	5779.34	10426.97	9181.94	2376.74	7.72	9.73	4.95	319.66	519.41	242.85	6.92
		24		115.201	90.433	0.983	6763.93	12529.74	10742.67	2785.19	7.66	9.66	4.92	377.34	607.70	278.38	7.07
		26		124.154	97.461	0.982	7238.08	13585.18	11491.33	2984.84	7.63	9.62	4.90	405.50	650.05	295.19	7.15
		28		133.022	104.422	0.982	7700.60	14643.62	12219.39	3181.81	7.61	9.58	4.89	433.22	691.23	311.42	7.22
		30		141.807	111.318	0.981	8151.80	15705.30	12927.26	3376.34	7.58	9.55	4.88	460.51	731.28	327.12	7.30
		32		150.508	118.149	0.981	8592.01	16770.41	13615.32	3568.71	7.56	9.51	4.87	487.39	770.20	342.33	7.37
		35		163.402	128.271	0.980	9232.44	18374.95	14611.16	3853.72	7.52	9.46	4.86	526.97	826.53	364.30	7.48

不等边角钢的规格及截面特性

不等边角钢的规格及截面特性，见附表 4.2[按《热轧型钢》（GB/T 706—2016）]

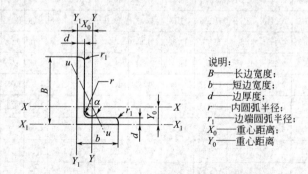

说明：
B——长边宽度；
b——短边宽度；
d——边厚度；
r——内圆弧半径；
r_1——边端圆弧半径；
X_0——重心距离；
Y_0——重心距离。

附表 4.2 不等边角钢的规格及截面特性

型号	截面尺寸/mm				截面面积/cm²	理论重量/(kg/m)	外表面积/(m²/m)	惯性矩/cm⁴					惯性半径/cm			截面模量/cm³			$\tan\alpha$	重心距离/cm	
	B	b	d	r	/cm²	/(kg/m)	/(m²/m)	I_x	I_{x1}	I_y	I_{y1}	I_n	i_x	i_y	i_n	W_x	W_y	W_n		X_0	Y_0
2.5/1.6	25	16	3	3.5	1.162	0.912	0.080	0.70	1.56	0.22	0.43	0.14	0.78	0.44	0.34	0.43	0.19	0.16	0.392	0.42	0.86
			4		1.499	1.176	0.079	0.88	2.09	0.27	0.59	0.17	0.77	0.43	0.34	0.55	0.24	0.20	0.381	0.46	1.86

型号	截面尺寸/mm				截面面积/cm²	理论重量/(kg/m)	外表面积/(m²/m)	惯性矩/cm⁴					惯性半径/cm			截面模量/cm³			tanα	重心距离/cm	
	B	b	d	r				I_x	I_{x1}	I_y	I_{y1}	I_n	i_x	i_y	i_n	W_x	W_y	W_n		X_0	Y_0
3.2/2	32	20	3	3.5	1.492	1.171	0.102	1.53	3.27	0.46	0.82	0.28	1.01	0.55	0.43	0.72	0.30	0.25	0.382	0.49	0.90
			4		1.939	1.522	0.104	1.93	4.37	0.57	1.12	0.35	1.00	0.54	0.42	0.93	0.39	0.32	0.374	0.53	1.08
4/2.5	40	25	3	4	1.890	1.484	0.127	3.08	5.39	0.93	1.59	0.56	1.28	0.70	0.54	1.15	0.49	0.40	0.385	0.59	1.12
			4		2.467	1.936	0.127	3.93	8.53	1.18	2.14	0.71	1.36	0.69	0.54	1.49	0.63	0.52	0.381	0.63	1.32
4.5/2.8	45	28	3	5	2.149	1.687	0.143	4.45	9.10	1.34	2.23	0.80	1.44	0.79	0.61	1.47	0.62	0.51	0.383	0.64	1.37
			4		2.806	2.203	0.143	5.69	12.13	1.70	3.00	1.02	1.42	0.78	0.60	1.91	0.80	0.66	0.380	0.68	1.47
5/3.2	50	32	3	5.5	2.431	1.908	0.161	6.24	12.49	2.02	3.31	1.20	1.60	0.91	0.70	1.84	0.82	0.68	0.404	0.73	1.51
			4		3.177	2.494	0.160	8.02	16.65	2.58	4.45	1.53	1.59	0.90	0.69	2.39	1.06	0.87	0.402	0.77	1.60
5.6/3.6	56	36	3	6	2.743	2.153	0.181	8.88	17.54	2.92	4.70	1.73	1.80	1.03	0.79	2.32	1.05	0.87	0.408	0.80	1.65
			4		3.590	2.818	0.180	11.45	23.39	3.76	6.33	2.23	1.79	1.02	0.79	3.03	1.37	1.13	0.408	0.85	1.78
			5		4.415	3.466	0.180	13.86	29.25	4.49	7.94	2.67	1.77	1.04	0.78	3.71	1.65	1.36	0.404	0.88	1.82
6.3/4	63	40	4	7	4.058	3.185	0.202	16.49	33.30	5.23	8.63	3.12	2.02	1.14	0.88	3.87	1.70	1.40	0.398	0.92	1.87
			5		4.993	3.920	0.202	20.02	41.63	6.31	10.86	3.76	2.00	1.12	0.87	4.74	2.07	1.71	0.396	0.95	2.04
			6		5.908	4.638	0.201	23.36	49.98	7.29	13.12	4.34	1.96	1.11	0.86	5.59	2.43	1.99	0.393	0.99	2.08
			7		6.802	5.339	0.201	26.53	58.07	8.24	15.47	4.97	1.98	1.10	0.86	6.40	2.78	2.29	0.389	1.03	2.12
7/4.5	70	45	4	7.5	4.547	3.570	0.226	23.17	45.92	7.55	12.26	4.40	2.26	1.29	0.98	4.86	2.17	1.77	0.410	1.02	2.15
			5		5.609	4.403	0.225	27.95	57.10	9.13	15.39	5.40	2.23	1.28	0.98	5.92	2.65	2.19	0.407	1.06	2.24
			6		6.647	5.218	0.225	32.54	68.35	10.62	18.58	6.35	2.21	1.26	0.98	6.95	3.12	2.59	0.404	1.09	2.28
			7		7.657	6.011	0.225	37.22	79.99	12.01	21.84	7.16	2.20	1.25	0.97	8.03	3.57	2.94	0.402	1.13	2.32
7.5/5	75	50	5	8	6.125	4.808	0.245	34.86	70.00	12.61	21.04	7.41	2.39	1.44	1.10	6.83	3.30	2.74	0.435	1.17	2.36
			6		7.260	5.699	0.245	41.12	84.30	14.70	25.37	8.54	2.38	1.42	1.08	8.12	3.88	3.19	0.435	1.21	2.40
			8		9.467	7.431	0.244	52.39	112.50	18.53	34.23	10.87	2.35	1.40	1.07	10.52	4.99	4.10	0.429	1.29	2.44
			10		11.590	9.098	0.244	62.71	140.80	21.96	43.43	13.10	2.33	1.38	1.06	12.79	6.04	4.99	0.423	1.36	2.52
8/5	80	50	5	8	6.375	5.005	0.255	41.96	85.21	12.82	21.06	7.66	2.56	1.42	1.10	7.78	3.32	2.34	0.388	1.14	2.60
			6		7.560	5.935	0.255	49.49	102.53	14.95	25.41	8.85	2.56	1.41	1.08	9.25	3.91	3.20	0.387	1.18	2.65
			7		8.724	6.848	0.255	56.16	119.33	46.96	29.82	10.18	2.54	1.39	1.08	30.58	4.48	3.70	0.384	1.21	2.69
			8		9.867	7.745	0.254	62.83	136.41	18.85	34.32	11.38	2.52	1.38	1.07	11.92	5.03	4.16	0.381	1.25	2.73
9/5.6	90	56	5	9	7.212	5.661	0.287	60.45	121.32	18.32	29.53	10.98	2.90	1.59	1.23	9.92	4.21	3.49	0.385	1.25	2.91
			6		8.557	6.717	0.286	71.03	145.59	21.42	35.58	12.90	2.88	1.58	1.23	11.74	4.96	4.13	0.384	1.29	2.95
			7		9.880	7.756	0.286	81.01	169.60	24.36	41.71	14.67	2.86	1.57	1.22	13.49	5.70	4.72	0.382	1.33	3.00
			8		11.183	8.779	0.286	91.03	194.17	27.15	47.93	16.34	2.85	1.56	1.21	15.27	6.41	5.29	0.380	1.36	3.04
10/6.3	100	63	6	10	9.617	7.550	0.320	99.06	199.71	30.94	50.50	18.42	3.21	1.79	1.38	14.64	6.35	5.25	0.394	1.43	3.24
			7		11.111	8.722	0.320	113.45	233.00	35.26	59.14	21.00	3.20	1.78	1.38	16.88	7.29	6.02	0.394	1.47	3.28
			8		12.534	9.878	0.319	127.37	266.32	39.39	67.88	23.50	3.18	1.77	1.37	19.08	8.21	6.78	0.391	1.50	3.32
			10		15.467	12.142	0.319	153.81	333.06	47.12	85.73	28.33	3.15	1.74	1.35	23.32	9.98	8.24	0.387	1.58	3.40

续表

型号	截面尺寸 /mm				截面面积 /cm²	理论重量 /(kg/m)	外表面积 /(m²/m)	惯性矩 /cm⁴					惯性半径 /cm			截面模量 /cm³			tanα	重心距离 /cm	
	B	b	d	r				I_x	I_{x1}	I_y	I_{y1}	I_n	i_x	i_y	i_n	W_x	W_y	W_n		X_0	Y_0
10/8	100	80	6		10.637	8.350	0.354	107.04	199.83	61.24	102.68	31.65	3.17	2.40	1.72	15.19	10.16	8.37	0.627	1.97	2.95
			7		12.301	9.656	0.354	122.73	233.20	70.08	119.98	36.17	3.16	2.39	1.72	17.52	11.71	9.60	0.626	2.01	3.0
			8		13.944	10.946	0.353	137.92	266.61	78.58	137.37	40.58	3.14	2.37	1.71	19.81	13.21	10.80	0.625	2.05	3.04
			10		17.167	13.476	0.353	166.87	333.63	94.65	172.48	49.10	3.12	2.35	1.69	24.24	16.12	13.12	0.622	2.13	3.12
11/7	110	70	6		10.637	8.350	0.354	133.37	265.78	42.92	69.08	25.36	3.54	2.01	1.54	17.85	7.90	6.53	0.403	1.57	3.53
			7	10	12.301	9.656	0.354	153.00	310.03	49.01	80.82	28.95	3.53	2.00	1.53	20.60	9.09	7.50	0.402	1.61	3.57
			8		13.944	10.946	0.353	172.04	354.39	54.87	92.70	32.45	3.51	1.98	1.53	23.30	10.25	8.45	0.401	1.65	3.62
			10		17.167	13.476	0.353	208.39	443.13	65.88	116.83	39.20	3.48	1.96	1.51	28.54	12.48	10.29	0.397	1.72	3.70
12.5/8	125	80	7		14.096	11.066	0.403	227.98	454.99	74.42	120.32	43.81	4.02	2.30	1.76	26.86	12.01	9.92	0.408	1.80	4.01
			8	11	15.989	12.551	0.403	256.77	519.99	83.49	137.85	49.15	4.01	2.28	1.75	30.41	13.56	11.18	0.407	1.84	4.06
			10		19.712	15.474	0.402	312.04	650.09	100.67	173.40	59.45	3.98	2.26	1.74	37.33	16.56	13.64	0.404	1.92	4.14
			12		23.351	18.330	0.402	364.41	780.39	116.67	209.67	69.35	3.95	2.24	1.72	44.01	19.43	16.01	0.400	2.00	4.22
14/9	140	90	8		18.038	14.160	0.453	365.64	730.53	120.69	195.79	70.83	4.50	2.59	1.98	38.48	17.34	14.31	0.411	2.04	4.50
			10		22.261	17.475	0.452	445.50	913.20	140.03	245.92	85.82	4.47	2.56	1.96	47.31	21.22	17.48	0.409	2.12	4.58
			12	12	26.400	20.724	0.451	521.59	1096.09	169.79	296.89	100.21	4.44	2.54	1.95	55.87	24.95	20.54	0.406	2.19	4.66
			14		30.456	23.908	0.451	594.10	1279.26	192.10	348.82	114.13	4.42	2.51	1.94	6.18	28.54	23.52	0.403	2.27	4.74
15/9	150	90	8		18.839	14.788	0.473	442.05	898.15	122.80	195.96	74.14	4.84	2.55	1.98	43.86	17.47	14.48	0.364	1.97	4.92
			10		23.261	18.260	0.472	539.24	1122.85	148.62	246.26	89.86	4.81	2.53	1.97	53.97	21.38	17.69	0.362	2.05	5.04
			12		27.600	21.666	0.471	632.08	1347.50	172.85	297.46	104.95	4.79	2.50	1.95	63.79	25.14	20.80	0.359	2.12	5.09
			14		31.856	25.007	0.471	720.77	1572.38	195.62	349.74	119.53	4.76	2.48	1.94	73.33	28.77	23.84	0.356	2.20	5.17
			15		33.952	26.652	0.471	763.62	1684.93	206.50	376.33	126.67	4.74	2.47	1.93	77.99	30.53	25.33	0.354	2.24	5.21
			16		36.023	28.281	0.470	805.51	1797.55	217.07	403.24	133.72	4.73	2.45	1.93	82.60	32.27	26.82	0.352	2.27	5.25
16/10	160	100	10		25.315	19.872	0.512	668.69	1362.89	205.03	336.59	121.74	5.14	2.85	2.19	62.13	26.56	21.92	0.390	2.28	5.24
			12	13	30.054	23.992	0.511	784.91	1635.56	239.06	405.94	142.33	5.11	2.82	2.17	73.49	31.28	25.79	0.388	2.36	5.32
			14		34.709	27.247	0.510	896.30	1908.50	271.20	476.42	162.23	5.08	2.80	2.16	84.56	35.83	29.56	0.385	0.43	5.40
			16		29.281	30.835	0.510	1003.04	2181.79	304.60	548.22	182.57	5.05	2.77	2.16	95.33	40.24	33.44	0.382	2.51	5.48
18/11	180	110	10		28.373	22.273	0.571	956.25	1940.40	278.11	443.22	165.50	5.80	3.13	2.42	78.96	32.49	26.88	0.376	2.44	5.89
			12		33.712	26.440	0.571	1124.72	2328.38	325.03	538.94	194.87	5.78	3.10	2.40	93.53	38.32	31.66	0.374	2.52	5.98
			14		38.967	30.589	0.570	1286.91	2716.60	369.55	631.95	222.30	5.75	3.08	2.39	107.36	43.97	36.32	0.372	2.59	6.06
			16	14	44.139	34.649	0.569	1443.06	3105.15	411.85	726.46	248.94	5.72	3.06	2.38	121.64	49.44	40.87	0.369	2.67	6.14
20/12.5	200	125	12		37.912	29.761	0.641	1570.90	3193.85	483.16	787.74	285.79	6.44	3.57	2.74	116.73	49.99	41.23	0.392	2.83	6.54
			14		43.687	34.436	0.640	1800.97	3726.17	550.83	922.47	326.58	6.41	3.54	2.73	134.65	57.44	47.34	0.390	2.91	6.62
			16		49.739	39.045	0.639	2003.35	4258.68	615.44	1058.86	366.21	6.38	3.52	2.71	152.18	64.89	53.32	0.381	2.99	6.70
			18		55.526	43.588	0.639	2238.30	4792.00	677.19	1197.13	404.83	6.35	3.49	2.30	169.33	71.74	59.18	0.385	3.06	6.78

热轧普通工字钢的规格及截面特性

热轧普通工字钢的规格及截面特性，见附表 4.3（按《热轧型钢》GB/T 706—2016）。

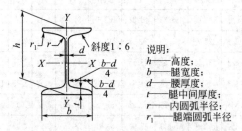

说明：
h——高度；
b——腿宽度；
d——腰厚度；
t——腿中间厚度；
r——内圆弧半径；
r_1——腿端圆弧半径

附表 4.3   热轧普通工字钢的规格及截面特性

型号	截面尺寸/mm						截面面积/cm²	理论重量/(kg/m)	惯性矩				惯性半径		截面模量	
									/cm⁴		/cm⁶		/cm		/cm³	
	h	b	d	t	r	r_1			I_x	I_y	I_t	I_w	i_x	i_y	W_x	W_y
10	100	68	4.5	7.6	6.5	3.3	14.345	11.261	245	33.0	2.57	660	4.14	1.52	49.0	9.72
12	120	74	5.0	8.4	7.0	3.5	17.818	13.987	436	46.9	3.82	1351	4.95	1.62	72.7	12.7
12.6	126	74	5.0	8.4	7.0	3.5	18.118	14.223	488	46.9	3.84	1489	5.20	1.61	77.5	12.7
14	140	80	5.5	9.1	7.5	3.8	21.516	16.890	712	64.4	5.33	2524	5.76	1.73	102	16.1
16	160	88	6.0	9.9	8.0	4.0	26.131	20.513	1130	93.1	7.63	4767	6.58	1.89	141	21.2
18	180	94	6.5	10.7	8.5	4.3	30.756	24.143	1660	122	10.35	7906	7.36	2.00	185	26.0
20a	200	100	7.0	11.4	9.0	4.5	35.578	27.929	2370	158	13.48	12640	8.15	2.12	237	31.5
20b		102	9.0				39.578	31.059	2500	169	16.33	13520	7.96	2.06	250	33.1
22a	220	110	7.5	12.3	9.5	4.8	42.128	33.070	3400	225	18.63	21780	8.99	2.31	309	40.9
22b		112	9.5				46.528	36.524	3570	239	22.18	23135	8.78	2.27	325	42.7
24a	240	116	8.0	13.0	10.0	5.0	47.741	37.477	4570	280	23.43	32256	9.77	2.42	381	48.4
24b		118	10.0				52.541	41.245	4800	297	27.76	34214	9.57	2.38	400	50.4
25a	250	116	8.0	13.0	10.0	5.0	48.541	38.105	5020	280	23.61	35000	10.2	2.40	402	48.3
25b		118	10.0				53.541	42.030	5280	309	28.09	38625	9.94	2.40	423	52.4
27a	270	122	8.5	13.7	10.5	5.3	54.554	42.825	6550	345	29.32	50301	10.9	2.51	485	56.6
27b		124	10.5				59.954	47.064	6870	366	34.70	53363	10.7	2.47	509	58.9
28a	280	122	8.5	13.7	10.5	5.3	55.404	43.492	7110	345	29.52	54096	11.3	2.50	508	56.6
28b		124	10.5				61.004	47.888	7480	379	35.08	59427	11.1	2.49	534	61.2
30a	300	126	9.0	14.4	11.0	5.5	61.254	48.084	8950	400	35.71	72000	12.1	2.55	597	63.5
30b		128	11.0				67.254	52.794	9400	422	42.29	75960	11.8	2.50	627	65.9
30c		130	13.0				73.254	57.504	9850	445	51.51	80100	11.6	2.46	657	68.5
32a	320	130	9.5	15.0	11.5	5.8	67.156	52.717	11100	460	42.21	94208	12.8	2.62	692	70.8
32b		132	11.5				73.556	57.741	11600	502	49.92	102810	12.6	2.61	726	76.0
32c		134	13.5				79.956	62.765	12200	544	60.57	111411	12.3	2.61	760	81.2
36a	360	136	10.0	15.8	12.0	6.0	76.480	60.037	15800	552	52.36	143078	14.4	2.69	875	81.2
36b		138	12.0				83.680	65.689	16500	582	61.83	150854	14.1	2.64	919	84.3
36c		140	14.0				90.880	71.341	17300	612	74.76	158630	13.8	2.60	962	87.4

续表

型号	截面尺寸/mm						截面面积/cm²	理论重量/(kg/m)	惯性矩 /cm⁴			/cm⁶	惯性半径 /cm		截面模量 /cm³	
	h	b	d	t	r	r_1			I_x	I_y	I_t	I_w	i_x	i_y	W_x	W_y
40a		142	10.5				86.112	67.598	21700	660	63.43	211200	15.9	2.77	1090	93.2
40b	400	144	12.5	16.5	12.5	6.3	94.112	73.878	22800	692	74.87	221440	15.6	2.71	1140	96.2
40c		146	14.5				102.112	80.158	23900	727	90.32	232640	15.2	2.65	1190	99.6
45a		150	11.5				102.446	80.420	32200	855	88.16	346275	17.7	2.89	1430	114
45b	450	152	13.5	18.0	13.5	6.8	111.446	87.485	33800	894	103.32	362070	17.4	2.84	1500	118
45c		154	15.5				120.446	94.550	35300	938	123.34	379890	17.1	2.79	1570	122
50a		158	12.0				119.304	93.654	46500	1120	122.20	560000	19.7	3.07	1860	142
50b	500	160	14.0	20.0	14.0	7.0	129.304	101.504	48600	1170	140.55	585000	19.4	3.01	1940	146
50c		162	16.0				139.304	109.354	50600	1220	164.51	610000	19.0	2.96	2080	151
55a		166	12.5				134.185	105.335	62900	1370	149.41	828850	21.6	3.19	2290	164
55b	550	168	14.5	21.0	14.5	7.3	145.185	113.970	65600	1420	171.14	859100	21.2	3.14	2390	170
55c		170	16.5				156.185	122.605	68400	1480	199.25	895400	20.9	3.08	2490	175
56a		166	12.5				135.435	106.316	65600	1370	150.06	859264	22.0	3.18	2340	165
56b	560	168	14.5				146.635	115.900	68500	1490	172.16	934528	21.6	3.16	2450	174
56c		170	16.5				157.835	123.900	71400	1560	200.75	978432	21.3	3.16	2550	183
63a		176	13.0				154.658	121.407	93900	1700	184.96	1349460	24.5	3.31	2980	193
63b	630	178	15.0	22.0	15.0	7.5	167.258	131.298	98100	1810	211.59	1436778	24.2	3.29	3160	204
63c		180	17.0				179.858	141.189	102000	1920	245.80	1524096	23.8	3.27	3300	214

注：I_t、I_w 根据 GB/T 706—2016 的规格参数，按《门式刚架轻型房屋钢结构设计规范》（GB 51022—2015）中计算公式补充，以供参考。

热轧普通槽钢的规格及截面特性

热轧普通槽钢的规格及截面特性，见附表 4.4（按《热轧型钢》GB/T 706—2016）。

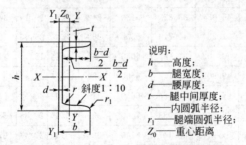

说明：
h——高度；
b——腿宽度；
d——腰厚度；
t——腿中间厚度；
r——内圆弧半径；
r_1——腿端圆弧半径；
Z_0——重心距离

附表 4.4 热轧普通槽钢的规格及截面特性

型号	截面尺寸/mm						截面面积/cm²	每米重量/(kg/m)	惯性矩 /cm²				/cm⁴	惯性半径 /cm		截面模量 /cm³		重心距离/cm
	h	b	d	t	r	r_1			I_x	I_y	I_{y1}	I_w	I_w	i_x	i_y	W_x	W_y	Z_0
5	50	37	4.5	7.0	7.0	3.5	6.928	5.438	26.0	8.3	20.9	1.01	55	1.94	1.10	10.4	3.55	1.35
6.3	63	40	4.8	7.5	7.5	3.8	8.451	6.634	50.8	11.9	28.4	1.37	113	2.45	1.19	16.1	4.50	1.36
6.5	65	40	4.3	7.5	7.5	3.8	8.547	6.709	55.2	12.0	28.3	1.31	114	2.54	1.19	17.0	4.59	1.38

续表

型号	截面尺寸/mm						截面面积 /cm²	每米重量 /(kg/m)	惯性矩					惯性半径 /cm		截面模量 /cm³		重心距离 /cm
									/cm²				/cm⁴					
	h	b	d	t	r	r_1			I_x	I_y	I_{y1}	I_t	I_w	i_x	i_y	W_x	W_y	Z_0
8	80	43	5.0	8.0	8.0	4.0	10.248	8.045	101	16.6	37.4	1.82	233	3.15	1.27	25.3	5.79	1.43
10	100	48	5.3	8.5	8.5	4.2	12.748	10.007	198	25.6	54.9	2.49	530	3.95	1.41	39.7	7.80	1.52
12	120	53	5.5	9.0	9.0	4.5	15.362	12.059	346	37.4	77.7	3.29	1082	4.75	1.56	57.7	10.2	1.62
12.6	126	53	5.5	9.0	9.0	4.5	15.692	12.318	391	38.0	77.1	3.32	1194	4.95	1.57	62.1	10.2	1.59
14a	140	58	6.0	9.5	9.5	4.8	18.516	14.535	564	53.2	107	4.38	2064	5.52	1.70	80.5	13.0	1.71
14b		60	8.0				21.316	16.733	609	61.1	121	5.89	2476	5.35	1.69	87.1	14.1	1.67
16a	160	63	6.5	10.0	10.0	5.0	21.962	17.240	866	73.3	144	5.75	3691	6.28	1.83	108	16.3	1.80
16b		65	8.5				25.162	19.752	935	83.4	161	7.70	4370	6.10	1.82	117	17.6	1.75
18a	180	68	7.0	10.5	10.5	5.2	25.699	20.174	1270	98.6	190	7.42	6261	7.04	1.96	141	20.0	1.88
18b		70	9.0				29.299	23.000	1370	111	210	9.90	7327	6.84	1.95	152	21.5	1.84
20a	200	73	7.0	11.0	11.0	5.5	28.837	22.637	1780	128	244	8.91	9918	7.86	2.11	178	24.2	2.01
20b		75	9.0				32.837	25.777	1910	144	268	11.67	11569	7.64	2.09	191	25.9	1.95
22a	220	77	7.0	11.5	11.5	5.8	31.846	24.999	2390	158	298	10.50	14663	8.67	2.23	218	28.2	2.10
22b		79	9.0				36.246	28.453	2570	176	326	13.54	17016	8.42	2.20	234	30.1	2.03
24a	240	78	7.0	12.0	12.0	6.0	34.217	26.860	3050	174	325	11.92	19041	9.45	2.25	254	30.5	2.10
24b		80	9.0				39.017	30.628	3280	194	355	15.25	22099	9.17	2.23	274	32.5	2.03
24c		82	11.0				43.817	34.396	3510	213	388	20.31	25226	8.96	2.21	293	34.4	2.00
25a	250	78	7.0				34.917	27.410	3370	176	322	12.03	20839	9.82	2.24	270	30.6	2.07
25b		80	9.0				39.917	31.335	3530	196	353	15.90	24500	9.40	2.22	282	32.7	1.98
25c		82	11.0				44.917	35.260	3690	218	384	20.76	28309	9.07	2.21	295	35.9	1.92
27a	270	82	7.5				39.284	30.838	4360	216	393	14.70	29924	10.5	2.34	323	35.5	2.13
27b		84	9.5				44.684	35.077	4690	239	428	18.90	34475	10.3	2.31	347	37.7	2.06
27c		86	11.5	12.5	12.5	6.2	50.084	39.316	5020	261	467	25.15	39111	10.1	2.28	372	39.8	2.03
28a	280	82	7.5				40.034	31.427	4760	218	388	14.84	32471	10.9	2.33	340	35.7	2.10
28b		84	9.5				45.634	35.823	5130	242	428	19.19	37419	10.6	2.30	366	37.9	2.02
28c		86	11.5				51.234	40.219	5500	268	463	25.66	42453	10.4	2.29	393	40.3	1.95
30a	300	85	7.5	13.5	13.5	6.8	43.902	34.463	6050	260	467	18.44	41237	11.7	2.43	403	41.1	2.17
30b		87	9.5				49.902	39.173	6500	289	515	23.14	50857	11.4	2.41	433	44.0	2.13
30c		89	11.5				55.902	43.883	6950	316	560	30.12	57583	11.2	2.38	463	46.4	2.09
32a	320	88	8.0	14.0	14.0	7.0	48.513	38.083	7600	305	552	21.88	58696	12.5	2.50	475	46.5	2.24
32b		90	10.0				54.913	43.107	8140	336	593	27.47	67120	12.2	2.47	509	49.2	2.16
32c		92	12.0				61.313	48.131	8690	374	643	35.63	75646	11.9	2.47	543	52.6	2.09
36a	360	96	9.0	16.0	16.0	8.0	60.910	47.814	11900	455	818	35.43	111184	14.0	2.73	660	63.5	2.44
36b		98	11.0				68.110	53.466	12700	497	880	43.23	125440	13.6	2.70	703	66.9	2.37
36c		100	13.0				75.310	59.118	13400	536	948	54.20	140254	13.4	2.67	746	70.0	2.34
40a	400	100	10.5	18.0	18.0	9.0	75.068	58.928	17600	592	1070	54.92	180496	15.3	2.81	879	78.8	2.49
40b		102	12.5				83.068	65.208	18600	640	1140	66.34	201900	15.0	2.78	932	82.5	2.44
40c		104	14.5				91.068	71.488	19700	688	1220	81.76	223292	14.7	2.75	986	86.2	2.42

热轧 H 型钢的规格及截面特性

热轧 H 型钢的规格及截面特性，见附表 4.5（按《热轧 H 型钢和剖分 T 型钢》GB/T 11263—2010）。

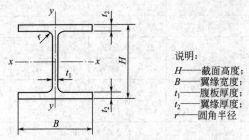

说明：
H——截面高度；
B——翼缘宽度；
t_1——腹板厚度；
t_2——翼缘厚度；
r——圆角半径

附表 4.5 热轧 H 型钢的规格及截面特性

类别	型号（高度×宽度）/(mm×mm)	截面尺寸/mm					截面面积 A/cm²	理论重量/(kg/m)	惯性矩		抗扭惯性矩	扇性惯性矩	惯性半径		截面模量	
		H	B	t_1	t_2	r			I_x/cm⁴	I_y/cm⁴	I_t/cm⁴	I_ω/cm⁶	i_x/cm	i_y/cm	W_x/cm³	W_y/cm³
HW	100×100	100	100	6	8	8	21.58	16.9	378	134	4.018	3330	4.18	2.48	75.6	26.7
	125×125	125	125	6.5	9	8	30.00	23.6	839	293	7.054	11435	5.28	3.12	134	46.9
	150×150	150	150	7	10	8	39.64	31.1	1620	563	11.49	31620	6.39	3.76	216	75.1
	175×175	175	175	7.5	11	13	51.42	40.4	2900	984	17.68	75185	7.50	4.37	331	112
	200×200	200	200	8	12	13	63.53	49.9	4720	1600	26.04	159925	8.61	5.02	472	160
		*200	204	12	12	13	71.53	56.2	4980	1700	33.64	169540	8.34	4.87	498	167
	250×250	*244	252	11	11	13	81.31	63.8	8700	2940	32.21	436313	10.3	6.01	713	233
		250	250	9	14	13	91.43	71.8	10700	3650	51.13	569451	10.8	6.31	860	292
		*250	255	14	14	13	103.9	81.6	11400	3880	66.95	603737	10.5	6.10	912	304
	300×300	*294	302	12	12	13	106.3	83.5	16600	5510	50.34	1189540	12.5	7.20	1130	365
		300	300	10	15	13	118.5	93.0	20200	6750	76.50	1518244	13.1	7.55	1350	450
		*300	305	15	15	13	133.5	105	21300	7100	99.00	1594253	12.6	7.29	1420	466
	350×350	*338	351	13	13	13	133.3	105	27700	9380	74.26	2674374	14.4	8.38	1640	534
		*344	348	10	16	13	144.0	113	32800	11200	105.4	3324014	15.1	8.83	1910	646
		*344	354	16	16	13	164.7	129	34900	11800	139.3	3496589	14.6	8.48	2030	669
		350	350	12	19	13	171.9	135	39800	13600	178.0	4156606	15.2	8.88	2280	776
		*350	357	19	19	13	196.4	154	42300	14400	234.6	4407029	14.7	8.57	2420	808
	400×400	*388	402	15	15	22	178.5	140	49000	16300	130.7	6108752	16.6	9.54	2520	809
		*394	398	11	18	22	186.8	147	56100	18900	170.6	7338575	17.3	10.1	2850	951
		*394	405	18	18	22	214.4	168	59700	20000	227.1	7727514	16.7	9.64	3030	985
		400	400	13	21	22	218.7	172	66600	22400	273.2	8957379	17.5	10.1	3330	1120
		*400	408	21	21	22	250.7	197	70900	23800	362.4	9497385	16.8	9.74	3540	1170
		*414	405	18	28	22	295.4	232	92800	31000	662.3	13276050	17.7	10.2	4480	1530
		*428	407	20	35	22	360.7	283	119000	39400	1259	17999651	18.2	10.4	5570	1930
		*458	417	30	50	22	528.6	415	187000	60500	3797	31646038	18.8	10.7	8170	2900
		*498	432	45	70	22	770.1	604	298000	94400	10966	58149140	19.7	11.1	12000	4370
	500×500	*492	465	15	20	22	258.0	202	117000	33500	298.9	20274172	21.3	11.4	4770	1440
		*502	465	15	25	22	304.5	239	146000	41900	535.2	26385376	21.9	11.7	5810	1800
		*502	470	20	25	22	329.6	259	151000	43300	610.1	27234999	21.4	11.5	6020	1840

类别	型号(高度×宽度)/(mm×mm)	截面尺寸/mm					截面面积 A/cm²	理论重量/(kg/m)	惯性矩		抗扭惯性矩	扇性惯性矩	惯性半径		截面模量	
		H	B	t_1	t_2	r			I_x/cm⁴	I_y/cm⁴	I_t/cm⁴	I_ω/cm⁶	i_x/cm	i_y/cm	W_x/cm³	W_y/cm³
HM	150×100	148	100	6	9	8	26.34	20.7	1000	150	5.796	8201	6.16	2.38	135	30.1
	200×150	194	150	6	9	8	38.10	29.9	2630	507	8.557	47603	8.30	3.64	271	67.6
	250×175	244	175	7	11	13	55.49	43.6	6040	984	18.07	146149	10.4	4.21	495	112
	300×200	294	200	8	12	13	71.05	55.8	11100	1600	27.65	345495	12.5	4.74	756	160
		*298	201	9	14	13	82.03	64.4	13100	1900	43.33	420302	12.6	4.80	878	189
	350×250	340	250	9	14	13	99.53	78.1	21200	3650	53.31	1053098	14.6	6.05	1250	292
	400×300	390	300	10	16	13	133.3	105	37900	7200	93.85	2736666	16.9	7.35	1940	480
	450×300	440	300	11	18	13	153.9	121	54700	8110	134.6	3918232	18.9	7.25	2490	540
	500×300	*482	300	11	15	13	141.2	111	58300	6760	87.55	3917558	20.3	6.91	2420	450
		488	300	11	18	13	159.2	125	68900	8110	136.7	4819433	20.8	7.13	2820	540
	550×300	*544	300	11	15	13	148.0	116	76400	6760	90.30	4989706	22.7	6.75	2810	450
		*550	300	11	18	13	166.0	130	89800	8110	139.4	6121317	23.3	6.98	3270	540
	600×300	*582	300	12	17	13	169.2	133	98900	7660	129.8	6471421	24.2	6.72	3400	511
		588	300	12	20	13	187.2	147	114000	9010	191.6	7772425	24.7	6.93	3890	601
		*594	302	14	23	13	217.1	170	134000	10600	295.1	9302404	24.8	6.97	4500	700
HN	*100×50	100	50	5	7	8	11.84	9.30	187	14.8	1.502	362	3.97	1.11	37.5	5.91
	*125×60	125	60	6	8	8	16.68	13.1	409	29.1	2.833	1117	4.95	1.32	65.4	9.71
	150×75	150	75	5	7	8	17.84	14.0	666	49.5	2.282	2761	6.10	1.66	88.8	13.2
	175×90	175	90	5	8	8	22.89	18.0	1210	97.5	3.735	7429	7.25	2.06	138	21.7
	200×100	*198	99	4.5	7	8	22.68	17.8	1540	113	2.823	11081	8.24	2.23	156	22.9
		200	100	5.5	8	8	26.66	20.9	1810	134	4.434	13308	8.22	2.23	181	26.7
	250×125	*248	124	5	8	8	31.98	25.1	3450	255	5.199	39051	10.4	2.82	278	41.1
		250	125	6	9	8	36.96	29.0	3960	294	7.745	45711	10.4	2.81	317	47.0
	300×150	*298	149	5.5	8	13	40.80	32.0	6320	442	6.650	97833	12.4	3.29	424	59.3
		300	150	6.5	9	13	46.78	36.7	7210	508	9.871	113761	12.4	3.29	481	67.7
	350×175	*346	174	6	9	13	52.45	41.2	11000	791	10.82	236323	14.5	3.88	638	91.0
		350	175	7	11	13	62.91	49.4	13500	984	19.28	300620	14.6	3.95	771	112
	400×150	400	150	8	13	13	70.37	55.2	18600	734	28.35	291863	16.3	3.22	929	97.8
	400×200	*396	199	7	11	13	71.41	56.1	19900	1450	21.93	565991	16.6	4.50	999	145
		400	200	8	13	13	83.37	65.4	23500	1740	35.68	692696	16.8	4.56	1170	174
	450×150	*446	150	7	12	13	66.99	52.6	22000	677	22.10	335072	18.1	3.17	985	90.3
		450	151	8	14	13	77.49	60.8	25700	806	34.83	405789	18.2	3.22	1140	107
	450×200	*446	199	8	12	13	82.97	65.1	28100	1580	30.13	782894	18.4	4.36	1260	159
		450	200	9	14	13	95.43	74.9	32900	1870	46.84	943704	18.6	4.42	1460	187

续表

类别	型号（高度×宽度）/(mm×mm)	截面尺寸/mm					截面面积 A/cm²	理论重量/(kg/m)	惯性矩		抗扭惯性矩 I_t/cm⁴	扇性惯性矩 $I_ω$/cm⁶	惯性半径		截面模量	
		H	B	t_1	t_2	r			I_x/cm⁴	I_y/cm⁴			i_x/cm	i_y/cm	W_x/cm³	W_y/cm³
HN	475×150	*470	150	7	13	13	71.53	56.2	26200	733	27.05	403133	19.1	3.20	1110	97.8
		*475	151.5	8.5	15.5	13	86.15	67.6	31700	901	46.70	505415	19.2	3.23	1330	119
		482	153.5	10.5	19	13	106.4	83.5	39600	1150	87.32	662736	19.3	3.28	1640	150
	500×150	*492	150	7	12	13	70.21	55.1	27500	677	22.63	407675	19.8	3.10	1120	90.3
		*500	152	9	16	13	92.21	72.4	37000	940	52.88	583530	20.0	3.19	1480	124
		504	153	10	18	13	103.3	81.1	41900	1080	75.09	679866	20.1	3.23	1660	141
	500×200	*496	199	9	14	13	99.29	77.9	40800	1840	47.78	1129194	20.3	4.30	1650	185
		500	200	10	16	13	112.3	88.1	46800	2140	70.21	1330900	20.4	4.36	1870	214
		*506	201	11	19	13	129.3	102	55500	2580	112.7	1642691	20.7	4.46	2190	257
	550×200	*546	199	9	14	13	103.8	81.5	50800	1840	48.99	1368103	22.1	4.21	1860	185
		550	200	10	16	13	117.3	92.0	58200	2140	71.88	1610075	22.3	4.27	2120	214
	600×200	*596	199	10	15	13	117.8	92.4	66600	1980	63.64	1745393	23.8	4.09	2240	199
		600	200	11	17	13	131.7	103	75600	2270	90.62	2034366	24.0	4.15	2520	227
		*606	201	12	20	13	149.8	118	88300	2720	139.8	2477687	24.3	4.25	2910	270
	625×200	*625	198.5	13.5	17.5	13	150.6	118	88500	2300	119.3	2216009	24.2	3.90	2830	230
		630	200	15	20	13	170.0	133	101000	2690	173.0	2629637	24.4	3.97	3220	268
		*638	202	17	24	13	198.7	156	122000	3320	282.8	3330621	24.8	4.09	3820	329
	650×300	*646	299	10	15	13	152.8	120	110000	6690	87.81	6966668	26.9	6.61	3410	447
		*650	300	11	17	13	171.2	134	125000	7660	125.6	8073102	27.0	6.68	3850	511
		*656	301	12	20	13	195.8	154	147000	9100	196.0	9770175	27.4	6.81	4470	605
	700×300	*692	300	13	20	18	207.5	163	168000	9020	207.7	10760168	28.5	6.59	4870	601
		700	300	13	24	18	231.5	182	197000	10800	324.2	13215393	29.2	6.83	5640	721
	750×300	*734	299	12	16	18	182.7	143	161000	7140	122.1	9587359	29.7	6.25	4390	478
		*742	300	13	20	18	214.0	168	197000	9020	211.4	12370025	30.4	6.49	5320	601
		*750	300	13	24	18	238.0	187	231000	10800	327.9	15169448	31.1	6.74	6150	721
		*758	303	16	28	18	284.8	224	276000	13000	539.3	18612821	31.1	6.75	7270	859
	800×300	*792	300	14	22	18	239.5	188	248000	9920	281.4	15498008	32.2	6.43	6270	661
		800	300	14	26	18	263.5	207	286000	11700	419.9	18692673	33.0	6.66	7160	781
	850×300	*834	298	14	19	18	227.5	179	251000	8400	209.1	14540555	33.2	6.07	6020	564
		*842	299	15	23	18	259.7	204	298000	10300	332.1	18122017	33.9	6.28	7080	687
		*850	300	16	27	18	292.1	229	346000	12200	502.3	21896971	34.4	6.45	8140	812
		*858	301	17	31	18	324.7	255	395000	14100	728.2	25871474	34.9	6.59	9210	939
	900×300	*890	299	15	23	18	266.9	210	339000	10300	337.5	20244417	35.6	6.20	7610	687
		900	300	16	28	18	305.8	240	404000	12600	554.3	25456796	36.4	6.42	8990	842
		*912	302	18	34	18	360.1	283	491000	15700	955.4	32369675	36.9	6.59	10800	1040

续表

类别	型号（高度×宽度）/(mm× mm)	截面尺寸/mm					截面面积 A/cm²	理论重量/(kg/m)	惯性矩		抗扭惯性矩	扇性惯性矩	惯性半径		截面模量	
		H	B	t_1	t_2	r			I_x /cm⁴	I_y /cm⁴	I_t /cm⁴	I_ω /cm⁶	i_x /cm	i_y /cm	W_x /cm³	W_y /cm³
HN 1000×300		*970	297	16	21	18	276.0	217	393000	9210	310.1	21494293	37.8	5.77	8110	620
		*980	298	17	26	18	315.5	248	472000	11500	501.2	27442681	38.7	6.04	9630	772
		990	298	17	31	18	345.3	271	544000	13700	743.8	33409079	39.7	6.30	11000	921
		*1000	300	19	36	18	395.1	310	634000	16300	1145	40367825	40.1	6.41	127000	1080
		*1008	302	21	40	18	439.3	345	712000	18400	1575	46462232	40.3	6.47	14100	1220
HT	100×50	95	48	3.2	4.5	8	7.620	5.98	115	8.39	0.386	187	3.88	1.04	24.2	3.49
		97	49	4	5.5	8	9.370	7.36	143	10.9	0.727	253	3.91	1.07	29.6	4.45
	100×100	96	99	4.5	6	8	16.20	12.7	272	97.2	1.681	2234	4.09	2.44	56.7	19.6
	125×60	118	58	3.2	4.5	8	9.250	7.26	218	14.70	0.471	508	4.85	1.26	37.0	5.08
		120	59	4	5.5	8	11.39	8.94	271	19.0	0.887	676	4.87	1.29	45.2	6.43
	125×125	119	123	4.5	6	8	20.12	15.8	532	186	2.096	6585	5.14	3.04	89.5	30.3
	150×75	145	73	3.2	4.5	8	11.47	9.00	416	29.3	0.592	1532	6.01	1.59	57.3	8.02
		147	74	4	5.5	8	14.12	11.1	516	37.3	1.111	2003	6.04	1.62	70.2	10.1
	150×100	139	97	3.2	4.5	8	13.43	10.6	476	68.6	0.731	3305	5.94	2.25	68.4	14.1
		142	99	4.5	6	8	18.27	14.3	654	97.2	1.820	4886	5.98	2.30	92.1	19.6
	150×150	144	148	5	7	8	27.76	21.8	1090	378	3.926	19599	6.25	3.69	151	51.1
		147	149	6	8.5	8	33.67	26.4	1350	469	7.036	25304	6.32	3.73	183	63.0
	175×90	168	88	3.2	4.5	8	13.55	10.6	670	51.2	0.708	3603	7.02	1.94	79.7	11.6
		171	89	4	6	8	17.58	13.8	894	70.7	1.621	5147	7.13	2.00	105	15.9
	175×175	167	173	5	7	13	33.32	26.2	1780	605	4.593	42106	7.30	4.26	213	69.9
		172	175	6.5	9.5	13	44.64	35.0	2470	850	11.403	62734	7.43	4.36	287	97.1
	200×100	193	98	3.2	4.5	8	15.25	12.0	994	70.7	0.796	6569	8.07	2.15	103	14.4
		196	99	4	6	8	19.78	15.5	1320	97.2	1.818	9309	8.18	2.21	135	19.6
	200×150	188	149	4.5	6	8	26.34	20.7	1730	331	2.680	29217	8.09	3.54	184	44.4
	200×200	192	198	6	8	13	43.69	34.3	3060	1040	8.026	95355	8.37	4.86	319	105
	250×125	244	124	4.5	8	13	25.86	20.3	2650	191	2.490	28352	10.1	2.71	217	30.8
	250×175	238	173	4.5	8	13	39.12	30.7	4240	691	6.579	97738	10.4	4.20	356	79.9
	300×150	294	148	4.5	8	13	31.90	25.0	4800	325	2.988	70006	12.3	3.19	327	43.9
	300×200	286	198	6	8	13	49.33	38.7	7360	1040	8.702	211545	12.2	4.58	515	105
	350×175	340	173	4.5	8	13	36.97	29.0	7490	518	3.488	149564	14.2	3.74	441	59.9
	400×150	390	148	6	8	13	47.57	37.3	11700	434	7.745	164103	15.7	3.01	602	58.6
	400×200	390	198	6	8	13	55.57	43.6	14700	1040	9.451	393297	16.3	4.31	752	105

注：1. 表中同一型号的产品，其内侧尺寸高度一致。

2. 表中截面面积计算公式为 $t_1(H-2t_2)+2Bt_2+0.858r^2$。

3. 表中"*"表示的规格为市场非常用规格。

4. 规格表示方法：H 与高度 H 值×宽度 B 值×腹板厚度 t_1 值×翼缘厚度 t_2 值。如：H450×151×8×14。

剖分 T 型钢的规格及截面特性

剖分 T 型钢的规格及截面特性，见附表 4.6（按《热轧 H 型钢和剖分 T 型钢》GB/T 11263—2010）。

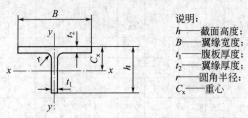

说明：
h——截面高度；
B——翼缘宽度；
t_1——腹板厚度；
t_2——翼缘厚度；
r——圆角半径；
C_x——重心。

附表 4.6　剖分 T 型钢的规格及截面特性

类别	型号（高度×宽度）/(mm×mm)	截面尺寸/mm					截面面积A /cm²	理论重量 /(kg/m)	惯性矩		抗扭惯性矩 I_t /cm⁴	扇性惯性矩 I_ω /cm⁴	惯性半径		截面模量		重心 (C_x) /cm	对应 H 型钢系列型号
		h	B	t_1	t_2	r			I_x /cm⁴	I_y /cm⁴			i_x /cm	i_y /cm	W_x /cm³	W_y /cm³		
TW	50×100	50	100	6	8	8	10.79	8.47	16.1	66.8	2.067	4.00	1.22	2.48	4.02	13.4	1.00	100×100
	62.5×125	62.5	125	6.5	9	8	15.00	11.8	35.0	147	3.610	11.06	1.52	3.12	6.91	23.5	1.19	125×125
	75×150	75	150	7	10	8	19.82	15.6	66.4	282	5.858	26.05	1.82	3.76	10.8	37.5	1.37	150×150
	87.5×175	87.5	175	7.5	11	13	25.71	20.2	115	492	8.995	54.78	2.11	4.37	15.9	56.2	1.55	175×175
	100×200	100	200	8	12	13	31.76	24.9	184	801	13.23	105.7	2.40	5.02	22.3	80.1	1.73	200×200
		100	204	12	12	13	35.76	28.1	256	851	17.51	134.6	2.67	4.87	33.4	83.4	2.09	
	125×250	125	250	9	14	13	45.71	35.9	412	1820	25.90	325.4	3.00	6.31	39.5	146	2.08	250×250
		125	255	14	14	13	51.96	40.8	589	1940	34.76	420.2	3.36	6.10	59.4	152	2.58	
	150×300	147	302	12	12	13	53.16	41.7	857	2760	25.86	448.6	4.01	7.20	72.3	183	2.85	300×300
		150	300	10	15	13	59.22	46.5	798	3380	38.75	701.2	3.67	7.55	63.7	225	2.47	
		150	305	15	15	13	66.72	52.4	1110	3550	51.19	895.6	4.07	7.29	92.5	233	3.04	
	175×350	172	348	10	16	13	72.00	56.5	1230	5620	53.25	1304	4.13	8.83	84.7	323	2.67	350×350
		175	350	12	19	13	85.94	67.5	1520	6790	90.10	2224	4.20	8.88	104	388	2.87	
	200×400	194	402	15	15	22	89.22	70.0	2480	8130	67.05	2060	5.27	9.54	158	404	3.70	400×400
		197	398	11	18	22	93.40	73.3	2050	9460	86.11	2765	4.67	10.1	123	475	3.01	
		200	400	13	21	22	109.4	85.8	2480	11200	138.1	4466	4.75	10.1	147	560	3.21	
		200	408	21	21	22	125.3	98.4	3690	11900	187.7	5843	5.39	9.74	229	584	4.07	
		207	405	18	28	22	147.7	116	3620	15500	336.6	11056	4.95	10.2	213	766	3.68	
		214	407	20	35	22	180.3	142	4380	19700	638.7	21348	4.92	10.4	250	967	3.90	
TM	75×100	74	100	6	9	8	13.17	10.3	51.7	75.2	2.963	6.710	1.98	2.38	8.84	15.0	1.56	150×100
	100×150	97	150	6	9	8	19.05	15.0	124	253	4.343	21.17	2.55	3.64	15.8	33.8	1.80	200×150
	125×175	122	175	7	11	13	27.74	21.8	288	492	9.159	62.57	3.22	4.21	29.1	56.2	2.28	250×175
	150×200	147	200	8	12	13	35.52	27.9	571	801	14.03	131.0	4.00	4.74	48.2	80.1	2.85	300×200
		149	201	9	14	13	41.01	32.2	661	949	22.01	204.6	4.01	4.80	55.2	94.4	2.92	
	175×250	170	250	9	14	13	49.76	39.1	1020	1820	27.00	374.6	4.51	6.05	73.2	146	3.11	350×250
	200×300	195	300	10	16	13	66.62	52.3	1730	3600	47.46	927.3	5.09	7.35	108	240	3.43	400×300
	225×300	220	300	11	18	13	76.94	60.4	2680	4050	68.08	1398	5.89	7.25	150	270	4.09	450×300

类别	型号 (高度× 宽度) /(mm× mm)	截面尺寸/mm					截面 面积A /cm²	理论 重量 /(kg/m)	惯性矩		抗扭 惯性矩	扇性 惯性矩	惯性半径		截面模量		重心 (C_x) /cm	对应 H 型 钢系列 型号
		h	B	t_1	t_2	r			I_x /cm⁴	I_y /cm⁴	I_t /cm⁴	I_ω /cm⁴	i_x /cm	i_y /cm	W_x /cm³	W_y /cm³		
TM	250×300	241	300	11	15	13	70.58	55.4	3400	3380	44.44	1060	6.93	6.91	178	225	5.00	500×300
		244	300	11	18	13	79.58	62.5	3610	4050	69.15	1520	6.73	7.13	184	270	4.72	
	275×300	272	300	11	15	13	73.99	58.1	4790	3380	45.82	1260	8.04	6.75	225	225	5.96	550×300
		275	300	11	18	13	82.99	65.2	5090	4050	70.52	1721	7.82	6.98	232	270	5.99	
	300×300	291	300	12	17	13	84.60	66.4	6320	3830	65.89	1909	8.64	6.72	230	255	6.51	600×300
		294	300	12	20	13	93.60	73.5	6680	4500	96.93	2487	8.44	6.93	288	300	6.17	
		297	302	14	23	13	108.5	85.2	7890	5290	149.6	3895	8.52	6.97	339	350	6.41	
TN	50×50	50	50	5	7	8	5.92	4.65	11.8	7.39	0.780	0.574	1.41	1.12	3.18	2.95	1.28	100×50
	62.5×60	62.5	60	6	8	8	8.34	6.55	27.5	14.6	1.474	1.739	1.81	1.32	5.96	4.85	1.64	125×60
	75×75	75	75	5	7	8	8.92	7.00	42.6	24.7	1.170	2.097	2.18	1.66	7.46	6.59	1.79	150×75
	87.5×90	85.5	89	4	6	8	8.79	6.90	53.7	35.3	0.823	1.951	2.47	2.00	8.02	7.94	1.86	175×90
		87.5	90	5	8	8	11.44	8.98	70.6	48.7	1.901	4.337	2.48	2.06	10.4	10.8	1.93	
	100×100	99	99	4.5	7	8	11.34	8.90	93.5	56.7	1.433	4.282	2.87	2.23	12.1	11.5	2.17	200×100
		100	100	5.5	8	8	13.33	10.5	114	66.9	2.261	7.154	2.92	2.23	14.8	13.4	2.31	
	125×125	124	124	5	8	8	15.99	12.6	207	127	2.633	12.20	3.59	2.82	21.3	20.5	2.66	250×125
		125	125	6	9	8	18.48	14.5	248	147	3.938	19.25	3.66	2.81	25.6	23.5	2.81	
	150×150	149	149	5.5	8	13	20.40	16.0	393	221	3.369	24.72	4.39	3.29	33.8	29.7	3.26	300×150
		150	150	6.5	9	13	23.39	18.4	464	254	5.018	38.47	4.45	3.30	40.0	33.8	3.41	
	175×175	173	174	6	9	13	26.22	20.6	679	396	5.474	53.14	5.08	3.88	50.0	45.5	3.72	350×175
		175	175	7	11	13	31.45	24.7	814	492	9.765	91.56	5.08	3.95	99.3	56.2	3.76	
	200×200	198	199	7	11	13	35.70	28.0	1190	723	11.09	135.1	5.77	4.50	76.4	72.7	4.20	400×200
		200	200	8	13	13	41.68	32.7	1390	868	18.06	215.1	5.78	4.56	88.6	86.8	4.26	
	225×150	223	150	7	12	13	33.49	26.3	1570	338	11.19	130.0	6.84	3.17	93.7	45.1	5.54	490×150
		225	151	8	14	13	38.74	30.4	1830	403	17.65	199.2	6.87	3.22	108	53.4	5.62	
	225×200	223	199	8	12	13	41.48	32.6	1870	789	15.27	228.2	6.71	4.36	109	79.3	5.15	450×200
		225	200	9	14	13	47.71	37.5	2150	935	23.76	342.7	6.71	4.42	124	93.5	5.19	
	237.5×150	235	150	7	13	13	35.76	28.1	1850	367	13.67	155.7	7.18	3.20	116	48.9	7.50	475×150
		237.5	151.5	8.5	15.5	13	43.07	33.8	2270	451	23.67	276.6	7.25	3.23	140	59.5	7.57	
		241	153.5	10.5	19	13	53.20	41.8	2560	575	44.39	524.1	7.33	3.28	174	75.0	7.67	
	250×150	246	150	7	12	13	35.10	27.6	2060	339	11.45	162.6	7.66	3.10	113	45.1	6.36	500×150
		250	152	9	16	13	46.10	36.2	2750	470	26.83	359.4	7.71	3.19	149	61.9	6.53	
		252	153	10	18	13	51.66	40.6	3100	540	38.14	501.0	7.74	3.23	167	70.5	6.2	
	250×200	248	199	9	14	13	49.65	39.0	2820	921	24.23	409.6	7.54	4.30	150	92.6	5.97	500×200
		250	200	10	16	13	56.12	44.1	3200	1070	35.64	583.5	7.54	4.36	169	107	6.03	
		253	201	11	19	13	64.65	50.8	3660	1290	57.18	860.5	7.52	4.46	189	128	6.00	
	275×200	273	199	9	14	13	51.89	40.7	3690	921	24.84	502.0	8.43	4.21	180	92.6	6.85	550×200
		275	200	10	16	13	58.62	46.0	4180	1070	36.47	710.2	8.44	4.27	203	107	6.89	

类别	型号（高度×宽度）/(mm×mm)	截面尺寸/mm					截面面积A /cm²	理论重量/(kg/m)	惯性矩		抗扭惯性矩	扇性惯性矩	惯性半径		截面模量		重心(C_x) /cm	对应H型钢系列型号
		h	B	t_1	t_2	r			I_x /cm⁴	I_y /cm⁴	I_t /cm⁴	I_ω /cm⁴	i_x /cm	i_y /cm	W_x /cm³	W_y /cm³		
TN	300×20	298	199	10	15	13	58.87	46.2	5150	988	32.32	814.3	9.35	4.09	235	99.3	7.92	600×200
		300	200	11	17	13	65.85	51.7	5770	1140	46.06	1111	9.35	4.14	262	114	7.95	
		303	201	12	20	13	74.88	58.8	6530	1360	71.05	1539	9.33	4.25	291	135	7.88	
	312.5×200	312.5	198.5	13.5	17.5	13	75.28	59.1	7460	1150	61.09	2046	9.95	3.90	338	116	9.15	625×200
		315	200	15	20	13	84.97	66.7	8470	1340	88.77	2851	9.98	3.97	380	134	9.21	
		319	202	17	24	13	99.35	78.0	9960	1650	145.32	4295	10.0	4.08	440	163	9.26	
	325×300	323	299	10	15	12	76.26	59.9	7220	3340	44.40	1438	9.73	6.62	289	224	7.28	650×300
		325	300	11	17	12	85.60	67.2	8090	3830	63.55	2001	9.71	6.68	321	255	7.29	
		328	301	12	20	12	97.88	76.8	9120	4550	99.16	2918	9.65	6.81	356	302	7.20	
	350×300	346	300	13	20	13	103.1	80.9	11200	4510	105.34	3614	10.4	6.61	424	300	8.12	700×300
		350	300	13	24	13	115.1	90.4	12000	5410	163.87	4706	10.2	6.85	438	360	7.65	
	400×300	396	300	14	22	18	119.8	94.0	17600	4960	142.70	5984	12.1	6.43	592	331	9.77	800×300
		400	300	14	26	18	131.8	103	18700	5860	212.35	7283	11.9	6.66	610	391	9.27	
	490×300	445	299	15	23	18	133.5	105	25900	5140	171.33	9304	13.9	6.20	789	344	11.7	900×300
		450	300	16	28	18	152.9	120	29100	6320	280.96	12667	13.8	6.42	365	421	11.4	
		456	302	18	34	18	180.0	141	34100	7830	484.31	19692	13.8	6.99	997	518	11.3	

注：规格表示方法 T 与高度 h 值×宽度 B 值×腹板厚度 t_1 值×翼缘厚度值 t_2 值。如：T396×300×14×22。

热轧圆钢、方钢的规格及截面特性

热轧圆钢、方钢的规格及截面特性，见附表4.7（按《热轧钢棒尺寸、外形、重量及允许偏差》GB/T 702—2008 计算）。

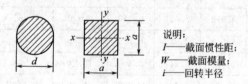

说明：
I——截面惯性距；
W——截面模量；
i——回转半径

附表 4.7 圆钢和方钢

d 或 a /mm	圆钢					方钢				
	截面面积 /cm²	每米重量 /(kg/m)	截面特性			截面面积 /cm²	每米重量 /(kg/m)	截面特性		
			I/cm⁴	W/cm³	i/cm			I_x/cm⁴	W_x/cm³	i_z/cm
5.5	0.238	0.187	0.0045	0.0163	0.138	0.303	0.237	0.0076	0.0277	0.159
6	0.283	0.222	0.0063	0.0212	0.150	0.360	0.283	0.0108	0.0360	0.173
6.5	0.332	0.260	0.0088	0.0270	0.163	0.423	0.332	0.0149	0.0458	0.188
7	0.385	0.302	0.0118	0.0337	0.175	0.490	0.385	0.0200	0.0572	0.202
8	0.503	0.395	0.0201	0.0503	0.200	0.640	0.502	0.0341	0.0853	0.231

d 或 a /mm	圆 钢					方 钢				
	截面面积 /cm²	每米重量 /(kg/m)	截面特性			截面面积 /cm²	每米重量 /(kg/m)	截面特性		
			I/cm⁴	W/cm³	i/cm			I_x/cm⁴	W_x/cm³	i_z/cm
9	0.636	0.499	0.0322	0.0716	0.225	0.810	0.636	0.0547	0.1215	0.260
10	0.785	0.617	0.0491	0.0982	0.250	1.000	0.785	0.0833	0.1667	0.289
11	0.950	0.746	0.0719	0.1307	0.275	1.210	0.950	0.1220	0.2218	0.318
12	1.131	0.888	0.1018	0.1696	0.300	1.440	1.130	0.1728	0.2880	0.346
13	1.327	1.042	0.1402	0.2157	0.325	1.690	1.327	0.2380	0.3662	0.375
14	1.539	1.208	0.1886	0.2694	0.350	1.960	1.539	0.3201	0.4573	0.404
15	1.767	1.387	0.2485	0.3313	0.375	2.250	1.766	0.4219	0.5625	0.433
16	2.011	1.578	0.3217	0.4021	0.400	2.560	2.010	0.5461	0.6827	0.462
17	2.270	1.782	0.4100	0.4823	0.425	2.890	2.269	0.6960	0.8188	0.491
18	2.545	1.998	0.5153	0.5726	0.450	3.240	2.543	0.8748	0.9720	0.520
19	2.835	2.226	0.6397	0.6734	0.475	3.610	2.834	1.086	1.143	0.548
20	3.142	2.466	0.7854	0.7854	0.500	4.000	3.140	1.333	1.333	0.577
21	3.464	2.719	0.9547	0.9092	0.525	4.410	3.462	1.621	1.544	0.606
22	3.801	2.984	1.150	1.045	0.550	4.840	3.799	1.952	1.775	0.635
23*	4.155	3.261	1.374	1.194	0.575	5.290	4.153	2.332	2.028	0.664
24	4.524	3.551	1.629	1.357	0.600	5.760	4.522	2.765	2.304	0.693
25	4.909	3.853	1.917	1.534	0.625	6.250	4.906	3.255	2.604	0.722
26	5.309	4.168	2.243	1.726	0.650	6.760	5.307	3.808	2.929	0.751
27*	5.726	4.495	2.609	1.932	0.675	7.290	5.723	4.429	3.281	0.779
28	6.158	4.834	3.017	2.155	0.700	7.840	6.154	5.122	3.659	0.808
29*	6.605	5.185	3.472	2.394	0.725	8.410	6.594	5.894	4.065	0.837
30	7.069	5.549	3.976	2.651	0.750	9.000	7.065	6.750	4.500	0.866
31*	7.548	5.925	4.533	2.925	0.775	9.610	7.544	7.696	4.965	0.895
32	8.042	6.313	5.147	3.217	0.800	10.24	8.038	8.738	5.461	0.924
33*	8.553	6.714	5.821	3.528	0.825	10.89	8.549	9.883	5.990	0.953
34	9.079	7.127	6.560	3.859	0.850	11.56	9.075	11.14	6.551	0.981
35*	9.621	7.553	7.366	4.209	0.875	12.25	9.616	12.51	7.146	1.010
36	10.18	7.990	8.245	4.580	0.900	12.96	10.17	14.00	7.776	1.039
38	11.34	8.903	10.24	5.387	0.950	14.44	11.34	17.38	9.145	1.097
40	12.57	9.865	12.57	6.283	1.000	16.00	12.56	21.33	10.67	1.155
42	13.85	10.87	15.27	7.274	1.050	17.64	13.85	25.93	12.35	1.212
45	15.90	12.48	20.13	8.946	1.125	20.25	15.90	34.17	15.19	1.299
48	18.10	14.21	26.08	10.86	1.200	23.04	18.09	44.24	18.43	1.386

续表

d 或 a /mm	圆 钢					方 钢				
	截面面积 /cm²	每米重量 /(kg/m)	截面特性			截面面积 /cm²	每米重量 /(kg/m)	截面特性		
			I/cm⁴	W/cm³	i/cm			I_x/cm⁴	W_x/cm³	i_z/cm
50	19.64	15.42	30.68	12.27	1.250	25.00	19.63	52.08	20.83	1.443
52	21.24	16.67	35.89	13.80	1.300	27.04	21.23	60.93	23.43	1.501
55*	23.76	18.65	44.92	16.33	1.375	30.25	23.75	76.26	27.73	1.588
56*	24.63	19.33	48.27	17.24	1.400	31.36	24.62	81.95	29.27	1.617
58*	26.42	20.74	55.55	19.16	1.450	33.64	26.41	94.30	32.52	1.674
60	28.27	22.19	63.62	21.21	1.500	36.00	28.26	108.0	36.00	1.732
63	31.17	24.47	77.33	24.55	1.575	39.69	31.16	131.3	41.67	1.819
65	33.18	26.05	87.62	26.96	1.625	42.25	33.17	148.8	45.77	1.876
68	36.32	28.51	105.0	30.87	1.700	46.24	36.30	178.2	52.41	1.963
70	38.48	30.21	117.9	33.67	1.750	49.00	38.46	200.1	57.17	2.021
75	44.18	34.68	155.3	41.42	1.875	56.25	44.16	263.7	70.31	2.165
80	50.27	39.46	201.1	50.27	2.000	64.00	50.24	341.3	85.33	2.309
85	56.75	44.55	256.2	60.29	2.125	72.25	56.72	435.0	102.4	2.454
90	63.62	49.94	322.1	71.57	2.250	81.00	63.59	546.8	121.5	2.598
95	70.88	55.64	399.8	84.17	2.375	90.25	70.85	678.8	142.9	2.742
100	78.54	61.65	490.9	98.17	2.500	100.0	78.50	833.3	166.7	2.887
105	86.59	67.97	596.7	113.6	2.625	110.3	86.55	1013	192.9	3.031
110	95.03	74.60	718.7	130.7	2.750	121.0	94.99	1220	221.8	3.175
115	103.8	81.50	858.5	149.3	2.873	132.3	103.8	1458	253.5	3.320
120	113.1	88.78	1018	169.6	3.000	144.0	113.0	1728	288.0	3.464
125	122.7	96.33	1198	191.7	3.125	156.3	122.7	2035	325.5	3.608
130	132.7	104.2	1402	215.7	3.250	169.0	132.7	2380	366.2	3.753
140	153.9	120.8	1886	269.4	3.500	196.0	153.9	3201	457.3	4.041
150	176.7	138.7	2485	331.3	3.750	225.0	176.6	4219	562.5	4.330
160	201.1	157.9	3217	402.1	4.000	256.0	201.0	5461	682.7	4.619
170	227.0	178.2	4100	482.3	4.250	289.0	226.9	6960	818.8	4.907
180	254.5	199.8	5153	572.6	4.500	324.0	254.3	8748	972.0	5.196
190	283.5	222.6	6397	673.4	4.750	361.0	283.4	10860	1143	5.485
200	314.2	246.6	7854	785.4	5.000	400.0	314.0	13333	1333	5.774
210	346.4	271.9	9547	909.2	5.250	—	—	—	—	—
220	380.1	298.4	11499	1045	5.550	—	—	—	—	—
240	452.4	355.1	16286	1357	6.000	—	—	—	—	—
250	490.9	385.3	19175	1534	6.250	—	—	—	—	—

注：1. 带"*"者不推荐采用。

2. 圆钢、方钢的通常长度为 3~10m。

附录 5 H型钢、等截面工字形简支梁等效弯矩系数和工字钢梁稳定系数

附表 5.1 H型钢和等截面工字形简支梁的系数 β_b

项次	侧向支承	荷载		$\xi \leqslant 2.0$	$\xi > 2.0$
1	跨中无侧向支承	均布荷载作用在	上翼缘	$0.69 + 0.13\xi$	0.95
2			下翼缘	$1.73 - 0.20\xi$	1.33
3		集中荷载作用在	上翼缘	$0.73 + 0.18\xi$	1.09
4			下翼缘	$2.23 - 0.28\xi$	1.67
5	跨度中点有一个侧向支承点	均布荷载作用在	上翼缘	1.15	
6			下翼缘	1.40	
7		集中荷载作用在截面高度的任意位置		1.75	
8	跨中有不少于两个等距离侧向支承点	任意荷载作用在	上翼缘	1.20	
9			下翼缘	1.40	
10	梁端有弯矩，但跨中无荷载作用			$1.75 - 1.05\left(\dfrac{M_2}{M_1}\right) + 0.3\left(\dfrac{M_2}{M_1}\right)^2$ 但 $\leqslant 2.3$	

注：1. ξ 为参数，$\xi = \dfrac{l_1 t_1}{b_1 h}$，其中 b_1 为受压翼缘的宽度。

2. M_1 和 M_2 为梁的端弯矩，使梁产生同向曲率时 M_1 和 M_2 取同号，产生反向曲率时取异号，$|M_1| \geqslant |M_2|$。

3. 表中项次 3、4 和 7 的集中荷载是指一个或少数几个集中荷载位于跨中央附近的情况，对其他情况的集中荷载，应按表中项次 1、2、5、6 内的数值采用。

4. 表中项次 8、9 的 β_b，当集中荷载作用在侧向支承点处时，取 $\beta_b = 1.20$。

5. 荷载作用在上翼缘系指荷载作用点在翼缘表面，方向指向截面形心；荷载作用在下翼缘系指荷载作用点在翼缘表面，方向背向截面形心。

6. 对 $\alpha_b > 0.8$ 的加强受压翼缘工字形截面，下列情况的 β_b 值应乘以相应的系数：

项次 1：当 $\xi \leqslant 1.0$ 时，乘以 0.95；

项次 3：当 $\xi \leqslant 0.5$ 时，乘以 0.90；当 $0.5 < \xi \leqslant 1.0$ 时，乘以 0.95。

附表 5.2 轧制普通工字钢简支梁的 φ_b

项次	荷载情况		工字钢型号	自由长度 l_1/m								
				2	3	4	5	6	7	8	9	10
1	跨中无侧向支承点的梁	集中荷载作用于 上翼缘	$10 \sim 20$	2.00	1.30	0.99	0.80	0.68	0.58	0.53	0.48	0.43
			$22 \sim 32$	2.40	1.48	1.09	0.86	0.72	0.62	0.54	0.49	0.45
			$36 \sim 63$	2.80	1.60	1.07	0.83	0.68	0.56	0.50	0.45	0.40
2		集中荷载作用于 下翼缘	$10 \sim 20$	3.10	1.95	1.34	1.01	0.82	0.69	0.63	0.57	0.52
			$22 \sim 40$	5.50	2.80	1.84	1.37	1.07	0.86	0.73	0.64	0.56
			$45 \sim 63$	7.30	3.60	2.30	1.62	1.20	0.96	0.80	0.69	0.60
3		均布荷载作用于 上翼缘	$10 \sim 20$	1.70	1.12	0.84	0.68	0.57	0.50	0.45	0.41	0.37
			$22 \sim 40$	2.10	1.30	0.93	0.73	0.60	0.51	0.45	0.40	0.36
			$45 \sim 63$	2.60	1.45	0.97	0.73	0.59	0.50	0.44	0.38	0.35
4		均布荷载作用于 下翼缘	$10 \sim 20$	2.50	1.55	1.08	0.83	0.68	0.56	0.52	0.47	0.42
			$22 \sim 40$	4.00	2.20	1.45	1.10	0.85	0.70	0.60	0.52	0.46
			$45 \sim 63$	5.60	2.80	1.80	1.25	0.95	0.78	0.65	0.55	0.49

项次	荷载情况	工字钢型号	自由长度 l_1/m								
			2	3	4	5	6	7	8	9	10
5	跨中有侧向支承点的梁（不论荷载作用点在截面高度上的位置）	10~20	2.20	1.39	1.01	0.79	0.66	0.57	0.52	0.47	0.42
		22~40	3.00	1.80	1.24	0.96	0.76	0.65	0.56	0.49	0.43
		45~63	4.00	2.20	1.38	1.01	0.80	0.66	0.56	0.49	0.43

注：1. 同附表 5.1 注 3、5。

2. 表中的 φ_b 适用于 Q235 钢。对其他钢号，表中数值应乘以 ε_k。

附录 6 轴心受压构件的稳定系数

附表 6.1 a 类截面轴心受压构件的稳定系数 φ

λ/ε_k	0	1	2	3	4	5	6	7	8	9
0	1.000	1.000	1.000	1.000	0.999	0.999	0.998	0.998	0.997	0.996
10	0.995	0.994	0.993	0.992	0.991	0.989	0.988	0.986	0.985	0.983
20	0.981	0.979	0.977	0.976	0.974	0.972	0.970	0.968	0.966	0.964
30	0.963	0.961	0.959	0.957	0.954	0.952	0.950	0.948	0.946	0.944
40	0.941	0.939	0.937	0.934	0.932	0.929	0.927	0.924	0.921	0.918
50	0.916	0.913	0.910	0.907	0.903	0.900	0.897	0.893	0.890	0.886
60	0.883	0.879	0.875	0.871	0.867	0.862	0.858	0.854	0.849	0.844
70	0.839	0.834	0.829	0.824	0.818	0.813	0.807	0.801	0.795	0.789
80	0.783	0.776	0.770	0.763	0.756	0.749	0.742	0.735	0.728	0.721
90	0.713	0.706	0.698	0.691	0.683	0.676	0.668	0.660	0.653	0.645
100	0.637	0.630	0.622	0.614	0.607	0.599	0.592	0.584	0.577	0.569
110	0.562	0.555	0.548	0.541	0.534	0.527	0.520	0.513	0.507	0.500
120	0.494	0.487	0.481	0.475	0.469	0.463	0.457	0.451	0.445	0.439
130	0.434	0.428	0.423	0.417	0.412	0.407	0.402	0.397	0.392	0.387
140	0.382	0.378	0.373	0.368	0.364	0.360	0.355	0.351	0.347	0.343
150	0.339	0.335	0.331	0.327	0.323	0.319	0.316	0.312	0.308	0.305
160	0.302	0.298	0.295	0.292	0.288	0.285	0.282	0.279	0.276	0.273
170	0.270	0.267	0.264	0.261	0.259	0.256	0.253	0.250	0.248	0.245
180	0.243	0.240	0.238	0.235	0.233	0.231	0.228	0.226	0.224	0.222
190	0.219	0.217	0.215	0.213	0.211	0.209	0.207	0.205	0.203	0.201
200	0.199	0.197	0.196	0.194	0.192	0.190	0.188	0.187	0.185	0.183
210	0.182	0.180	0.178	0.177	0.175	0.174	0.172	0.171	0.169	0.168
220	0.166	0.165	0.163	0.162	0.161	0.159	0.158	0.157	0.155	0.154
230	0.153	0.151	0.150	0.149	0.148	0.147	0.145	0.144	0.143	0.142
240	0.141	0.140	0.139	0.137	0.136	0.135	0.134	0.133	0.132	0.131

附表 6.2 b 类截面轴心受压构件的稳定系数 φ

λ/ε_k	0	1	2	3	4	5	6	7	8	9
0	1.000	1.000	1.000	0.999	0.999	0.998	0.997	0.996	0.995	0.994
10	0.992	0.991	0.989	0.987	0.985	0.983	0.981	0.978	0.976	0.973
20	0.970	0.967	0.963	0.960	0.957	0.953	0.950	0.946	0.943	0.939

λ/ε_k	0	1	2	3	4	5	6	7	8	9
30	0.936	0.932	0.929	0.925	0.921	0.918	0.914	0.910	0.906	0.903
40	0.899	0.895	0.891	0.886	0.882	0.878	0.874	0.870	0.865	0.861
50	0.856	0.852	0.847	0.842	0.837	0.833	0.828	0.823	0.818	0.812
60	0.807	0.802	0.796	0.791	0.785	0.780	0.774	0.768	0.762	0.757
70	0.751	0.745	0.738	0.732	0.726	0.720	0.713	0.707	0.701	0.694
80	0.687	0.681	0.674	0.668	0.661	0.654	0.648	0.641	0.634	0.628
90	0.621	0.614	0.607	0.601	0.594	0.587	0.581	0.574	0.568	0.561
100	0.555	0.548	0.542	0.535	0.529	0.523	0.517	0.511	0.504	0.498
110	0.492	0.487	0.481	0.475	0.469	0.464	0.458	0.453	0.447	0.442
120	0.436	0.431	0.426	0.421	0.416	0.411	0.406	0.401	0.396	0.392
130	0.387	0.383	0.378	0.374	0.369	0.365	0.361	0.357	0.352	0.348
140	0.344	0.340	0.337	0.333	0.329	0.325	0.322	0.318	0.314	0.311
150	0.308	0.304	0.301	0.297	0.294	0.291	0.288	0.285	0.282	0.279
160	0.276	0.273	0.270	0.267	0.264	0.262	0.259	0.256	0.253	0.251
170	0.248	0.246	0.243	0.241	0.238	0.236	0.234	0.231	0.229	0.227
180	0.225	0.222	0.220	0.218	0.216	0.214	0.212	0.210	0.208	0.206
190	0.204	0.202	0.200	0.198	0.196	0.195	0.193	0.191	0.189	0.188
200	0.186	0.184	0.183	0.181	0.179	0.178	0.176	0.175	0.173	0.172
210	0.170	0.169	0.167	0.166	0.164	0.163	0.162	0.160	0.159	0.158
220	0.156	0.155	0.154	0.152	0.151	0.150	0.149	0.147	0.146	0.145
230	0.144	0.143	0.142	0.141	0.139	0.138	0.137	0.136	0.135	0.134
240	0.133	0.132	0.131	0.130	0.129	0.128	0.127	0.126	0.125	0.124

附表 6.3　c 类截面轴心受压构件的稳定系数 φ

λ/ε_k	0	1	2	3	4	5	6	7	8	9
0	1.000	1.000	1.000	0.999	0.999	0.998	0.997	0.996	0.995	0.993
10	0.992	0.990	0.988	0.986	0.983	0.981	0.978	0.976	0.973	0.970
20	0.966	0.959	0.953	0.947	0.940	0.934	0.928	0.921	0.915	0.909
30	0.902	0.896	0.890	0.883	0.877	0.871	0.865	0.858	0.852	0.845
40	0.839	0.833	0.826	0.820	0.813	0.807	0.800	0.794	0.787	0.781
50	0.774	0.768	0.761	0.755	0.748	0.742	0.735	0.728	0.722	0.715
60	0.709	0.702	0.695	0.689	0.682	0.675	0.669	0.662	0.656	0.649
70	0.642	0.636	0.629	0.623	0.616	0.610	0.603	0.597	0.591	0.584
80	0.578	0.572	0.565	0.559	0.553	0.547	0.541	0.535	0.529	0.523
90	0.517	0.511	0.505	0.499	0.494	0.488	0.483	0.477	0.471	0.467
100	0.462	0.458	0.453	0.449	0.445	0.440	0.436	0.432	0.427	0.423
110	0.419	0.415	0.411	0.407	0.402	0.398	0.394	0.390	0.386	0.383
120	0.379	0.375	0.371	0.367	0.363	0.360	0.356	0.352	0.349	0.345
130	0.342	0.338	0.335	0.332	0.328	0.325	0.322	0.318	0.315	0.312
140	0.309	0.306	0.303	0.300	0.297	0.294	0.291	0.288	0.285	0.282
150	0.279	0.277	0.274	0.271	0.269	0.266	0.263	0.261	0.258	0.256
160	0.253	0.251	0.248	0.246	0.244	0.241	0.239	0.237	0.235	0.232
170	0.230	0.228	0.226	0.224	0.222	0.220	0.218	0.216	0.214	0.212
180	0.210	0.208	0.206	0.204	0.203	0.201	0.199	0.197	0.195	0.194

续表

λ/ε_k	0	1	2	3	4	5	6	7	8	9
190	0.192	0.190	0.189	0.187	0.185	0.184	0.182	0.181	0.179	0.178
200	0.176	0.175	0.173	0.172	0.170	0.169	0.167	0.166	0.165	0.163
210	0.162	0.161	0.159	0.158	0.157	0.155	0.154	0.153	0.152	0.151
220	0.149	0.148	0.147	0.146	0.145	0.144	0.142	0.141	0.140	0.139
230	0.138	0.137	0.136	0.135	0.134	0.133	0.132	0.131	0.130	0.129
240	0.128	0.127	0.126	0.125	0.124	0.123	0.123	0.122	0.121	0.120

附表 6.4　d 类截面轴心受压构件的稳定系数 φ

λ/ε_k	0	1	2	3	4	5	6	7	8	9
0	1.000	1.000	0.999	0.999	0.998	0.996	0.994	0.992	0.990	0.987
10	0.984	0.981	0.978	0.974	0.969	0.965	0.960	0.955	0.949	0.944
20	0.937	0.927	0.918	0.909	0.900	0.891	0.883	0.874	0.865	0.857
30	0.848	0.840	0.831	0.823	0.815	0.807	0.798	0.790	0.782	0.774
40	0.766	0.758	0.751	0.743	0.735	0.727	0.720	0.712	0.705	0.697
50	0.690	0.682	0.675	0.668	0.660	0.653	0.646	0.639	0.632	0.625
60	0.618	0.611	0.605	0.598	0.591	0.585	0.578	0.571	0.565	0.559
70	0.552	0.546	0.540	0.534	0.528	0.521	0.516	0.510	0.504	0.498
80	0.492	0.487	0.481	0.476	0.470	0.465	0.459	0.454	0.449	0.444
90	0.439	0.434	0.429	0.424	0.419	0.414	0.409	0.405	0.401	0.397
100	0.393	0.390	0.386	0.383	0.380	0.376	0.373	0.369	0.366	0.363
110	0.359	0.356	0.353	0.350	0.346	0.343	0.340	0.337	0.334	0.331
120	0.328	0.325	0.322	0.319	0.316	0.313	0.310	0.307	0.304	0.301
130	0.298	0.296	0.293	0.290	0.288	0.285	0.282	0.280	0.277	0.275
140	0.272	0.270	0.267	0.265	0.262	0.260	0.257	0.255	0.253	0.250
150	0.248	0.246	0.244	0.242	0.239	0.237	0.235	0.233	0.231	0.229
160	0.227	0.225	0.223	0.221	0.219	0.217	0.215	0.213	0.211	0.210
170	0.208	0.206	0.204	0.202	0.201	0.199	0.197	0.196	0.194	0.192
180	0.191	0.189	0.187	0.186	0.184	0.183	0.181	0.180	0.178	0.177
190	0.175	0.174	0.173	0.171	0.170	0.168	0.167	0.166	0.164	0.163
200	0.162	—	—	—	—	—	—	—	—	—

注：1. 附表 6.1～附表 6.4 中的 φ 值按下列公式算得：$\left(\varepsilon_k=\sqrt{\dfrac{235}{f_y}}\right)$

当 $\lambda_n=\dfrac{\lambda}{\pi}\sqrt{f_y/E}\leqslant 0.215$ 时：$\varphi=1-\alpha_1\lambda_n^2$

当 $\lambda_n>0.215$ 时：$\varphi=\dfrac{1}{2\lambda_n^2}\left[(\alpha_2+\alpha_3\lambda_n+\lambda_n^2)-\sqrt{(\alpha_2+\alpha_3\lambda_n+\lambda_n^2)^2-4\lambda_n^2}\right]$

2. 当构件的 $\lambda\sqrt{f_y/235}$ 值超出附表 6.1～附表 6.4 的范围时，则 φ 值按注 1 所列的公式计算。

3. 系数 $\alpha_1\sim\alpha_2$ 见表附表 6.5。

附表 6.5　系数 α_1、α_2、α_3

截面类别		α_1	α_2	α_3
a 类		0.41	0.986	0.152
b 类		0.65	0.965	0.3
c 类	$\lambda_n\leqslant 1.05$	0.73	0.906	0.595
	$\lambda_n>1.05$		1.216	0.302
d 类	$\lambda_n\leqslant 1.05$	1.35	0.868	0.915
	$\lambda_n>1.05$		1.375	0.432

附录 7　各种截面回转半径的近似值

附表 7.1　各种截面回转半径的近似值

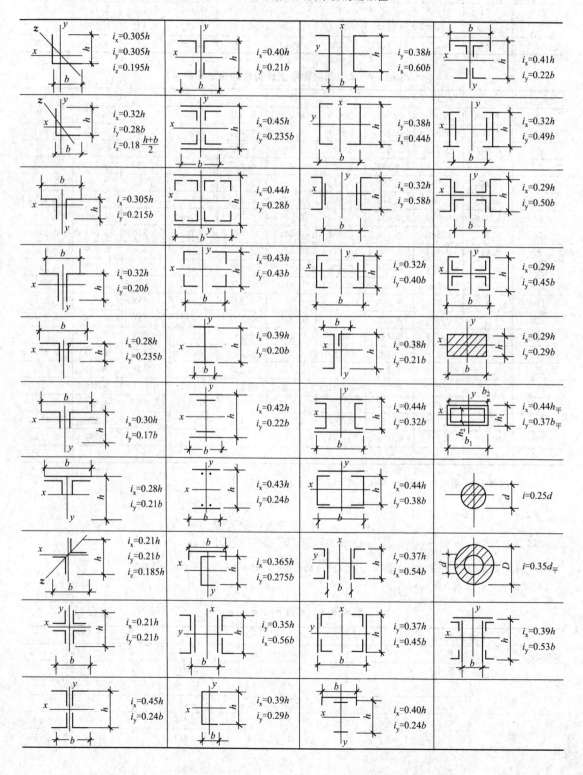

附录 8 柱的计算长度系数

附表 8.1 无侧移框架柱的计算长度系数 μ

K_2 \ K_1	0	0.05	0.1	0.2	0.3	0.4	0.5	1	2	3	4	5	≥10
0	1.000	0.990	0.981	0.964	0.949	0.935	0.922	0.875	0.820	0.791	0.773	0.760	0.732
0.05	0.990	0.981	0.971	0.955	0.940	0.926	0.914	0.867	0.814	0.784	0.766	0.754	0.726
0.1	0.981	0.971	0.962	0.946	0.931	0.918	0.906	0.860	0.807	0.778	0.760	0.748	0.721
0.2	0.964	0.955	0.946	0.930	0.916	0.903	0.891	0.846	0.795	0.767	0.749	0.737	0.711
0.3	0.949	0.940	0.931	0.916	0.902	0.889	0.878	0.834	0.784	0.756	0.739	0.728	0.701
0.4	0.935	0.926	0.918	0.903	0.889	0.877	0.866	0.823	0.774	0.747	0.730	0.719	0.693
0.5	0.922	0.914	0.906	0.891	0.878	0.866	0.855	0.813	0.765	0.738	0.721	0.710	0.685
1	0.875	0.867	0.860	0.846	0.834	0.823	0.813	0.774	0.729	0.704	0.688	0.677	0.654
2	0.820	0.814	0.807	0.795	0.784	0.744	0.765	0.729	0.686	0.663	0.648	0.638	0.615
3	0.791	0.784	0.778	0.767	0.756	0.747	0.738	0.704	0.663	0.640	0.625	0.616	0.593
4	0.773	0.766	0.760	0.749	0.739	0.730	0.721	0.688	0.648	0.625	0.611	0.601	0.580
5	0.760	0.754	0.748	0.737	0.728	0.719	0.710	0.677	0.638	0.616	0.601	0.592	0.570
≥10	0.732	0.726	0.721	0.711	0.701	0.693	0.685	0.654	0.615	0.593	0.580	0.570	0.549

注：1. 表中的计算长度系数 μ 值系按下式算得：

$$\left[\left(\frac{\pi}{\mu}\right)^2 + 2(K_1+K_2) - 4K_1K_2\right]\frac{\pi}{\mu}\cdot\sin\frac{\pi}{\mu} - 2\left[(K_1+K_2)\left(\frac{\pi}{\mu}\right)^2 + 4K_1K_2\right]\cos\frac{\pi}{\mu} + 8K_1K_2 = 0$$

式中，K_1、K_2 分别相交于柱上端、柱下端的横梁线刚度之和与柱线刚度之和的比值。当梁远端为铰接时，应将横梁线刚度乘以 1.5；当横梁远端为嵌固时，则将横梁线刚度乘以 2.0。

2. 当横梁与柱铰接时，取横梁线刚度为零。

3. 对底层框架柱：当柱与基础铰接时，取 $K_2=0$（对平板支座可取 $K_2=0.1$）；当柱与基础刚接时，取 $K_2=10$。

4. 当与柱刚性连接的横梁所受轴心压力 N_b 较大时，横梁线刚度应乘以折减系数 α_N：

横梁远端与柱刚接和横梁远端铰支时：$\alpha_N = 1 - N_b/N_{Eb}$

横梁远端嵌固时：$\alpha_N = 1 - N_b/(2N_{Eb})$

式中，$N_{Eb} = \pi^2 EI_b/l^2$，I_b 为横梁截面惯性矩，l 为横梁长度。

附表 8.2 有侧移框架柱的计算长度系数 μ

K_2 \ K_1	0	0.05	0.1	0.2	0.3	0.4	0.5	1	2	3	4	5	≥10
0	∞	6.02	4.46	3.42	3.01	2.78	2.64	2.33	2.17	2.11	2.08	2.07	2.03
0.05	6.02	4.16	3.47	2.86	2.58	2.42	2.31	2.07	1.94	1.90	1.87	1.86	1.83
0.1	4.46	3.47	3.01	2.56	2.33	2.20	2.11	1.90	1.79	1.75	1.73	1.72	1.70
0.2	3.42	2.86	2.56	2.23	2.05	1.94	1.87	1.70	1.60	1.57	1.55	1.54	1.52
0.3	3.01	2.58	2.33	2.05	1.90	1.80	1.74	1.58	1.49	1.46	1.45	1.44	1.42
0.4	2.78	2.42	2.20	1.94	1.80	1.71	1.65	1.50	1.42	1.39	1.37	1.37	1.35
0.5	2.64	2.31	2.11	1.87	1.74	1.65	1.59	1.45	1.37	1.34	1.32	1.32	1.30
1	2.33	2.07	1.90	1.70	1.58	1.50	1.45	1.32	1.24	1.21	1.20	1.19	1.17

K_2 \ K_1	0	0.05	0.1	0.2	0.3	0.4	0.5	1	2	3	4	5	≥10
2	2.17	1.94	1.79	1.60	1.49	1.42	1.37	1.24	1.16	1.14	1.12	1.12	1.10
3	2.11	1.90	1.75	1.57	1.46	1.39	1.34	1.21	1.14	1.11	1.10	1.09	1.07
4	2.08	1.87	1.73	1.55	1.45	1.37	1.32	1.20	1.12	1.10	1.08	1.08	1.06
5	2.07	1.86	1.72	1.54	1.44	1.37	1.32	1.19	1.12	1.09	1.08	1.07	1.05
≥10	2.03	1.83	1.70	1.52	1.42	1.35	1.30	1.17	1.10	1.07	1.06	1.05	1.03

注：1. 表中的计算长度系数 μ 值系按下式算得：

$$\left[36K_1K_2 - \left(\frac{\pi}{\mu}\right)^2\right]\sin\frac{\pi}{\mu} + 6(K_1 + K_2)\frac{\pi}{\mu} \cdot \cos\frac{\pi}{\mu} = 0$$

式中，K_1、K_2 分别为相交于柱上端、柱下端的横梁线刚度之和与柱线刚度之和的比值。当横梁远端为铰接时，应将横梁线刚度乘以 0.5；当横梁远端为嵌固时，则应乘以 2/3。

2. 当横梁与柱铰接时，取横梁线刚度为零。

3. 对底层框架柱；当柱与基础铰接时，取 $K_2 = 0$（对平板支座可取 $K_2 = 0.1$）；当柱与基础刚接时，取 $K_2 = 10$。

4. 当与柱刚性连接的横梁所受轴心压力 N_b 较大时，横梁线刚度应乘以折减系数 α_N：

横梁远端与柱刚接时： $\qquad\qquad\qquad \alpha_N = 1 - N_b/(4N_{Eb})$

横梁远端铰支时： $\qquad\qquad\qquad\qquad \alpha_N = 1 - N_b/N_{Eb}$

横梁远端嵌固时： $\qquad\qquad\qquad\qquad \alpha_N = 1 - N_b/(2N_{Eb})$

N_{Eb} 的计算式见表附表 8.1 注 4。

附录 9　螺栓和锚栓规格

附表 9.1　普通螺栓规格

螺栓直径 d/mm	螺距 p/mm	螺栓有效直径 d_e/mm	螺栓有效面积 A_e/mm²	注
16	2	14.12	156.7	
18	2.5	15.65	192.5	
20	2.5	17.65	244.8	
22	2.5	19.65	303.4	
24	3	21.19	352.5	
27	3	24.19	459.4	螺栓有效面积 A_e 按
30	3.5	26.72	560.6	下式算得
33	3.5	29.72	693.6	
36	4	32.25	816.7	$A_e = \frac{\pi}{4}(d - 0.9382p)^2$
39	4	35.25	975.8	
42	4.5	37.78	1121.0	
45	4.5	40.78	1306.0	
48	5	43.31	1473.0	
52	5	47.31	1758.0	
56	5.5	50.84	2030.0	
60	5.5	54.84	2362.0	

附表 9.2　锚栓规格

型　式	I				II			III			
锚栓直径 d/mm	20	24	30	36	42	48	56	64	72	80	90
计算净截面积/cm²	2.45	3.53	5.61	8.17	11.20	14.70	20.30	26.80	34.60	44.44	55.91
III 型锚栓　锚板宽度 c/mm					140	200	200	240	280	350	400
锚板厚度 δ/mm					20	20	20	25	30	40	40

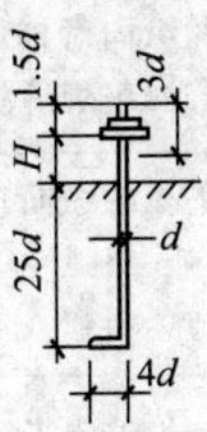

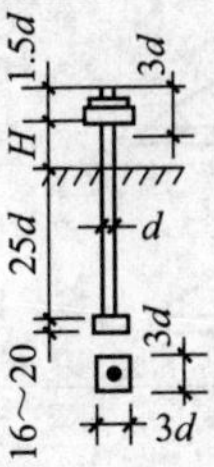

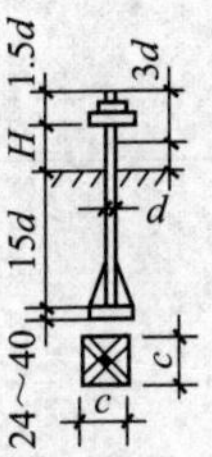

附录 10　疲劳计算的构件和连接分类

附表 10.1　非焊接的构件和连接分类

项次	构造细节	说　明	类别
1	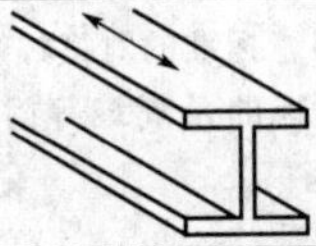	无连接处的母材 轧制型钢	Z1
2	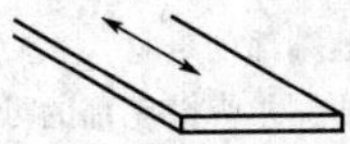	无连接处的母材 钢板 (1)两边为轧制边或刨边 (2)两侧为自动、半自动切割边(切割质量标准应符合现行国家标准《钢结构工程施工质量验收规范》(GB 50205)	Z1 Z2
3	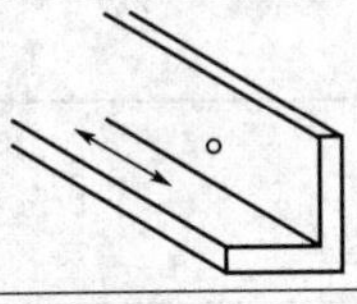	连系螺栓和虚孔处的母材 应力以净截面面积计算	Z4
4	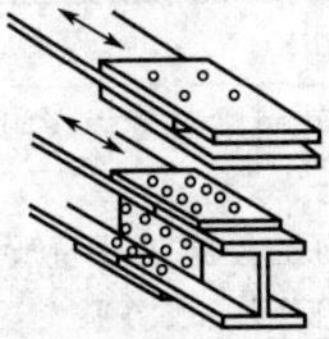	螺栓连接处的母材 高强度螺栓摩擦型连接应力以毛截面面积计算;其他螺栓连接应力以净截面面积计算 铆钉连接处的母材 连接应力以净截面面积计算	Z2 Z4
5	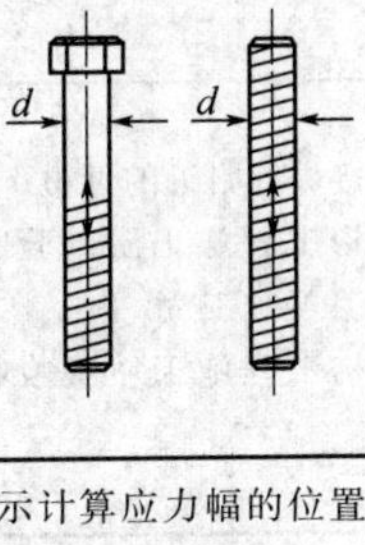	受拉螺栓的螺纹处母材 连接板件应有足够的刚度,保证不产生撬力。否则受拉正应力应考虑撬力及其他因素产生的全部附加应力 对于直径大于 30mm 的螺栓,需要考虑尺寸效应对容许应力幅进行修正,修正系数 γ_t: $$\gamma_t = \left(\frac{30}{d}\right)^{0.25}$$ d 为螺栓直径,单位为 mm	Z11

注:箭头表示计算应力幅的位置和方向。

附表 10.2 纵向传力焊缝的构件和连接分类

项次	构造细节	说　明	类别
1	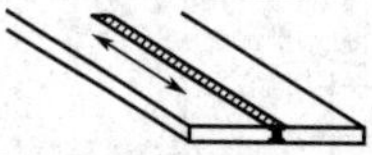	无垫板的纵向对接焊缝附近的母材 焊缝符合二级焊缝标准	Z2
2	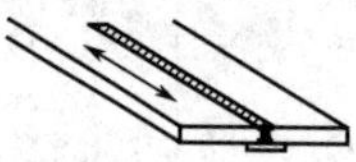	有连续垫板的纵向自动对接焊缝附近的母材 (1)无起弧、灭弧 (2)有起弧、灭弧	Z4 Z5
3	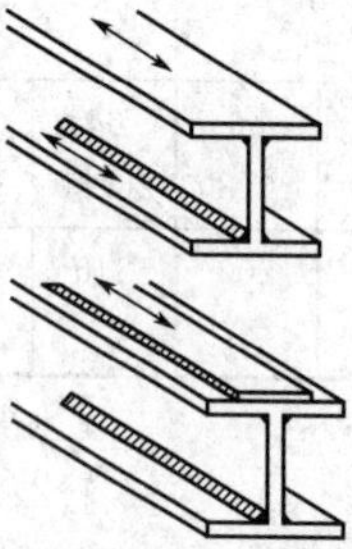	翼缘连接焊缝附近的母材 翼缘板与腹板的连接焊缝 自动焊,二级 T 形对接与角接组合焊缝 自动焊,角焊缝,外观质量标准符合二级 手工焊,角焊缝,外观质量标准符合二级 双层翼缘板之间的连接焊缝 自动焊,角焊缝,外观质量标准符合二级 手工焊,角焊缝,外观质量标准符合二级	Z2 Z4 Z5 Z4 Z5
4	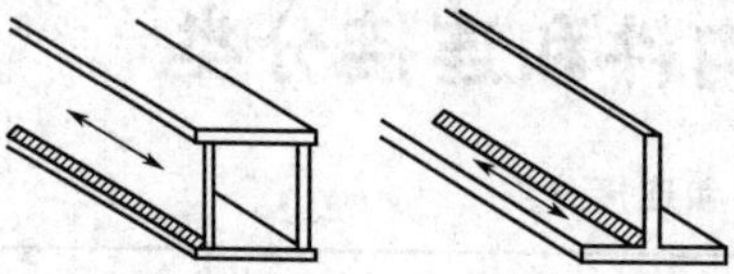	仅单侧施焊的手工或自动对接焊缝附近的母材,焊缝符合二级焊缝标准,翼缘与腹板很好贴合	Z5
5	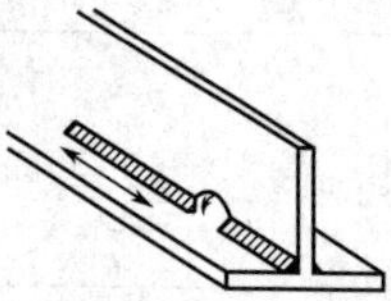	开工艺孔处焊缝符合二级焊缝标准的对接焊缝、焊缝外观质量符合二级焊缝标准的角焊缝等附近的母材	Z8
6	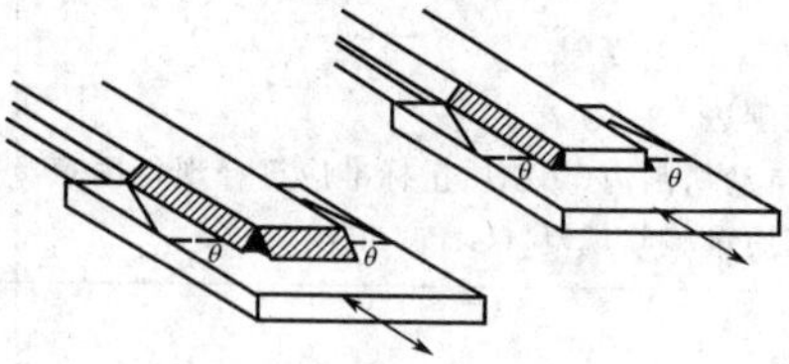	节点板搭接的两侧面角焊缝端部的母材 节点板搭接的三面围焊时两侧角焊缝端部的母材 三面围焊或两侧面角焊缝的节点板母材(节点板计算宽度按应力扩散角 θ 等于 30° 考虑)	Z10 Z8 Z8

注:箭头表示计算应力幅的位置和方向。

附表 10.3 横向传力焊缝的构件和连接分类

项次	构造细节	说　明	类别
1	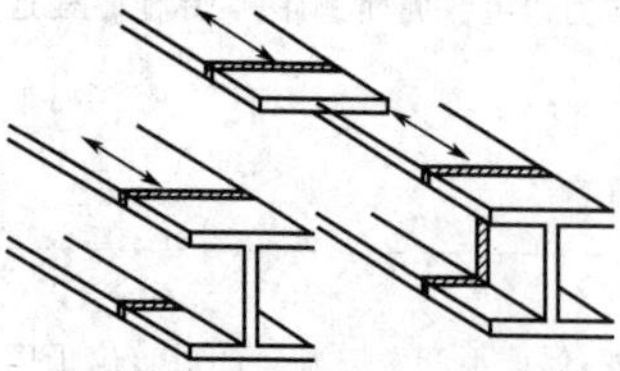	横向对接焊缝附近的母材,轧制梁对接焊缝附近的母材 符合现行国家标准《钢结构工程施工质量验收规范》(GB 50205)的一级焊缝,且经加工、磨平 符合现行国家标准《钢结构工程施工质量验收规范》(GB 50205)的一级焊缝	Z2 Z4
2	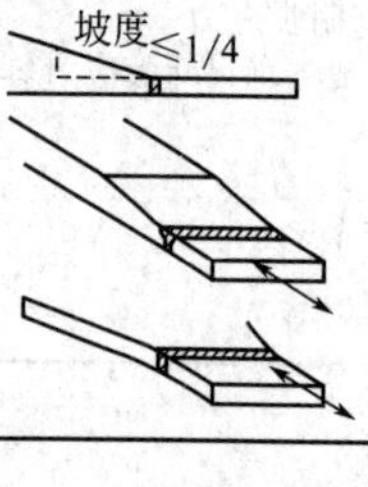 坡度≤1/4	不同厚度(或宽度)横向对接焊缝附近的母材 符合现行国家标准《钢结构工程施工质量验收规范》(GB 50205)的一级焊缝,且经加工、磨平 符合现行国家标准《钢结构工程施工质量验收规范》(GB 50205)的一级焊缝	Z2 Z4

项次	构造细节	说　　明	类别
3		有工艺孔的轧制梁对接焊缝附近的母材,焊缝加工成平滑过渡并符合一级焊缝标准	Z6
4		带垫板的横向对接焊缝附近的母材 垫板端部超出母板距离 d $d \geqslant 10\text{mm}$ $d < 10\text{mm}$	Z8 Z11
5		节点板搭接的端面角焊缝的母材	Z7
6		不同厚度直接横向对接焊缝附近的母材,焊缝等级为一级,无偏心	Z8
7		翼缘盖板中断处的母材(板端有横向端焊缝)	Z8
8		十字形连接、T 形连接 (1)K 形坡口、T 形对接与角接组合焊缝处的母材,十字形连接两侧轴线偏离距离小于 $0.15t$,焊缝为二级,焊趾角 $\alpha \leqslant 45°$ (2)角焊缝处的母材,十字形连接两侧轴线偏离距离小于 $0.15t$	Z6 Z8
9		法兰焊缝连接附近的母材 (1)采用对接焊缝,焊缝为一级 (2)采用角焊缝	Z8 Z13

注:箭头表示计算应力幅的位置和方向。

附表 10.4　非传力焊缝的构件和连接分类

项次	构造细节	说　明	类别
1	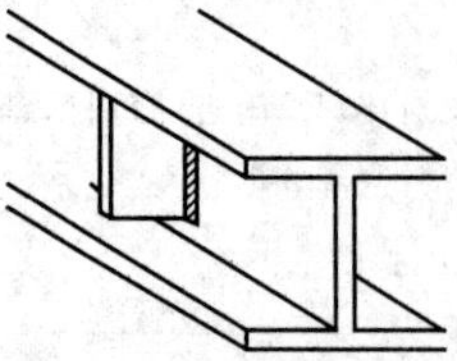	横向加劲肋端部附近的母材 肋端焊缝不断弧(采用回焊) 肋端焊缝断弧	Z5 Z6
2	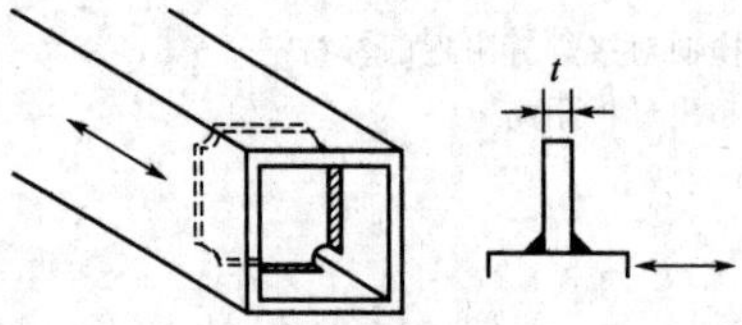	横向焊接附件附近的母材 (1)$t \leqslant 50$mm (2)50mm$<t \leqslant 80$mm t 为焊接附件的板厚	Z7 Z8
3	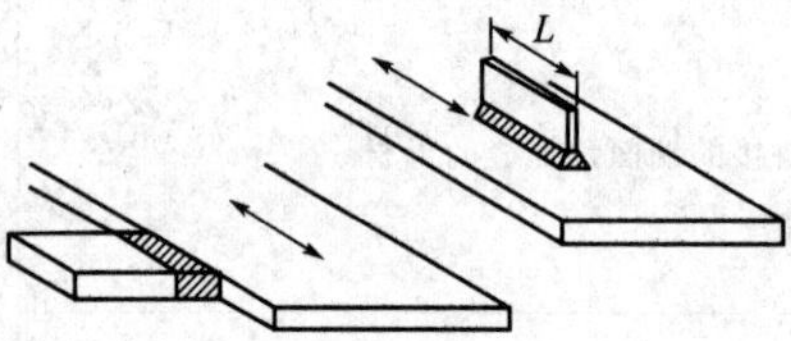	矩形节点板焊接于构件翼缘或腹板处的母材 (节点板焊缝方向的长度 $L>150$mm)	Z8
4	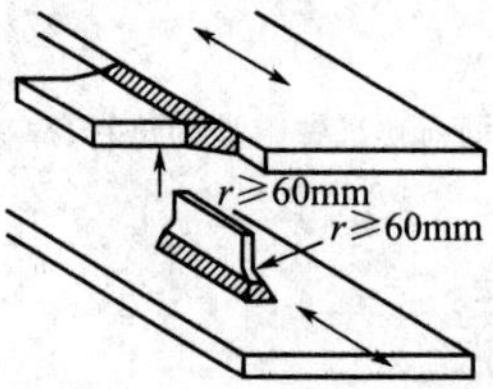	带圆弧的梯形节点板用对接焊缝焊于梁翼缘、腹板 及桁架构件处的母材,圆弧过渡处在焊后铲平、磨 光、圆滑过渡,不得有焊接起弧、灭弧缺陷	Z6
5	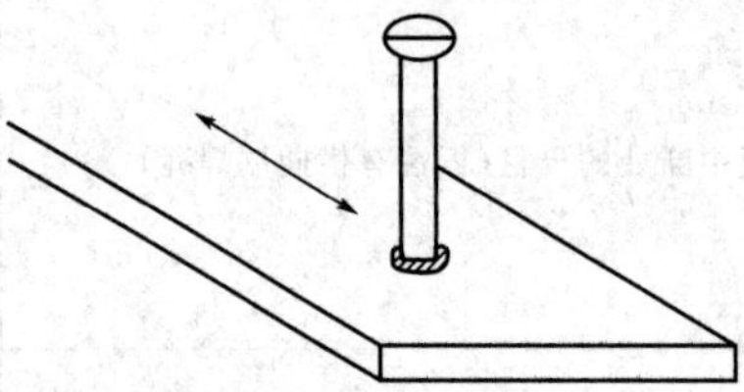	焊接剪力栓钉附近的钢板母材	Z7

注：箭头表示计算应力幅的位置和方向。

附表 10.5　钢管截面的构件和连接分类

项次	构造细节	说　明	类别
1	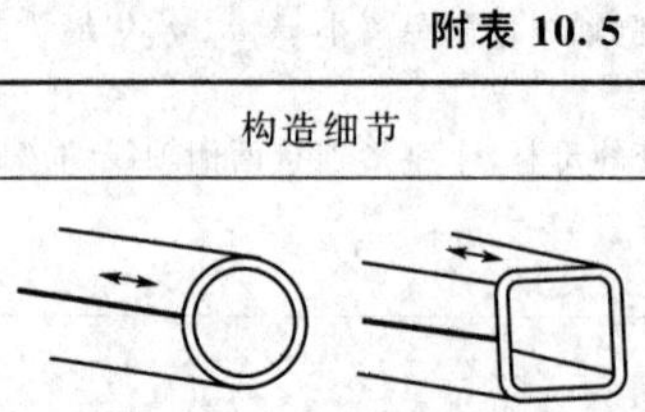	钢管纵向自动焊缝的母材 (1)无焊接起弧、灭弧点 (2)有焊接起弧、灭弧点	Z3 Z6
2	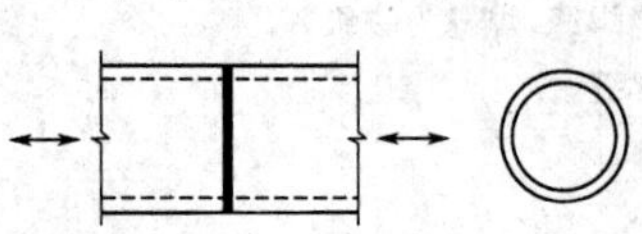	圆管端部对接焊缝附近的母材,焊缝平滑过渡并符 合现行国家标准《钢结构工程施工质量验收规范》 (GB 50205)的一级焊缝标准,余高不大于焊缝宽度 的10% (1)圆管壁厚 8mm$<t \leqslant 12.5$mm (2)圆管壁厚 $t \leqslant 8$mm	 Z6 Z8

项次	构造细节	说　明	类别
3		矩形管端部对接焊缝附近的母材,焊缝平滑过渡并符合一级焊缝标准,余高不大于焊缝宽度的10% (1)方管壁厚 8mm<t≤12.5mm (2)方管壁厚 t≤8mm	Z8 Z10
4	矩形或圆管 ≤100mm 矩形或圆管 ≤100mm	焊有矩形管或圆管的构件,连接角焊缝附近的母材,角焊缝为非承载焊缝,其外观质量标准符合二级,矩形管宽度或圆管直径不大于100mm	Z8
5		通过端板采用对接焊缝拼接的圆管母材,焊缝符合一级质量标准 (1)圆管壁厚 8mm<t≤12.5mm (2)圆管壁厚 t≤8mm	Z10 Z11
6		通过端板采用对接焊缝拼接的矩形管母材,焊缝符合一级质量标准 (1)方管壁厚 8mm<t≤12.5mm (2)方管壁厚 t≤8mm	Z11 Z12
7		通过端板采用角焊缝拼接的圆管母材,焊缝外观质量标准符合二级,管壁厚度 t≤8mm	Z13
8		通过端板采用角焊缝拼接的矩形管母材,焊缝外观质量标准符合二级,管壁厚度 t≤8mm	Z14
9		钢管端部压扁与钢板对接焊缝连接(仅适用于直径小于200mm的钢管),计算时采用钢管的应力幅	Z8
10	α	钢管端部开设槽口与钢板角焊缝连接,槽口端部为圆弧,计算时采用钢管的应力幅 (1)倾斜角 α≤45° (2)倾斜角 α>45°	Z8 Z9

注:箭头表示计算应力幅的位置和方向。

附表 10.6　剪应力作用下的构件和连接分类

项次	构造细节	说　　明	类别
1		各类受剪角焊缝 剪应力按有效截面计算	J1
2		受剪力的普通螺栓 采用螺杆截面的剪应力	J2
3		焊接剪力栓钉 采用栓钉名义截面的剪应力	J3

注：箭头表示计算应力幅的位置和方向。

参 考 文 献

[1]　GB 50017—2017 钢结构设计标准.

[2]　GB 50068—2018 建筑结构可靠性设计统一标准.

[3]　GB 50009—2012 建筑结构荷载规范.

[4]　GB 50205—2017 钢结构工程施工质量验收规范.

[5]　GB 50018—2016 冷弯薄壁型钢结构技术规范.

[6]　张耀春. 钢结构设计原理. 北京：高等教育出版社，2011.

[7]　丁阳. 钢结构设计原理. 第 2 版. 天津：天津大学出版社，2011.

[8]　沈祖炎，陈以一，陈扬骥，赵宪忠. 钢结构基本原理. 第 3 版. 北京：中国建筑工业出版社，2018.

[9]　陈绍蕃，顾强. 钢结构（上册）——钢结构基础. 第 3 版. 北京：科学出版社，2019.

[10]　但泽义，等. 钢结构设计手册. 第 4 版. 北京：中国建筑工业出版社，2019.

[11]　汪一骏，等. 新钢结构设计手册. 北京：中国计划出版社，2018.

[12]　夏志斌，姚谏. 钢结构设计——方法与例题. 北京：中国建筑工业出版社，2005.

[13]　周绪红. 钢结构设计指导与实例精选. 北京：中国建筑工业出版社，2008.

[14]　刘声扬. 钢结构疑难释义附解题指导. 第 3 版. 北京：中国建筑工业出版社，2004.

[15]　聂建国，樊健生. 钢与混凝土组合结构指导与实例精选. 北京：中国建筑工业出版社，2008.

[16]　GB 50936—2014 钢管混凝土结构技术规范.